安全生产基础知识

（高职用书）

（第二版）

ANQUAN

主　　编：赵卫强

副 主 编：许保国　陈秀珍　杜春宇　孙　珞　昌伟伟

编 写 人 员：刘子龙　赵汝星　彭淑贞

中国劳动社会保障出版社

图书在版编目（CIP）数据

安全生产基础知识/赵卫强主编. -- 2 版. -- 北京：中国劳动社会保障出版社，2021
高职用书
ISBN 978-7-5167-4746-9

Ⅰ.①安…　Ⅱ.①赵…　Ⅲ.①安全生产 - 高等职业教育 - 教材　Ⅳ.①X93

中国版本图书馆 CIP 数据核字（2021）第 104994 号

中国劳动社会保障出版社出版发行

（北京市惠新东街 1 号　邮政编码：100029）

*

三河市华骏印务包装有限公司印刷装订　　新华书店经销

787 毫米×1092 毫米　16 开本　16.75 印张　2 彩插页　271 千字
2021 年 8 月第 2 版　　2021 年 8 月第 1 次印刷

定价：29.00 元

读者服务部电话：（010）64929211/84209101/64921644
营销中心电话：（010）64962347
出版社网址：http://www.class.com.cn
http://jg.class.com.cn

前　　言

近年来，党中央、国务院发布了关于安全生产工作的一系列政策文件，《国务院安委会关于进一步加强安全培训工作的决定》（安委〔2012〕10 号）要求支持高等学校、职业院校、技工院校、工会培训机构等开展安全培训。依照党中央、国务院精神，中共北京市委、北京市人民政府《关于实施安全发展战略　促进和谐宜居之都建设的意见》（京发〔2014〕21 号）要求实施全民安全素质提升工程，把安全生产基础知识列入国民教育内容。各类职业院校、高等院校要结合学生的专业学习，开展安全专业知识和安全技能教育。

为贯彻落实国家、本市有关安全生产培训的文件精神，原北京市安全生产监督管理局、北京市教育委员会、北京市人力资源和社会保障局联合发文《关于本市职业院校和技工院校安全生产技术知识课程设置与教学安排的意见》（京安监发〔2015〕97 号），在本市职业院校开设安全生产技术知识课程。该课程是职业院校各专业学生必修的公共安全基础课，重点对学生进行安全生产技术基础理论知识、危险源辨识技术、应急救援技术等知识的安全教育，通过开展校园安全教育，促进安全教育关口前移，不断提高在校学生的安全生产综合素质。

《安全生产基础知识（第二版）》为本市职业院校学生的安全培训教材，分中职、高职两册。第二版是在第一版的基础上，根据近几年来安全生产与职业卫生工作形势、安全生产与职业卫生技术与管理，以及事故应急管理工作的发展与要求，依据现行法律法规及标准予以修订的。中职用书共五章，包含安全生产法律法规、安全生产管理基础知识、安全生产技术基础知识、职业卫生与职业病预防、事故现场应急处置与救护。高职用书共六章，包含安全生产法律法规、安全生产管理知识、通用安全生产技术、典型领域安全生产技术、职业病危害防治、事故应急管理。

本教材配套教学课件可在中国技工教育网（http://jg.class.com.cn）免费下载。

编委会

2021 年 1 月

目　录

第一章
安全生产法律法规

学习目标

熟悉安全生产法律体系的概念、特征和安全生产法律体系的框架；了解常用安全生产法律、法规、标准及安全生产法律责任等。

事故案例

陕西安康京昆高速"8·10"特别重大道路交通事故

一、事故简介

2017 年 8 月 10 日 14 时 01 分，驾驶人冯某某驾驶某交通运输集团有限公司号牌为豫 C88×××的大型普通客车，从四川省成都市某客运中心出发前往河南省洛阳市。出站时，车内共有 41 人（2 名驾驶人、1 名乘务员以及 38 名乘客）。行驶途中，先后在京昆高速公路成都市新都北收费站外停车上客 2 人，在德阳市金山收费站外停车上客 4 人，在绵阳市金家岭收费站外停车上客 3 人。20 时 28 分，车辆从陕西省汉中市南郑出口下高速公路至客车服务站用餐，在此期间下客 1 人。21 时 01 分，车辆更换驾驶人，由王某某驾驶车辆从汉中南郑口驶入京昆高速公路，此时车上实载 49 人。23 时 30 分，当该车行驶至陕西省安康市境内京昆高速公路秦岭 1 号隧道南口 1 164 km 867 m 处时，正面冲撞隧道洞口端墙，导致车辆前部严重损毁变形、座椅脱落挤压，造成 36 人死亡、13 人受伤（见图 1、图 2）。

图 1　事发路段航拍图

图 2　事发桥面航拍图

二、事故原因

1. 直接原因

经调查认定，事故直接原因是：事故车辆驾驶人王某某行经事故地点时疲劳驾驶且超速行驶，致使车辆向道路右侧偏离，正面冲撞秦岭 1 号隧道洞口端墙。具体分析如下：

（1）驾驶人疲劳驾驶。经查，自 8 月 9 日 12 时至事故发生时，王某某没有落地休息，事发前已在夜间连续驾车达 2 小时 29 分。且 7 月 3 日至 8 月 9 日的 38 天时间里，王某某只休息了一个趟次（2 天），其余时间均在执行川 AE0×××号卧铺客车成都往返洛阳的长途班线运输任务，长期跟车出行导致休息不充分。此外，发生碰撞前驾驶人未采取转向、制动等任何安全措施，显示王某某处于严重疲劳状态。

（2）事故车辆超速行驶。经鉴定，事故发生前车速约为 80~86 km/h，高于事发路段限速（大车为 60 km/h），超过限定车速 33%~43%。

另经技术鉴定，排除了驾驶人身体疾病、酒驾、毒驾、车辆故障以及其他车辆干扰等因素导致大客车失控碰撞的嫌疑。

2. 间接原因

（1）事故现场路面视认效果不良。经查，事故当晚事故地点所在桥梁右侧的 5 个单臂路灯均未开启，加速车道与货车道之间分界线局部磨损（约 40 m），宽度不满足要求（实际宽度为 20 cm）。在夜间车辆高速运行的情况下，驾驶人对现场路面的视认情况受到一定影响。

（2）车辆座椅受冲击脱落。经对同型号车辆座椅强度进行静态加载试验表明，当拉力超过 7 000 N 时（等效车速约为 50 km/h），座椅即会整体脱落。此次事故中大客车冲撞时速超过 80 km/h，导致车内座椅除最后一排外全部脱落并叠加在一起，乘客基本被挤压在座椅中间。

（3）有关企业安全生产主体责任不落实。某交通运输集团和汽运公司道路客运源头安全生产管理缺失，没有严格执行顶班车管理、驾驶人休息、车辆动态监控等制度，违法违规问题突出；汽车站和客运中心在车辆例检、报班收车、出站检查等环节把关不严，导致事故车辆违规发车运营。省高速集团未认真组织开展事发路段的道路养护和安全隐患排查整治工作。

（4）地方交通运输、公安交管等部门安全监管不到位。市交通运输部门未严格加强道路客运企业及客运站的安全监督检查，对相关企业存在的安全隐患问题督促整改不力；市公安交管部门对运输企业动态监控系统记录的交通违法信息未及时全面查处；事故车辆沿途相关交通运输部门对站外上客等违法行为查处不力，公安交管部门对超速违法行为查处不力；省公路部门对事故路段安全隐患排查整改不到位的问题审核把关不严。

（5）市人民政府落实道路运输安全领导责任不到位，没有有效督促指导市交通运输部门依法履行道路运输安全监管职责。

三、处理结果

根据事故原因调查和事故责任认定，依据有关法律法规和党纪政纪规定，对事故有关责任人员和责任单位提出处理意见：

事故发生以来，司法机关已对 28 人立案侦查。其中，公安机关以涉嫌重大责任事故罪立案侦查 15 人，检察机关以涉嫌玩忽职守罪立案侦查 13 人。

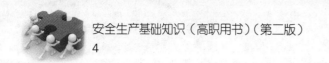
根据调查事实，依据《中国共产党纪律处分条例》第二十九条、三十八条，《行政机关公务员处分条例》第二十条，《事业单位工作人员处分暂行规定》第十七条等规定，建议对14个涉责单位的32名责任人员给予党政纪处分。在32名责任人员中，建议给予行政记过处分9人，记过处分4人，行政记大过处分9人；行政降级处分6人，降低岗位等级处分1人，均同时给予党内严重警告处分；行政撤职处分1人，撤职处分1人，均同时给予撤销党内职务处分；党内严重警告处分1人。

事故调查组建议对事故有关企业及主要负责人的违法违规行为给予行政处罚，并对相关企业责任人员给予内部问责处理。

1. 免于追责人员（3人）

豫C88×××号大客车驾驶人王某某、冯某某，大客车乘务员席某某，涉嫌犯罪，鉴于在事故中死亡，建议免于追究责任。

2. 移交司法机关人员（28人）（略）

3. 建议给予党政纪处分人员（32人）（略）

4. 建议给予行政处罚单位和人员（略）

5. 建议由企业给予内部问责处理的人员（略）

第一节 安全生产法律体系

一、安全生产法律体系的概念和特征

1. 安全生产法律体系的概念

安全生产法律体系是指我国全部现行的、不同的安全生产法律规范形成的有机联系的统一整体。

2. 安全生产法律体系的特征

具有中国特色的安全生产法律体系具有以下 3 个特点：

（1）法律规范的调整对象和阶级意志具有统一性。国家所有的安全生产立法，体现了工人阶级领导下的最广大的人民群众的最根本利益。不论安全生产法律规范有何种内容和形式，它们所调整的安全生产领域的社会关系，都要统一服从和服务于社会主义的生产关系、阶级关系，紧密围绕"以人民为中心"重要思想、执政为民和基本人权保护而进行。

（2）法律规范的内容和形式具有多样性。安全生产贯穿于生产经营活动的各个行业、领域，各种社会关系非常复杂。这就需要针对不同生产经营单位的不同特点，针对各种突出的安全生产问题，制定各种内容不同、形式不同的安全生产法律规范，调整各级人民政府、各类生产经营单位、公民之间在安全生产领域中产生的社会关系。

（3）法律规范的相互关系具有系统性。安全生产法律体系是由母系统与若干个子系统共同组成的。从具体法律规范上看，它是单个的；从法律体系上看，各个法律规范又是母体系不可分割的组成部分。安全生产法律规范的层级、内容和形式虽然有所不同，但是它们之间存在着相互依存、相互联系、相互衔接、相互协调的辩证统一关系。

二、安全生产法律体系的框架

安全生产法律体系究竟如何构建，这个体系中包括哪些安全生产立法，尚在研究

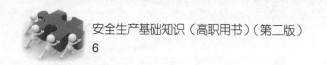

和探索之中。我们可以从上位法与下位法、普通法与特殊法、综合性法与单行法3个方面来认识和构建我国安全生产法律体系的基本框架。

1. 从法的不同层次上，可以分为上位法与下位法

法的层级不同，其法律地位和效力也不同。上位法是指法律地位、法律效力高于其他相关法的立法。下位法相对于上位法而言，是指法律地位、法律效力低于相关上位法的立法。不同的安全生产立法对同一类或者同一个安全生产行为作出不同的法律规定的，以上位法的规定为准，适用上位法的规定。上位法没有规定的，可以适用下位法。下位法的数量一般要多于上位法。

安全生产法律体系是一个包含多种法律形式和法律层次的综合性系统，从法律规范的形式和特点来讲，既包括作为整个安全生产法律法规基础的宪法规范，也包括行政法律规范、技术性法律规范、程序性法律规范。按法律地位及效力同等原则，安全生产法律体系分为以下几个门类。

（1）《中华人民共和国宪法》。宪法是国家的根本法，具有最高的法律地位和法律效力，是安全生产法律体系框架的最高层级，"加强劳动保护，改善劳动条件"是有关安全生产方面最高法律效力的规定。

（2）安全生产方面的法律。法律是安全生产法律体系中的上位法，居于整个体系的次高层级，其法律地位和效力高于行政法规、地方性法规、部门规章、地方政府规章等下位法。

1）基础法。我国有关安全生产的法律包括《中华人民共和国安全生产法》和与它平行的专门法律及相关法律。《中华人民共和国安全生产法》是综合规范安全生产法律制度的法律，它适用于所有生产经营单位，是我国安全生产法律体系的核心。

2）专门法律。安全生产专门法律是指规范某专业领域安全生产法律制度的法律。我国在专业领域的法律有《中华人民共和国矿山安全法》《中华人民共和国海上交通安全法》等。

3）相关法律。与安全生产有关的法律是指安全生产专门法律以外的其他法律中涵盖有安全生产内容的法律，如《中华人民共和国劳动法》《中华人民共和国建筑法》等，还有一些与安全生产监督执法工作有关的法律，如《中华人民共和国刑法》《中华人民共和国标准化法》等。

（3）安全生产法规。法规是法令、条例、规则、章程等法定文件的总称，是国家

机关制定的规范性文件。如我国国务院制定和颁布的行政法规，省、自治区、直辖市人大及其常委会制定和公布的地方性法规。设区的市、自治州根据本地的具体情况和实际需要，也可以制定地方性法规，报省、自治区的人大及其常委会批准后施行。法规也具有法律效力，安全生产法规分为行政法规和地方性法规。

1）行政法规。安全生产行政法规的法律地位和效力低于有关安全生产法律，高于地方性安全生产法规、地方政府安全生产规章等下位法。

安全生产行政法规是由国务院组织制定并批准公布的，是为实施安全生产法律或规范安全生产监督管理制度而制定并颁布的一系列具体规定，是我国实施安全生产监督管理和监察工作的重要依据。目前，我国已颁布了多部安全生产行政法规，如《生产安全事故报告和调查处理条例》《工伤保险条例》等。

2）地方性法规。地方性安全生产法规的法律地位和效力低于有关安全生产法律、行政法规，高于地方政府安全生产规章。

地方性安全生产法规是指由有立法权的地方权力机关——人大及其常委会和地方政府制定的安全生产规范性文件，是由法律授权制定的，是对国家安全生产法律法规的补充和完善，以解决本地区某一特定的安全生产问题为目标，具有较强的针对性和可操作性。目前，我国有多个省（自治区、直辖市）制定了《劳动保护条例》或《劳动安全卫生条例》，如《北京市安全生产条例》等。

（4）安全生产规章。安全生产规章分为部门安全生产规章和地方政府安全生产规章。

1）部门安全生产规章。国务院有关部门依照安全生产法律、行政法规的规定或者国务院的授权制定发布的安全生产规章，其法律地位和法律效力低于法律、行政法规，高于地方政府规章。

2）地方政府安全生产规章。地方政府安全生产规章是最低层级的安全生产立法，其法律地位和法律效力低于其他上位法，不得与上位法相抵触。

《中华人民共和国立法法》第九十一条规定，部门规章之间、部门规章与地方政府规章之间具有同等效力，在各自的权限范围内施行。

国务院部门安全生产规章由有关部门为加强安全生产工作而颁布的规范性文件组成，部门安全生产规章作为安全生产法律法规的重要补充，在我国安全生产监督管理工作中起着十分重要的作用。例如，《危险化学品登记管理办法》《安全生产培训管理

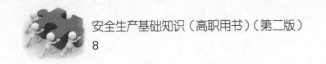
办法》《生产经营单位安全培训规定》等安全生产行政规章。

地方政府安全生产规章一方面从属于法律和行政法规，另一方面从属于地方法规，并且不能与之相抵触。例如，《浙江省危险化学品安全管理实施办法》等安全生产地方政府规章。

（5）安全生产标准。我国制定的许多安全生产法律法规都将安全生产标准作为生产经营单位必须执行的技术规范，安全生产标准法律化是我国安全生产立法的重要趋势。安全生产标准一旦成为法律规定必须执行的技术规范，就具有了法律上的地位和效力。执行安全生产标准是生产经营单位的法定义务，违反法定安全生产标准的要求，同样要承担法律责任。因此，将法定安全生产标准纳入安全生产法律体系范畴来认识，有助于构建完善的安全生产法律体系。安全生产标准分为国家标准和行业标准，两者对生产经营单位的安全生产具有同样的约束力。

1）国家标准。安全生产国家标准是指国家标准化行政主管部门依照标准化法制定的在全国范围内适用的安全生产技术规范。

2）行业标准。安全生产行业标准是指国务院有关部门和直属机构依照标准化法制定的在安全生产领域内适用的安全生产技术规范。行业安全生产标准对同一安全生产事项的技术要求可以高于国家安全生产标准，但不得与其相抵触。

2. 从同一层级的法的效力上，可以分为普通法与特殊法

（1）普通法。普通法是适用于安全生产领域中普遍存在的基本问题、共性问题的法律规范，它们不解决某一领域存在的特殊性、专业性的法律问题。

（2）特殊法。特殊法是适用于某些安全生产领域独立存在的特殊性、专业性问题的法律规范，它们往往比普通法更专业、更具体、更有可操作性。

在同一层级的安全生产立法对同一类问题的法律适用上，应当适用特殊法优于普通法的原则。

3. 从法的内容上，可以分为综合性法与单行法

从安全生产立法所确定的适用范围和具体法律规范看，可以将我国安全生产立法分为综合性法与单行法。

（1）综合性法。综合性法不受法律规范层级的限制，而是将各个层级的综合性法律规范作为整体来看待，适用于安全生产的主要领域或者某一领域的主要方面。

（2）单行法。单行法的内容只涉及某一领域或者某一方面的安全生产问题。

第二节　安全生产法律法规及标准

一、安全生产法律

1.《中华人民共和国宪法》

《中华人民共和国宪法》（以下简称《宪法》）是国家的根本大法，在法律体系中居于主导地位。《宪法》有关安全生产方面的规定和原则是安全生产与职业健康工作的最高法律规定。《宪法》中有对于反对官僚主义、提高工作质量，对各管理层次的安全工作基本要求，与安全工作有关的公民权利、义务方面的规定。

《宪法》第四十二条规定，中华人民共和国公民有劳动的权利和义务。国家通过各种途径，创造劳动就业条件，加强劳动保护，改善劳动条件，并在发展生产的基础上，提高劳动报酬和福利待遇。国家对就业前的公民进行必要的劳动就业训练。

第四十三条规定，中华人民共和国劳动者有休息的权利。国家发展劳动者休息和休养的设施，规定职工的工作时间和休假制度。

第四十八条规定，中华人民共和国妇女在政治的、经济的、文化的、社会的和家庭的生活等各方面享有同男子平等的权利。国家保护妇女的权利和利益，实行男女同工同酬，培养和选拔妇女干部。

2.《中华人民共和国刑法》

《中华人民共和国刑法》（以下简称《刑法》）对安全生产方面构成犯罪的违法行为的惩罚作了规定。

在危害公共安全罪中，《刑法》第一百三十一条至第一百三十九条，规定了重大飞行事故罪、铁路运营安全事故罪、交通肇事罪、妨害安全驾驶罪、重大责任事故罪、危险作业罪、重大劳动安全事故罪、大型群众性活动重大安全事故罪、危险物品肇事罪、工程重大安全事故罪、教育设施重大安全事故罪、消防责任事故罪和不报、谎报安全事故罪等罪名。

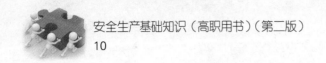
《刑法》第一百四十条规定了生产、销售伪劣商品罪。

第三百九十七条规定了滥用职权罪、玩忽职守罪。

刑事责任是对犯罪行为人的严厉惩罚，安全事故的责任人或责任单位构成犯罪的将被按《刑法》所规定的罪名追究刑事责任。

3.《中华人民共和国安全生产法》

《中华人民共和国安全生产法》（以下简称《安全生产法》）是我国第一部规范安全生产的综合性基础法律。《安全生产法》共有七章，包括总则、生产经营单位的安全生产保障、从业人员的安全生产权利义务、安全生产的监督管理、生产安全事故的应急救援与调查处理、法律责任、附则。

（1）从业人员的安全生产权利

1）获得安全保障、工伤保险和民事赔偿的权利。

2）得知危险因素、防范措施和应急措施的权利（知情权和建议权）。

3）对本单位安全生产工作中存在的问题提出批评、检举、控告，拒绝违章指挥和强令冒险作业。

4）紧急情况下的处置权和受保护权。

5）享受工伤保险和伤亡赔偿权（赔偿请求权）。

（2）从业人员的安全生产义务

1）遵章守纪、服从管理的义务。

2）正确佩戴和使用劳动防护用品的义务。

3）接受安全培训，掌握安全生产技能的义务。

4）发现事故隐患或者其他不安全因素及时报告的义务。

（3）被派遣劳动者的权利、义务。被派遣的劳动者享有安全生产法规定的从业人员的权利，并应当履行本法规定的从业人员的义务。

4.《中华人民共和国劳动法》

《中华人民共和国劳动法》（以下简称《劳动法》）以宪法为依据，按照社会主义市场经济的要求，为保护劳动者的合法权益，调整劳动关系，规范用人单位和劳动者建立相对和谐稳定的劳动关系，提供了基本的法律依据和保障。《劳动法》共有 13 章 107 条，保护劳动者的安全与健康是《劳动法》的一个重要组成部分。

（1）工作时间和休息休假的规定。《劳动法》分别就每日工作时间、平均每周工作时间、延长工作时间的工资报酬等作了规定。目前我国实行劳动者每日工作时间不超过 8 小时，平均每周工作时间不得超过 44 小时的工时制度，每周至少休息一天。如果因为企业生产特点执行上述规定有困难的，经劳动行政部门批准，可以实行其他工作和休息办法。据此，我国劳动部门颁布了不定时工作制综合计算工时的实施办法。

（2）劳动安全卫生规定

1）第五十二条规定，用人单位必须建立、健全劳动安全卫生制度，严格执行国家劳动安全卫生规程和标准，对劳动者进行劳动安全卫生教育，防止劳动过程中的事故，减少职业危害。

2）第五十三条规定，劳动安全卫生设施必须符合国家规定的标准。新建、改建、扩建工程的劳动安全卫生设施必须与主体工程同时设计、同时施工、同时投入生产和使用。

3）第五十四条规定，用人单位必须为劳动者提供符合国家规定的劳动安全卫生条件和必要的劳动防护用品，对从事有职业危害作业的劳动者应当定期进行健康检查。

4）第五十五条规定，从事特种作业的劳动者必须经过专门培训并取得特种作业资格。

5）第五十六条规定，劳动者在劳动过程中必须严格遵守安全操作规程，并有权拒绝执行违章指挥、强令冒险作业，有权批评、检举和控告危害职工生命安全和身体健康的行为。

6）第五十七条就企业职工伤亡事故和职业病的处理作出了规定。

（3）关于女职工和未成年工特殊保护的规定。未成年工是指年满 16 周岁未满 18 周岁的劳动者。《劳动法》第六十四条规定，用人单位不得安排未成年工从事矿山井下、有毒有害、国家规定的第四级体力劳动强度的劳动和其他禁忌从事的劳动，并应对未成年工定期进行健康检查。

由于女职工特殊的生理特点，国家要求给予其特殊保护。《劳动法》第五十九条规定，禁止安排女职工从事矿山井下、国家规定的第四级体力劳动强度的劳动和其他禁忌从事的劳动，并且对女职工的经期、怀孕期、哺乳期的保护作出了明确的规定，女职工产假不少于 90 天。

5.《中华人民共和国职业病防治法》

《中华人民共和国职业病防治法》（以下简称《职业病防治法》）包括总则、前期预

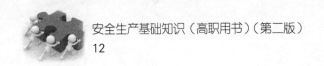

防、劳动过程中的防护与管理、职业病诊断与职业病病人保障、监督检查、法律责任、附则共 7 章 88 条。

根据《职业病防治法》的规定，用人单位的主要负责人对本单位的职业病防治工作全面负责，用人单位应当建立、健全职业病防治责任制，加强对职业病防治的管理，提高职业病防治水平，对本单位产生的职业病危害承担责任。对从事接触职业病危害作业的劳动者，用人单位应当按照国务院卫生行政部门的规定组织职业健康检查。这既是对员工的保护，也是对企业的保护。职业健康检查分为以下几种：

（1）岗前健康检查。凡新招收从事有毒有害作业的劳动者，上岗前都必须进行健康检查，排除职业禁忌，确定受检者是否可以从事该项作业；建立健康档案，为就业后定期体检追踪观察或诊断职业病留下健康状况的基础资料。

（2）在岗期间健康检查。凡从事有害作业的劳动者和职业病病人以及观察对象，在一定时间间隔内都应该进行定期的职业性健康检查。其目的是及时发现职业病危害因素对人体造成的影响；早期诊断和处理职业病、工作有关疾病以及其他疾病。体检间隔时间一般根据接触职业病危害因素的种类而定。当发生生产事故或急性职业中毒时，对有关人员需进行应急性健康检查，以便了解这些人员的健康是否受到损害及损害程度，以及为制定治疗方案提供科学依据。检查内容除一般项目外，重点针对可疑的职业病危害因素设定一些特殊项目。必要时有关人员会在现场采集一些样品。

（3）离岗健康检查。近几年常出现有关接触职业病危害因素的劳动者在离开原工作岗位后被查出职业病，随着劳动者法律意识的不断提高，劳动者要求原用人单位承担医疗、赔偿责任。为保护劳动者与用人单位的合法权益，在劳动者离岗前应进行一次离岗健康检查。

（4）健康检查处理。对于体检中发现的职业禁忌和职业病病人，用人单位应妥善处理。对有职业禁忌的劳动者，其处理原则是调离工作岗位，安排合适工作；通过医疗保险、用人单位、个人三方面的配合，对有关疾病进行积极治疗。对职业病病人的处理原则是积极治疗、调离工作岗位、安排合适工作；向职业病诊断机构申请职业病诊断鉴定；申请劳动能力和致残程度鉴定；按国家有关规定给予工资、医疗费用等保障待遇。

6.《中华人民共和国消防法》

《中华人民共和国消防法》（以下简称《消防法》）包括总则、火灾预防、消防组织、灭火救援、监督检查、法律责任、附则共 7 章 74 条。

《消防法》规定了公民的消防责任和义务。

（1）《消防法》第五条规定，任何单位和个人都有维护消防安全、保护消防设施、预防火灾、报告火警的义务。任何单位和成年人都有参加有组织的灭火工作的义务。

（2）《消防法》第二十八条规定，任何单位、个人不得损坏、挪用或者擅自拆除、停用消防设施、器材，不得埋压、圈占、遮挡消火栓或者占用防火间距，不得占用、堵塞、封闭疏散通道、安全出口、消防车通道。人员密集场所的门窗不得设置影响逃生和灭火救援的障碍物。

（3）《消防法》第五十七条第二款规定，任何单位和个人都有权对住房和城乡建设主管部门、消防救援机构及其工作人员在执法中的违法行为进行检举、控告。收到检举、控告的机关，应当按照职责及时查处。

二、安全生产法规

1.《危险化学品安全管理条例》

为了加强危险化学品的安全管理，预防和减少危险化学品事故，保障人民群众生命财产安全，保护环境，《危险化学品安全管理条例》规定了以下审查、审批制度：

（1）危险化学品生产企业的安全生产许可制度。

（2）危险化学品安全使用许可制度。

（3）危险化学品经营许可制度。

（4）危险化学品禁止与限制制度。

（5）建设项目安全条件审查与论证制度。

（6）作业场所和安全设施、设备安全警示制度。

（7）人员培训考核与持证上岗制度。

（8）剧毒化学品、易制爆危险化学品准购、准运制度。

（9）从事危险化学品运输企业的资质认定制度。

（10）危险化学品登记制度。

（11）危险化学品和新化学物质环境管理登记制度。

（12）危险化学品环境释放信息报告制度。

（13）化学品危险性鉴定制度。

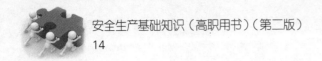

（14）危险化学品事故应急救援管理制度。

2.《安全生产许可证条例》

《安全生产许可证条例》规定，企业取得安全生产许可证，应当具备下列安全生产条件：

（1）建立、健全安全生产责任制，制定完备的安全生产规章制度和操作规程。

（2）安全投入符合安全生产要求。

（3）设置安全生产管理机构，配备专职安全生产管理人员。

（4）主要负责人和安全生产管理人员经考核合格。

（5）特种作业人员经有关业务主管部门考核合格，取得特种作业操作资格证书。

（6）从业人员经安全生产教育和培训合格。

（7）依法参加工伤保险，为从业人员缴纳保险费。

（8）厂房、作业场所和安全设施、设备、工艺符合有关安全生产法律、法规、标准和规程的要求。

（9）有职业危害防治措施，并为从业人员配备符合国家标准或者行业标准的劳动防护用品。

（10）依法进行安全评价。

（11）有重大危险源检测、评估、监控措施和应急预案。

（12）有生产安全事故应急救援预案、应急救援组织或者应急救援人员，配备必要的应急救援器材、设备。

（13）法律法规规定的其他条件。

三、安全生产标准

安全生产标准是在生产工作场所或领域，为改善劳动条件和设施，规范作业行为，保护劳动者免受各种伤害，保障劳动者人身安全健康，实现安全生产和作业的准则和依据。安全生产标准主要指国家标准和行业标准，此外还有地方标准及企业内部适用的企业标准。

1. 国家标准

国家标准由国务院标准化行政主管部门制定，分为强制性标准（GB）和推荐性标准（GB/T）。国家标准的编号由国家标准的代号、国家标准发布的顺序号和国家标准发布的年号（发布年份）构成。强制性国家标准是指保障人体健康，人身、财产安全的标准和法律、行政法规规定强制执行的标准；推荐性国家标准是指生产、检验、使用等方面，通过经济手段或市场调节而自愿采用的标准。

（1）《安全标志及其使用导则》（GB 2894—2008）。本标准规定了传递安全信息的标志及其设置、使用的原则。适用于公共场所、工业企业、建筑工地和其他有必要提醒人们注意安全的场所。

标准内容包括范围、规范性引用文件、术语和定义、标志类型、颜色、安全标志牌的要求、标志牌的型号选用、标志牌的设置高度、安全标志牌的使用要求和检查与维修。

（2）《生产过程危险和有害因素分类与代码》（GB/T 13861—2009）。本标准规定了生产过程中各种主要危险和有害因素的分类和代码，适用于各行业在规划、设计和组织生产时对危险和有害因素的预测、预防，对伤亡事故原因的辨识和分析。

本标准把生产过程危险和有害因素分为人的因素、物的因素、环境因素和管理因素四类。

2. 行业标准

行业标准由国务院有关行政主管部门制定，并报国务院标准化行政主管部门备案。当同一内容的国家标准公布后，则该内容的行业标准即行废止。行业标准分为强制性标准和推荐性标准。

（1）强制性标准。例如，《安全生产责任保险事故预防技术服务规范》（AQ 9010—2019）就属于这一类标准。该标准由应急管理部发布，规定了保险机构开展安全生产责任保险事故预防技术服务的基本原则、服务内容与形式、服务流程、服务保障、服务评估与改进等事项。该标准适用于保险机构为投保安全生产责任保险的生产经营单位提供事故预防技术服务。

（2）推荐性标准。安全生产推荐性标准是需要在全国某个行业范围内统一的安全标准，主要包括本行业领域的产品安全标准、技术安全标准、管理安全标准，如《安全生产检测检验机构能力的通用要求》（AQ/T 8006—2018）。本标准规定了安全生产检测检验机构进行安全生产检测检验能力的通用要求；适用于所有安全生产检测检验机构；用于安全生产检测检验机构建立检测检验管理体系，是确认安全生产检测检验机构能力的依据。

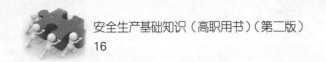

又如，《生产安全事故应急演练基本规范》（AQ/T 9007—2019）。该标准规定了生产安全事故应急演练（以下简称应急演练）的计划、准备、实施、评估总结和持续改进规范性要求，适用于针对生产安全事故所开展的应急演练活动。

3. 地方标准

地方标准是由地方（省、自治区、直辖市）标准化主管机构或专业主管部门批准，发布在某一地区范围内统一的标准。在 1988 年以前，我国标准化体系中还没有地方标准这一级标准。但其客观上已经存在，如在环境保护、工程建设、医药卫生等方面，由有关部门制定了一批地方一级的标准。它们分别由城乡建设环境保护部、国家计委、卫生部管理。另外，在全国现有的将近 10 万个地方企业标准中，有一部分属于地方性质的标准，如地域性强的农艺操作规程，一部分具有地方特色的产品标准（工艺品、食品、名酒标准）等。我国地域辽阔，各省、市、自治区和一些跨省市的地理区域，其自然条件、技术水平和经济发展程度差别很大，对某些具有地方特色的农产品、土特产品和建筑材料，或只在本地区使用的产品，或只在本地区具有的环境要素等，有必要制定地方性的标准。制定地方标准一般有利于发挥地区优势，有利于提高地方产品的质量和竞争能力，同时也使标准更符合地方实际，有利于标准的贯彻执行。

但地方标准的范围要从严控制，凡有国家标准、行业（部）标准的不能制定地方标准，军工产品、机车、船舶等也不宜制定地方标准。

4. 企业标准

《中华人民共和国标准化法》规定，企业可以根据需要自行制定企业标准，或者与其他企业联合制定企业标准。推荐性国家标准、行业标准、地方标准、团体标准、企业标准的技术要求不得低于强制性国家标准的相关技术要求。国家鼓励社会团体、企业制定高于推荐性标准相关技术要求的团体标准、企业标准。

第三节 安全生产法律责任

法律责任是指因违反了法定义务或契约义务，或不当行使法律权利、权力所产生的，由行为人承担的不利后果。依据《安全生产法》的规定，安全生产法律责任分为民事责任、行政责任和刑事责任。

一、民事责任

民事责任是指当事人对其违反民事法律的行为依法应当承担的法律责任。追究民事责任的前提条件是民事关系主体一方（生产经营单位或者安全生产中介机构）侵犯了另一方的民事权利，造成其人身伤害或者财产损失，造成民事损害的一方必须承担相应的民事赔偿责任。

《安全生产法》规定了民事赔偿责任，依法调整当事人之间在安全生产方面的人身关系和财产关系，重视对财产权利的保护，并根据民事违法行为主体、内容的不同，将民事赔偿分为连带赔偿和事故损害赔偿，分别作出了规定。

二、行政责任

行政责任是指经济法主体违反经济法律法规依法应承担的行政法律后果，包括行政处罚和行政处分。

1. 行政处罚

行政处罚是指具有行政处罚权的行政主体为维护公共利益和社会秩序，保护公民、法人或其他组织的合法权益，依法对行政相对人违反行政法律法规而尚未构成犯罪的行政行为所实施的法律制裁。根据《中华人民共和国行政处罚法》第九条的规定，行政处罚有以下几种：警告、通报批评，罚款、没收违法所得、没收非法财物，暂扣许可证件、降低资质等级、吊销许可证件，限制开展生产经营活动、责令停产停业、责令关闭、限制从业，行政拘留，法律、行政法规规定的其他行政处罚。

（1）警告、通报批评。警告是国家对行政违法行为人的谴责和告诫，是国家对行为人违法行为所做的正式否定评价。

（2）罚款、没收违法所得、没收非法财物。罚款是行政机关对行政违法行为人强制收取一定数量金钱，剥夺一定财产权利的处罚办法。适用于对多种行政违法行为的处罚。没收违法所得是行政机关将行政违法行为人占有的、通过违法途径和方法取得的财产收归国有的处罚办法；没收非法财物是行政机关将行政违法行为人非法占有的财产和物品收归国有的处罚办法。

（3）暂扣许可证件、降低资质等级、吊销许可证件。暂扣或者吊销许可证件是行政机关暂时或者永久地撤销行政违法行为人拥有的国家准许其享有某些权利或从事某些活动资格的文件，使其丧失权利和活动资格的处罚办法。

（4）限制开展生产经营活动、责令停产停业、责令关闭、限制从业。责令停产停业是行政机关强制命令行政违法行为人暂时或永久地停止生产经营和其他业务活动的处罚办法。

（5）行政拘留。行政拘留是治安行政管理机关（公安机关）对违反治安管理的人短期剥夺其人身自由的处罚办法。

（6）法律、行政法规规定的其他行政处罚。

2. 行政处分

行政处分是指国家机关、企事业单位对所属的国家工作人员违法失职行为尚不构成犯罪，依据法律法规所规定的权限而给予的一种惩戒。行政处分种类有警告、记过、记大过、降级、撤职、开除。

行政处分是行政制裁的一种形式，是国家机关、企事业单位依照有关法律和有关规章，对在工作中违法失职的国家工作人员实行的惩处和制裁，是对国家工作人员的过错行为的一种否定和惩戒，使之受到抑制和消除，对未受到惩戒的国家工作人员，也有着规范和警诫的作用。

三、刑事责任

刑事责任是指依据国家刑事法律规定，对犯罪分子依照刑事法律的规定追究其法律责任。

刑事责任与行政责任的不同之处：一是追究的违法行为不同。追究行政责任的是一般违法行为，追究刑事责任的是犯罪行为。二是追究责任的机关不同。追究行政责任由国家特定的行政机关依照有关法律的规定决定，追究刑事责任只能由司法机关依照《刑法》的规定决定。三是承担法律责任的后果不同。追究刑事责任是最严厉的制裁，最高可以判处死刑，比追究行政责任严厉得多。

本 章 习 题

- 1. 安全生产法律体系的概念和特征是什么？
- 2. 我国安全生产法律体系的框架是什么？
- 3.《中华人民共和国安全生产法》规定的从业人员的安全生产权利和义务有哪些？
- 4. 常用安全生产标准有哪些？
- 5. 安全生产法律责任有哪些？

第二章
安全生产管理知识

 **学习目标**

掌握事故、事故隐患、危险源的定义及分类；运用因果连锁理论、系统安全理论等事故致因理论和方法，辨识和分析生产经营过程中造成事故的原因、存在的隐患和问题；根据事故预防的基本原则，制定相应的事故预防措施；掌握安全生产教育培训的要求。

 事故案例

北京某高校"12·26"较大爆炸事故

一、事故简介

1. 事故现场情况

2018年12月26日，北京某高校市政与环境工程实验室（以下简称"环境实验室"）发生爆炸燃烧，事故造成3人死亡。事故现场位于学校东校区东教2号楼。该建筑为砖混结构，中间两层建筑为环境实验室，东西两侧三层建筑为电教教室（内部与环境实验室不连通）。建筑布局详见下页图。

2. 事发项目情况

事发项目为该校垃圾渗滤液污水处理横向科研项目，由学校所属科技中心和环保公司合作开展，目的是制作垃圾渗滤液硝化载体。该项目由学校土木建筑工程学院市政与环境工程系教授李某某申请立项，经学校批准，并由李某某负责实施。

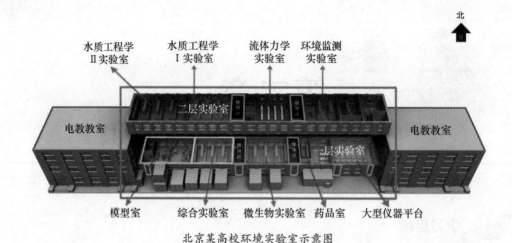

北京某高校环境实验室示意图

2018 年 11—12 月，李某某与环保公司签订技术合作协议；科技中心和环保公司签订销售合同，约定 15 天内制作 2 m³ 垃圾渗滤液硝化载体。环保公司按照与李某某的约定，从河南新乡县京华镁业有限公司购买 30 桶镁粉（1 t、易制爆危险化学品），并通过互联网购买项目所需的搅拌机（饲料搅拌机）。李某某从天津市同鑫化工厂购买了项目所需的 6 桶磷酸（0.21 t、危险化学品）和 6 袋过硫酸钠（0.2 t、危险化学品）以及其他材料。

垃圾渗滤液硝化载体制作流程分为两步：第一步，通过搅拌镁粉和磷酸反应，生成镁与磷酸镁的混合物；第二步，在镁与磷酸镁的混合物内加入镍粉等其他化学物质生成胶状物，并将胶状物制成圆形颗粒后晾干。

二、事故原因

1. 直接原因

经勘查，爆炸现场位于一层模型室，该房间东西长 12.5 米、南北宽 8.5 米、高 3.9 米。事故发生后，模型室内东北部（距东墙 4.7 米、距北墙 2.9 米）发现一合金属材质搅拌机，其料斗安装于金属架上。爆炸中心位于搅拌机处，爆炸首先发生于搅拌机料斗内。据模型室视频监控录像显示，9 时 33 分 21 秒至 25 秒室内出现两次强光；第一次强光光线颜色发白，符合氢气爆炸特征；第二次强光光线颜色泛红，符合镁粉爆炸特征。综上所述，爆炸物质是搅拌机料斗内的氢气和镁粉。

专家组对提取的物证、书证、证人证言、鉴定结论、勘验笔录、视频资料进行系统分析和深入研究，结合爆炸燃烧模拟结果，确认事故直接原因为：在使用搅拌机对镁粉和磷酸搅拌、反应过程中，料斗内产生的氢气被搅拌机转轴处金属摩擦、碰撞产生的火花点燃爆炸，继而引发镁粉粉尘云爆炸，爆炸引起周边镁粉和其他可燃物燃烧，造成现场 3 名学生被烧死。

2. 间接原因

违规开展实验、冒险作业；违规购买、违法储存危险化学品；对实验室和科研项目安全管理不到位是导致本起事故的间接原因。

一是事发科研项目负责人违规实验、作业；违规购买、违法储存危险化学品；违反该校实验室技术安全管理办法等规定，未采取有效安全防护措施；未告知实验的危险性，明知危险仍冒险作业。事发实验室管理人员未落实校内实验室相关管理制度；未有效履行实验室安全巡视职责，未有效制止事发项目负责人违规使用实验室，未发现违法储存的危险化学品。

二是学校土木建筑工程学院对实验室安全工作重视程度不够；未发现违规购买、违法储存易制爆危险化学品的行为；未对申报的横向科研项目开展风险评估；未按学校要求开展实验室安全自查；在事发实验室主任岗位空缺期间，未按规定安排实验室安全责任人并进行必要培训。土木建筑工程学院下设的实验中心未按规定开展实验室安全检查，对实验室存放的危险化学品底数不清，报送失实；对违规使用教学实验室开展实验的行为，未及时查验、有效制止并上报。

三是学校未能建立有效的实验室安全常态化监管机制；未发现事发科研项目负责人违规购买危险化学品，并运送至校内的行为；对土木建筑工程学院购买、储存、使用危险化学品和易制爆危险化学品情况底数不清，监管不到位；实验室日常安全管理责任落实不到位，未能通过检查发现土木建筑工程学院相关违规行为；未对事发科研项目开展安全风险评估；未落实《教育部 2017 年实验室安全现场检查发现问题整改通知书》有关要求。

3. 事故性质

鉴于上述原因分析，事故调查组认定，本起事故是一起责任事故。

三、事故责任分析及处理建议

根据事故原因调查，依据有关法律法规规定，对事故有关责任人员和责任单位进行事故责任认定，并提出如下处理意见：

1. 建议追究刑事责任的人员（2 人）

（1）李某某作为事发科研项目负责人，违规使用教学实验室；违规使用未经备案的校外设备；违规购买、违法储存危险化学品；违反该校实验室技术安全管理办法等规定，未采取有效的安全防护措施；未告知参与制作垃圾渗滤液硝化载体人员所使用化学原料的配比和危险性，未到现场指导学生制作，明知危险仍冒险作业，对事故发生负有直接责任。由公安机关立案侦查，依法追究其刑事责任。

（2）张某作为事发实验室管理人员，未落实该校土木工程实验中心实验室安全管理规范等实验室管理制度；未有效履行实验室安全巡视职责，未有效制止李某某违规使用实验室，未发现违法储存的危险化学品，对事故发生负有直接管理责任。由公安机关立案侦查，依法追究其刑事责任。

2. 给予问责处理的人员和单位（12人，略）

学校土木建筑工程学院党委，对所属实验室安全工作重视不够，落实学校各项制度规定不力，对学院老师李某某违规使用实验室、储存使用易制爆危险化学品等问题失察失管，对事故发生及造成的严重影响负全面领导责任。依据有关规定，对学校土木建筑工程学院党委进行问责，责令整改，并在全校范围内通报。

此外，对于调查中发现的环保公司等有关企业购买、运输危险化学品的违法线索，由公安机关、交通部门另行立案处理。

四、事故整改和防范措施建议

学校必须牢固树立安全红线意识，深刻吸取此次事故教训，全面排查学校各类安全隐患和安全管理薄弱环节，加强实验室、科研项目和危险化学品的监督检查，采取有针对性的整改措施，着力解决当前存在的突出问题。

一是全方位加强实验室安全管理。完善实验室管理制度，实现分级分类管理，加大实验室基础建设投入；明确各实验室开展实验的范围、人员及审批权限，严格落实实验室使用登记相关制度；结合实验室安全管理实际，配备具有相应专业能力和工作经验的人员负责实验室安全管理。

二是全过程强化科研项目安全管理。健全学校科研项目安全管理各项措施，建立完备的科研项目安全风险评估体系，对科研项目涉及的安全内容进行实质性审核；对科研项目实验所需的危险化学品、仪器器材和实验场地进行备案审查，并采取必要的安全防护措施。

三是全覆盖管控危险化学品。建立集中统一的危险化学品全过程管理平台，加强对危险化学品购买、运输、储存使用管理；严控校内运输环节，坚决杜绝不具备资质的危险品运输车辆进入校园；设立符合安全条件的危险化学品储存场所，建立危险化学品集中使用制度，严肃查处违规储存危险化学品的行为；开展有针对性的危险化学品安全培训和应急演练。

四是北京地区各高校要深刻吸取事故教训，举一反三，认真落实北京普通高校实验室危险化学品安全管理规范，切实履行安全管理主体责任，全面开展实验室安全隐患排查整改，明确实验室安全管理工作规则，进一步健全和完善安全管理工作制度，加强人员培训，明确安全管理责任，严格落实各项安全管理措施，坚决防止此类事故发生。

五是涉及学校实验室危险化学品安全管理的教育及其他有关部门和属地政府，按照工作职责督促学校使用危险化学品安全管理主体责任的落实，持续开展学校实验室危险化学品安全专项整治，摸清危险化学品底数，加强对涉及学校实验室危险化学品、易制爆危险化学品采购、运输、储存、使用、废弃物处置的监管，将学校实验室危险化学品安全管理纳入平安校园建设。

第一节　安全生产基本概念

一、事故

《现代汉语词典》对"事故"的解释是：多指生产、工作上发生的意外损失或灾祸。

在国际劳工组织（ILO）制定的一些指导性文件，如《职业事故和职业病记录与通报实用规程》中，将职业事故定义为："由工作引起或者在工作过程中发生的事件，并导致致命或非致命的职业伤害。"《生产安全事故报告和调查处理条例》将"生产安全事故"定义为：生产经营活动中发生的造成人身伤亡或者直接经济损失的事件。我国事故的分类方法有多种。

1. 依据标准

在《企业职工伤亡事故分类标准》（GB/T 6441—1986）中，综合考虑起因物、引起事故的诱导性原因、致害物、伤害方式等，将企业工伤事故分为 20 类，分别为：物体打击、车辆伤害、机械伤害、起重伤害、触电、淹溺、灼烫、火灾、高处坠落、坍塌、冒顶片帮、透水、放炮、火药爆炸、瓦斯爆炸、锅炉爆炸、容器爆炸、其他爆炸、中毒和窒息及其他伤害。企业职工伤亡事故分类见表 2-1-1。

表 2-1-1　　　　　　　　企业职工伤亡事故分类

序号	事故类别名称	说　　明
1	物体打击	指物体在重力或其他外力的作用下产生运动，打击人体造成人身伤亡事故，包括落物、滚石、锤击、碎裂、崩块、砸伤，不包括因机械设备、车辆、起重机械、坍塌、爆炸等引起的物体打击
2	车辆伤害	指企业机动车辆在行驶中引起的人体坠落和物体倒塌、下落、挤压伤亡事故，包括挤、压、撞、颠覆等，不包括起重设备提升、牵引车辆和车辆停驶时发生的事故

序号	事故类别名称	说　明
3	机械伤害	指机械设备运动（静止）部件、工具、加工件直接与人体接触引起的夹击、碰撞、剪切、卷入、绞、碾、割、刺等伤害，不包括车辆、起重机械引起的机械伤害
4	起重伤害	指各种起重作业（包括起重机安装、吊运、检修、试验）中发生的挤压、重物（包括吊具、吊重）坠落、物体打击和触电
5	触电	指电流流过人体或人与带电体间发生放电引起的伤害，包括雷击
6	淹溺	指各种作业中落水及非矿山透水引起的溺水伤害
7	灼烫	指火焰烧伤、高温物体烫伤、化学灼伤（酸、碱、盐、有机物引起的体内外灼伤）、物理灼伤（光、放射性物质引起的体内外灼伤）、射线引起的皮肤损伤等，不包括电烧伤及火灾事故引起的烧伤
8	火灾	造成人员伤亡的企业火灾事故
9	高处坠落	指在高处作业中发生坠落造成的伤亡事故，包括由高处落地和由平地落入地坑，不包括触电坠落事故
10	坍塌	指建筑物、构筑物、堆置物倒塌及土石塌方引起的事故，不包括矿山冒顶片帮和车辆、起重机械、爆炸、爆破引起的坍塌事故
11	冒顶片帮	指矿山开采、掘进及其他坑道作业发生的顶板冒落、侧壁垮塌
12	透水	指矿山开采及其他坑道作业时因涌水造成的伤害
13	放炮	指由爆破作业引起的事故，包括因爆破引起的中毒
14	火药爆炸	指火药、炸药及其制品在生产、加工、运输、储存中发生的爆炸事故
15	瓦斯爆炸	包括瓦斯、煤尘与空气混合形成的混合物的爆炸
16	锅炉爆炸	指工作压力在 0.07 MPa 以上、以水为介质的蒸汽锅炉的爆炸
17	容器爆炸	包括物理爆炸和化学爆炸
18	其他爆炸	指可燃性气体、蒸气、粉尘等与空气混合形成的爆炸性混合物的爆炸，以及炉膛、钢水包、亚麻粉尘的爆炸等
19	中毒和窒息	指职业性毒物进入人体引起的急性中毒、缺氧窒息、中毒性窒息伤害
20	其他伤害	上述范围之外的伤害事故，如冻伤、扭伤、摔伤、野兽咬伤等

2. 依据行政法规

《生产安全事故报告和调查处理条例》将"生产安全事故"定义为：生产经营活动中发生的造成人身伤亡或者直接经济损失的事件。根据生产安全事故造成的人员伤亡或者直接经济损失，事故一般分为以下等级：

（1）特别重大事故，是指造成 30 人以上死亡，或者 100 人以上重伤（包括急性工业中毒，下同），或者 1 亿元以上直接经济损失的事故。

（2）重大事故，是指造成 10 人以上 30 人以下死亡，或者 50 人以上 100 人以下重伤，或者 5 000 万元以上 1 亿元以下直接经济损失的事故。

（3）较大事故，是指造成 3 人以上 10 人以下死亡，或者 10 人以上 50 人以下重伤，或者 1 000 万元以上 5 000 万元以下直接经济损失的事故。

（4）一般事故，是指造成 3 人以下死亡，或者 10 人以下重伤，或者 1 000 万元以下直接经济损失的事故。

该等级标准中所称的"以上"包括本数，所称的"以下"不包括本数。

二、事故隐患

生产安全事故隐患简称安全隐患或事故隐患，俗称隐患，是指生产经营单位违反安全生产法律、法规、规章、标准、规程和安全生产管理制度的规定，或者因其他因素在生产经营活动中存在可能导致事故发生的人的不安全行为、物的危险状态、环境不安全条件和管理的缺陷。

1. 人的不安全行为

人员的行为、操作等不符合企业规章制度和安全操作规程的要求，可能导致未遂事件或事故的发生等状况。例如，违章指挥；员工不遵守安全操作规程；技术水平、身体状况等不符合岗位要求的人员上岗作业；习惯性违章操作、侥幸心理；不使用或不正确佩戴个人安全防护用品等。

2. 物的危险状态

设备设施等物的状态不符合安全标准，或安全装置损坏失灵，或设备设施等存在其他可能导致未遂事件或事故发生的状况。例如，设备自身的安全防护装置缺少、不全或长期损坏待修；设备的设计存在缺陷，易引发员工误操作；安全防护装置和个体防护用品的质量存在缺陷；易燃易爆场所设备设施未采用防爆电气、设备设施或防静电接地损坏；消防器材不合格或已过期等。

3.环境不安全条件

现场作业环境内职业病危害因素出现异常情况或超过规定的限值，或现场照明、地面、通道、防护等存在可能导致未遂事件或事故发生的其他状况。例如，厂房、车间内部采光达不到要求；室内温度过高或过低、通风不良；生产工具、成品、半成品、边角废料等随意丢放，占用消防通道和工作区域；作业地面脏乱、湿滑；建筑物和其他结构存在缺陷；选择的行车路线经常出现不良气候条件等。

4.管理的缺陷

相关管理工作不符合企业规章制度的要求，由此会导致人员发生未遂事件或事故。例如，安全生产规章制度、安全操作规程不完善、不健全；管理者对本岗位业务范围内的安全管理工作不到位、监管不力；新员工未进行三级安全教育；危险作业不按制度进行审批、作业前交底和作业过程监护；可能发生紧急情况、事故的场所无应急预案或应急措施，未组织预案演练等。

根据隐患危害和整改难度的大小，可将隐患分为一般事故隐患和重大事故隐患。一般隐患是指危害和整改难度较小，发现后能够立即整改排除的隐患。重大隐患是指危害和整改难度较大，应当全部或者局部停产停业，并经过一定时间整改治理方能排除的隐患，或者因外部因素影响致使生产经营单位自身难以排除的隐患。

三、海因里希事故法则

海因里希法则是 1941 年美国安全工程师海因里希统计大量机械伤害事故后得出的结论。当时，海因里希统计了 55 万起机械事故，其中死亡、重伤事故 1 666 起，轻伤48 334 起，其余则为无伤害事故。从而得出一个重要结论，即在机械事故中，伤亡、轻伤、不安全行为的比例为 1：29：300，国际上把这一法则叫事故法则，如图 2-1-1 所示。

这个法则说明：在机械生产过程中，每发生 330 起意外事件，有 300 起未产生人员伤害，29 起造成人员轻伤，1 起导致重伤或死亡；当一个企业有 300 起隐患或违章（不安全行为），必然要发生 29 起轻伤或事故，另外还有 1 起重

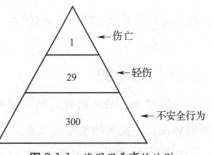

图 2-1-1　海因里希事故法则

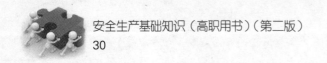

伤、死亡或重大事故。

对于不同的生产过程、不同类型的事故，上述比例关系不一定完全相同，但这个统计规律说明了在进行同一项活动中，无数次意外事件必然导致重大伤亡事故的发生。例如，某机械师企图用手把皮带挂到正在旋转的皮带轮上，因未使用拨皮带的杆，且站在摇晃的梯板上，又穿了一件宽大的长袖工作服，结果被皮带轮绞入导致死亡。事故调查结果表明，他使用这种上皮带的方法已有数年之久，手下工人均佩服他手段高明。查阅其前4年病志资料，发现他有33次手臂擦伤后急救上药记录。这一事例说明，事故的后果虽有偶然性，但是不安全因素或行为在事故发生之前已暴露过许多次，如果在事故发生之前，抓住时机，及时消除不安全因素，许多重大伤亡事故是完全可以避免的。

四、危险

根据系统安全工程的观点，危险是指系统中存在导致发生不期望后果的可能性超过了人们的承受程度。从危险的概念可以看出，危险是人们对事物的具体认识，必须指明具体对象，如危险环境、危险条件、危险状态、危险物质、危险场所、危险人员、危险因素等。

一般用风险度来表示危险的程度。在安全生产管理中，风险用生产系统中事故发生的可能性与严重性的结合给出，即：

$$R=f(F,\ C)$$

式中：R——风险；

F——发生事故的可能性；

C——发生事故的严重性。

从广义来说，风险可分为自然风险、社会风险、经济风险、技术风险和健康风险5类。而对于安全生产的日常管理，可分为人、机、环境、管理4类风险。

五、危险源

从安全生产角度解释，危险源是指可能造成人员伤害和疾病、财产损失、作业环境破坏或其他损失的根源或状态。

根据危险源在事故发生、发展中的作用，一般把危险源划分为两大类，即第一类危险源和第二类危险源。

第一类危险源是指生产过程中存在的，可能发生意外释放的能量，包括生产过程中各种能量源、能量载体或危险物质。第一类危险源决定了事故后果的严重程度，它具有的能量越多，发生事故的后果越严重。

第二类危险源是指导致能量或危险物质约束或限制措施破坏或失效的各种因素。广义上包括物的故障、人的失误、环境不良以及管理缺陷等因素。第二类危险源决定了事故发生的可能性，它出现越频繁，发生事故的可能性越大。

在企业安全管理工作中，第一类危险源客观上已经存在并且在设计、建设时已经采取了必要的控制措施，因此，企业安全工作重点是第二类危险源的控制问题。

从上述意义上讲，危险源可以是一次事故、一种环境、一种状态的载体，也可以是可能产生不期望后果的人或物。液化石油气在生产、储存、运输和使用过程中，可能发生泄漏，引起中毒、火灾或爆炸事故，因此充装了液化石油气的储罐是危险源；原油储罐的呼吸阀已经损坏，当储罐储存原油后，有可能因呼吸阀损坏而发生事故，因此损坏的原油储罐呼吸阀是危险源。

六、重大危险源

为了对危险源进行分级管理，防止重大事故发生，提出了重大危险源的概念。广义上说，可能导致重大事故发生的危险源就是重大危险源。

《安全生产法》和《危险化学品重大危险源辨识》（GB 18218—2018）都对重大危险源作出了明确规定。《安全生产法》第一百一十二条对重大危险源的解释是：重大危险源，是指长期地或者临时地生产、搬运、使用或者储存危险物品，且危险物品的数量等于或者超过临界量的单元（包括场所和设施）。当单元中有多种物质时，如果各类物质的量满足式2-1-1，就是重大危险源：

$$\sum_{i=1}^{N} \frac{q_i}{Q_i} \geq 1 \qquad\qquad (2\text{-}1\text{-}1)$$

式中：q_i——单元中物质 i 的实际存在量；

Q_i——物质 i 的临界量；

N——单元中物质的种类数。

《危险化学品重大危险源辨识》（GB 18218—2018）中的表1危险化学品名称及其

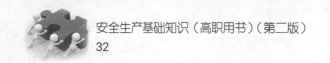

临界量，给出了 85 种危险化学品的临界量。该标准中，未在表 1 范围内的危险化学品应根据其危险性，按表 2 确定其临界量；若一种危险化学品具有多种危险性，应按其中最低的临界量确定。

七、安全、本质安全

安全与危险是相对的概念，它们是人们对生产、生活中是否可能遭受健康损害和人身伤亡的综合认识。按照系统安全工程的认识论，无论是安全还是危险都是相对的。

1. 安全

安全，泛指没有危险、不出事故的状态。汉语中有"无危则安，无缺则全"；安全的英文为 safety，指健康与平安之意；梵文为 sarva，意为无伤害或完整无损；《韦氏大词典》对安全定义为"没有伤害、损伤或危险，不遭受危害或损害的威胁，或免除了危害、伤害或损失的威胁"。生产过程中的安全，即安全生产，指的是"不发生工伤事故、职业病、设备或财产损失"。工程上的安全性，是用概率表示的近似客观量，用以衡量安全的程度。

系统工程中的安全概念，认为世界上没有绝对安全的事物，任何事物中都包含有不安全因素，具有一定的危险性。安全是一个相对的概念，危险性是对安全性的隶属度；当危险性低于某种程度时，人们就认为是安全的。安全工作贯穿于系统整个寿命期间。

2. 本质安全

本质安全是指通过设计等手段使生产设备或生产系统本身具有安全性，即使在误操作或发生故障的情况下也不会造成事故。具体包括两方面的内容：

（1）失误—安全功能。它是指操作者即使操作失误，也不会发生事故或伤害，或者说设备、设施和技术工艺本身具有自动防止人的不安全行为的功能。

（2）故障—安全功能。它是指设备、设施或生产工艺发生故障或损坏时，还能暂时维持正常工作或自动转变为安全状态。

上述两种安全功能应该是设备、设施和技术工艺本身固有的，即在规划设计阶段就被纳入其中，而不是事后补偿的。

本质安全是生产中"预防为主"的根本体现，也是安全生产的最高境界。实际上，由于技术、资金和人们对事故的认识等原因，目前还很难做到本质安全，只能作为追求的目标。

3. 安全生产许可

国家对矿山企业、建筑施工企业和危险化学品、烟花爆竹、民用爆破器材生产企业实行安全生产许可制度。企业未取得安全生产许可证的，不得从事生产活动。

八、安全生产

《辞海》将"安全生产"解释为：为预防生产过程中发生人身、设备事故，形成良好劳动环境和工作秩序而采取的一系列措施和活动。《中国大百科全书》将"安全生产"解释为：旨在保护劳动者在生产过程中安全的一项方针，也是企业管理必须遵循的一项原则，要求最大限度地减少劳动者的工伤和职业病，保障劳动者在生产过程中的生命安全和身体健康。后者将安全生产解释为企业生产的一项方针、原则和要求，前者则将安全生产解释为企业生产的一系列措施和活动。根据现代系统安全工程的观点，一般意义上讲，安全生产是指在社会生产活动中，通过人员、机械、原料、方法、环境的和谐运作，使生产过程中潜在的各种事故风险和伤害因素始终处于有效控制状态，切实保护劳动者的生命安全和身体健康。秉着"以人为本、安全发展"的理念，《安全生产法》将"安全第一、预防为主、综合治理"确定为安全生产工作的基本方针。

九、安全生产管理

安全生产管理是管理的重要组成部分，是安全科学的一个分支。所谓安全生产管理，就是针对人们在生产过程中的安全问题，运用有效的资源，发挥人们的智慧，通过人们的努力，进行有关决策、计划、组织和控制等活动，实现生产过程中人与机器设备、物料环境的和谐，达到安全生产的目标。其管理的基本对象是企业的员工（企业中的所有人员）、设备设施、物料、环境、财务、信息等各个方面。安全生产管理包括安全生产法制管理、行政管理、监督检查、工艺技术管理、设备设施管理、作业环境和条件管理等方面。安全生产管理目标是减少和控制危害和事故，尽量避免生产过程中所造成的人身伤害、财产损失、环境污染以及其他损失。

第二节　现代安全生产管理理论

现代安全生产管理理论、方法、模式是 20 世纪 50 年代进入我国的。在 20 世纪六七十年代，我国开始吸收并研究事故致因理论、事故预防理论和现代安全生产管理思想。20 世纪八九十年代，开始研究企业安全生产风险评价、危险源辨识和监控，一些企业管理者开始尝试安全生产风险管理。20 世纪末，我国几乎与世界工业化国家同步研究并推行了职业健康安全管理体系。进入 21 世纪以来，我国有些学者提出了系统化的企业安全生产风险管理理论雏形，认为企业安全生产管理是风险管理，管理的内容包括危险源辨识、风险评价、危险预警与监测管理、事故预防与风险控制管理及应急管理等。该理论将现代风险管理完全融入安全生产管理之中。

一、安全生产管理原理与原则

安全生产管理原理是从生产管理的共性出发，对生产管理中安全工作的实质内容进行科学分析、综合、抽象与概括所得出的安全生产管理规律。安全生产管理是管理的主要组成部分，遵循管理的普遍规律，既服从管理的基本原理与原则，又有其特殊的原理与原则。

安全生产原则是指在生产管理原理的基础上，指导安全生产活动的通用规则。

1. 系统原理及原则

（1）系统原理的含义。系统原理是现代管理学的一个最基本原理。它是指人们在从事管理工作时，运用系统理论、观点和方法，对管理活动进行充分的系统分析，以达到管理的优化目标，即用系统论的观点、理论和方法来认识和处理管理中出现的问题。

所谓系统，是由相互作用和相互依赖的若干部分组成的有机整体。任何管理对象都可以作为一个系统。系统可以分为若干个子系统，子系统可以分为若干个要素，即系统是由要素组成的。按照系统的观点，管理系统具有 6 个特征，即集合性、相关性、目的性、整体性、层次性和适应性。

安全生产管理系统是生产管理的一个子系统，包括各级安全管理人员、安全防护设备与设施、安全管理规章制度、安全生产操作规范和规程，以及安全生产管理信息等。安全贯穿于生产活动的方方面面，安全生产管理是全方位、全天候且涉及全体人员的管理。

（2）运用系统原理的原则

1）动态相关性原则。动态相关性原则告诉我们，构成管理系统的各要素是运动和发展的，它们既相互联系，又相互制约。显然，如果管理系统的各要素都处于静止状态，就不会发生事故。

2）整分合原则。高效的现代安全生产管理必须在整体规划下明确分工，在分工基础上有效综合，这就是整分合原则。运用该原则，要求企业管理者在制定整体目标和进行宏观决策时，必须将安全生产纳入其中，在考虑资金、人员和体系时，都必须将安全生产作为一项重要内容考虑。

3）反馈原则。反馈是控制过程中对控制机构的反作用。成功、高效的管理，离不开灵活、准确、快速的反馈。企业生产的内部条件和外部环境在不断变化，所以必须及时捕获、反馈各种安全生产信息，以便及时采取行动。

4）封闭原则。在任何一个管理系统内部，管理手段、管理过程等必须构成一个连续封闭的回路，才能形成有效的管理活动，这就是封闭原则。封闭原则告诉我们，在企业安全生产中，各管理机构之间、各种管理制度和方法之间，必须具有紧密的联系，形成相互制约的回路，才能有效。

2. 人本原理及原则

（1）人本原理的含义。在管理中必须把人的因素放在首位，体现以人为本的指导思想，这就是人本原理。以人为本有两层含义：一是一切管理活动都是以人为本展开的，人既是管理的主体，又是管理的客体，每个人都处在一定的管理层面上，离开人就无所谓管理；二是管理活动中，作为管理对象的要素和管理系统各环节，都是需要人掌管、运作、推动和实施的。

（2）运用人本原理的原则

1）动力原则。推动管理活动的基本力量是人，管理必须有能够激发人的工作能力的动力，这就是动力原则。对于管理系统，有3种动力，即物质动力、精神动力和信

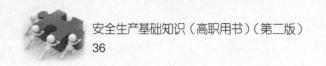
息动力。

2）能级原则。现代管理认为，单位和个人都具有一定的能量，并且可以按照能量的大小顺序排列，形成管理的能级，就像原子中电子的能级一样。在管理系统中，建立一套合理能级，根据单位和个人能量的大小安排其工作，发挥不同能级的能量，保证结构的稳定性和管理的有效性，这就是能级原则。

3）激励原则。管理中的激励就是利用某种外部诱因的刺激，调动人的积极性和创造性。以科学的手段，激发人的内在潜力，使其充分发挥积极性、主动性和创造性，这就是激励原则。人的工作动力来源于内在动力、外部压力和工作吸引力。

4）行为原则。需要与动机是人的行为的基础，人类的行为规律是需要决定动机，动机产生行为，行为指向目标，目标完成需要得到满足，于是又产生新的需要、动机、行为，以实现新的目标。安全生产工作重点是防治人的不安全行为。

3. 预防原理及原则

（1）预防原理的含义。安全生产管理工作应该做到预防为主，通过有效的管理和技术手段，减少和防止人的不安全行为和物的不安全状态，从而使事故发生的概率降到最低，这就是预防原理。在可能发生人身伤害、设备或设施损坏以及环境破坏的场合，应事先采取措施，防止事故发生。

（2）运用预防原理的原则

1）偶然损失原则。事故后果以及后果的严重程度，都是随机的、难以预测的。反复发生的同类事故，并不一定产生完全相同的后果，这就是事故损失的偶然性。偶然损失原则告诉我们，无论事故损失的大小，都必须做好预防工作。

2）因果关系原则。事故的发生是许多因素互为因果连续发生的最终结果，只要诱发事故的因素存在，发生事故是必然的，只是时间或迟或早而已，这就是因果关系原则。

3）3E原则。造成人的不安全行为和物的不安全状态的原因可归结为4个方面：技术原因、教育原因、身体和态度原因以及管理原因。针对这4个方面的原因，可以采取3种防止对策，即工程技术（engineering）对策、教育（education）对策和法制（enforcement）对策，即所谓3E原则。

4）本质安全化原则。本质安全化原则是指从一开始和从本质上实现安全化，从根本上消除事故发生的可能性，从而达到预防事故发生的目的。本质安全化原则不仅可以应用于设备、设施，还可以应用于建设项目。

4. 强制原理及原则

（1）强制原理的含义。采取强制管理的手段控制人的意愿和行为，使个人的活动、行为等受到安全生产管理要求的约束，从而实现有效的安全生产管理，这就是强制原理。强制就是绝对服从，不必经被管理者同意便可采取控制行动。

（2）运用强制原理的原则

1）安全第一原则。安全第一就是要求在进行生产和其他工作时把安全工作放在一切工作的首要位置。当生产和其他工作与安全发生矛盾时，要以安全为主，生产和其他工作要服从于安全，这就是安全第一原则。

2）监督原则。监督原则是指在安全工作中，为了使安全生产法律法规得到落实，必须明确安全生产监督职责，对企业生产中的守法和执法情况进行监督。

二、事故致因理论

1. 海因里希事故因果连锁理论

1931 年，美国安全工程师海因里希第一次提出了事故因果连锁理论，阐述导致伤亡事故各种原因因素间及与伤害间的关系，认为伤亡事故的发生不是一个孤立的事件，尽管伤害可能在某瞬间突然发生，却是一系列原因事件相继发生的结果。

（1）伤害事故连锁构成。海因里希把工业伤害事故的发生发展过程描述为具有一定因果关系的事件的连锁发生过程。

1）人员伤亡的发生是事故的结果。

2）事故的发生是由于人的不安全行为或物的不安全状态。

3）人的不安全行为或物的不安全状态是由人的缺点造成的。

4）人的缺点是由于不良环境诱发的，或者是由先天的遗传因素造成的。

（2）事故连锁过程影响因素。海因里希将事故因果连锁过程因素概括为以下 5 个：

1）遗传及社会环境。遗传及社会环境是造成人的性格上缺点的原因。遗传因素可能造成鲁莽、固执等不良性格；社会环境可能妨碍教育，助长性格的缺点发展。

2）人的缺点。人的缺点是使人产生不安全行为或造成机械、物质不安全状态的原因，它包括鲁莽、固执、过激、神经质、轻率等性格上的先天缺点，以及缺乏安全生产知识和技术等后天的缺点。

3）人的不安全行为或物的不安全状态。人的不安全行为或物的不安全状态是指那些曾经引起过事故，可能再次引起事故的人的行为或机械、物质的状态，它们是造成事故的直接原因。

4）事故。事故是指由物体、物质、人或放射线等的作用或反作用，使人员受到伤害或可能受到伤害的、出乎意料的、失去控制的事件。

5）伤害。由事故直接产生的人身伤害。

海因里希用多米诺骨牌来形象地描述这种事故因果连锁关系。在多米诺骨牌系列中，一颗骨牌被碰倒了，则将发生连锁反应，其余几颗骨牌相继被碰倒。如果移去中间的一颗骨牌，则连锁被破坏，事故过程被中止。他认为，企业安全工作的中心就是防止人的不安全行为，消除机械的或物质的不安全状态，中断事故连锁的进程而避免事故的发生，如图 2-2-1 所示。

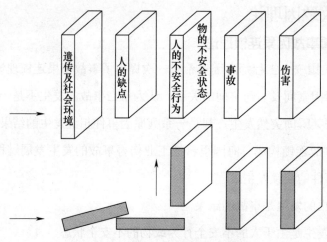

图 2-2-1　海因里希事故因果连锁理论

海因里希的工业安全理论主要阐述了工业事故发生的因果连锁论，与他关于在生产安全问题中人与物的关系、事故发生频率与伤害严重度之间的关系、不安全行为的原因等工业安全中最基本的问题一起，曾被称作"工业安全公理"，受到世界上许多国家生产安全工作学者的赞同。

2. 现代因果连锁理论

与早期的事故频发倾向、海因里希因果连锁等理论强调人的性格、遗传特征等不同，第二次世界大战后，人们逐渐认识到管理因素作为背后原因在事故致因中的重要作用。人的不安全行为或物的不安全状态是工业事故的直接原因，必须加以追究。但是，它们只不过是其背后的深层原因的征兆和管理缺陷的反映。只有找出深层的、背后的原因，改进企业管理，才能有效地防止事故。

博德在海因里希事故因果连锁理论的基础上，提出了现代事故因果连锁理论，如图 2-2-2 所示。

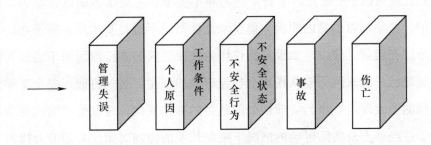

图 2-2-2 现代事故因果连锁理论

博德现代事故因果连锁理论主要观点包括以下 5 个方面。

（1）控制不足——管理。事故因果连锁中一个最重要的因素是安全管理。安全管理人员应该充分认识到，他们的工作要以得到广泛承认的企业管理原则为基础，即安全管理者应该懂得管理的基本理论和原则。控制是管理机能（计划、组织、指导、协调及控制）中的一种机能。安全管理中的控制是指损失控制，包括对人的不安全行为和物的不安全状态的控制。它是安全管理工作的核心。

在安全管理中，企业领导者的安全方针、政策及决策占有十分重要的位置。它包括生产及安全的目标，职员的配备，资料的利用，责任及职权范围的划分，职工的选择、训练、安排、指导及监督，信息传递，设备器材及装置的采购、维修及设计，正常及异常时的操作规程，设备的维修保养等。

管理系统是随着生产的发展而不断发展完善的，十全十美的管理系统并不存在。由于管理上的缺欠，使得能够导致事故的基本原因出现。

（2）基本原因——起源论。为了从根本上预防事故，必须查明事故的基本原因，并针对查明的基本原因采取对策。所谓起源论，强调找出问题的基本的、背后的原因，而不仅停留在表面的现象上。只有这样，才能实现有效的控制。

基本原因包括个人原因及与工作有关的原因。个人原因包括缺乏知识或技能、动机不正确、身体上或精神上的问题等。工作方面的原因包括操作规程不合适，设备、材料不合格，通常的磨损及异常的使用方法等，以及温度、压力、湿度、粉尘、有毒有害气体、蒸气、通风、噪声、照明、周围的状况（容易滑倒的地面、障碍物、不可靠的支持物、有危险的物体）等环境因素。只有找出这些基本原因，才能有效地预防事故的发生。

（3）直接原因——征兆。不安全行为和不安全状态是事故的直接原因，这点是最重要的、必须加以追究的原因。但是，直接原因不过是基本原因的征兆，是一种表面现象。在实际工作中，如果只抓住作为表面现象的直接原因而不追究其背后隐藏的深层原因，就永远不能从根本上杜绝事故的发生。另一方面，安全管理人员应该能够预测及发现这些作为管理缺欠的征兆的直接原因，采取恰当的改善措施；同时，为了在经济上及实际可能的情况下采取长期的控制对策，必须努力找出其基本原因。

（4）事故——接触。从实用的目的出发，往往把事故定义为最终导致人员肉体损伤和死亡、财产损失的不希望的事件。但是，越来越多的学者从能量的观点把事故看作人的身体或构筑物、设备与超过其阈值的能量的接触，或人体与妨碍正常活动的物质的接触。于是，防止事故就是防止接触。为了防止接触，可以通过改进装置、材料及设施，防止能量释放，通过训练、提高工人识别危险的能力，佩戴个人防护用品等来实现。

（5）损失——受伤、损坏。博德的模型中的伤害包括了工伤、职业病以及对人员精神方面、神经方面或全身性的不利影响。人员伤害及财物损坏统称为损失。

在许多情况下，可以采取恰当的措施使事故造成的损失最大限度地减少。如对受伤人员迅速抢救，对设备进行抢修，以及平日对人员进行应急训练等。

此外，亚当斯也提出了与博德事故因果连锁理论类似的理论。他把事故的直接原因、人的不安全行为及物的不安全状态称作现场失误，不安全行为和不安全状态是操作者在生产过程中的错误行为及生产条件方面的问题。采用现场失误这一术语，其主要目的在于提醒人们注意不安全行为及不安全状态的性质。

现代事故因果连锁理论把考察的范围局限在企业内部，用以指导企业的安全工作。实际上，工业伤害事故发生的原因是很复杂的，一个国家、地区的政治、经济、文化、科技发展水平等诸多社会因素，对伤害事故的发生和预防有着重要的影响，不仅局限在企业内部。

日本北川彻三基于此考虑，作了一些修正，提出新的事故因果连锁理论，认为事故的基本原因应该包括3个方面：

1）管理原因。企业领导者不够重视安全，作业标准不明确，维修保养制度方面的缺陷，人员安排不当，职工积极性不高等管理上的缺陷。

2）学校教育原因。小学、中学、大学等教育机构的安全教育不充分。

3）社会或历史原因。社会安全观念落后，安全法规或安全管理、监督机构不完备等。

北川彻三认为事故的间接原因包括4个方面：

1）技术原因。机械、装置、建筑物等的设计、建造、维护等技术方面的缺陷。

2）教育原因。由于缺乏安全知识及操作经验，不知道、轻视操作过程中的危险性和安全操作方法，或操作不熟练、习惯操作等。

3）身体原因。身体状态不佳，如头痛、昏迷、癫痫等疾病，或近视、耳聋等生理缺陷，或疲劳、睡眠不足等。

4）精神原因。消极、抵触、不满等不良态度，焦躁、紧张、恐惧、偏激等精神不安定，狭隘、顽固等不良性格，以及智力方面的障碍。

在上述的4种间接原因中，前面两种原因比较普遍，后面两种原因较少出现。但这些基本原因和间接原因中的个别因素已经超出了企业安全工作，甚至安全学科的研究范围。充分认识这些原因因素，综合利用可能的科学技术、管理手段，改善或消除基本原因、间接原因因素，才可能从根本上达到预防伤害事故的目的，这为我们从社会角度来思考和预防事故提供了理论基础。

3. 能量意外释放理论

能量意外释放理论揭示了事故发生的物理本质，为人们设计及采取安全技术措施提供了理论依据。

（1）能量意外释放理论概述

1）能量意外释放理论的提出。1961年吉布森提出了事故是一种不正常的或不希望的能量释放，意外释放的各种形式的能量是构成伤害的直接原因。因此，应该通过控制能量，或控制作为能量达及人体媒介的能量载体来预防伤害事故。在吉布森的研究基础上，1966年美国运输部安全局局长哈登完善了能量意外释放理论，认为人受伤害的原因只能是某种能量的转移。并提出了能量逆流于人体造成伤害的分类方法，将伤害分为两类：第一类伤害是由于施加了局部或全身性损伤阈值的能量引起的；第二类伤害是由影响了局部或全身性能量交换引起的，主要指中毒窒息和冻伤。哈登认为，在一定条件下某种形式的能量能否产生伤害，造成人员伤亡事故，取决于能量大小、接触能量时间长短和频率以及力的集中程度。根据能量意外释放论，可以利用各种屏蔽来防止意外的能量转移，从而防止事故的发生。

2）事故致因和表现形式

①事故致因。能量在生产过程中是不可缺少的，人类利用能量做功以实现生产目的。人类为了利用能量做功，必须控制能量。在正常生产过程中，能量受到种种约束和限制，按照人们的意志流动、转换和做功。如果由于某种原因，能量失去了控制，超越了人们设置的约束或限制而意外地逸出或释放，必然造成事故，如图 2-2-3 所示。

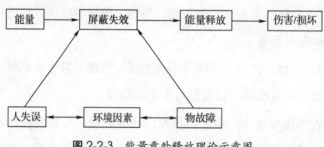

图 2-2-3 能量意外释放理论示意图

如果失去控制的、意外释放的能量达及人体，并且能量的作用超过了人们的承受能力，人体必将受到伤害。根据能量意外释放理论，伤害事故原因是：接触了超过机体组织（或结构）抵抗力的某种形式的过量的能量；有机体与周围环境的正常能量交换受到了干扰（如窒息、淹溺等）。因而，各种形式的能量是构成伤害的直接原因。同时，也常常通过控制能量，或控制达及人体媒介的能量载体来预防伤害事故。

②能量转移造成事故的表现。机械能、电能、热能、化学能、电离及非电离辐射、声能和生物能等形式的能量，都可能导致人员伤害。其中前 4 种形式的能量引起的伤害最为常见。

意外释放的机械能是造成工业伤害事故的主要能量形式。处于高处的人员或物体具有较高的势能，当人员具有的势能意外释放时，将发生坠落或跌落事故。当物体具有的势能量意外释放时，将发生物体打击等事故。除了势能外，动能是另一种形式的机械能，各种运输车辆和各种机械设备的运动部分都具有较大的动能，工作人员一旦与之接触，将发生车辆伤害或机械伤害事故。

现代化工业生产中广泛利用电能，当人们意外地接近或接触带电体时，可能发生触电事故而受到伤害。

工业生产中广泛利用热能，生产中利用的电能、机械能或化学能可以转变为热能，可燃物燃烧时释放出大量的热能，人体在热能的作用下，可能遭受烧灼或发生烫伤。

有毒有害的化学物质使人员中毒，是化学能引起的典型伤害事故。

研究表明，人体对每一种形式能量的作用都有一定的抵抗能力，或者说有一定的伤害阈值。当人体与某种形式的能量接触时，能否产生伤害及伤害的严重程度如何，主要取决于作用于人体的能量的大小。作用于人体的能量越大，造成严重伤害的可能性越大。例如，球形弹丸以 4.9 N 的冲击力打击人体时，只能轻微地擦伤皮肤；重物以 68.6 N 的冲击力打击人的头部时，会造成头骨骨折。此外，人体接触能量的时间长短和频率、能量的集中程度以及身体接触能量的部位等，也影响人员伤害程度。

（2）事故防范对策。从能量意外释放理论出发，预防伤害事故就是防止能量或危险物质的意外释放，防止人体与过量的能量或危险物质接触。

哈登认为，预防能量转移于人体的安全措施可用屏蔽防护系统。约束限制能量，防止人体与能量接触的措施称为屏蔽，这是一种广义的屏蔽。同时，他指出，屏蔽设置得越早，效果越好。按能量大小可建立单一屏蔽或多重的冗余屏蔽。

在工业生产中经常采用的防止能量意外释放的屏蔽措施主要有以下几种：

1）用安全的能源代替不安全的能源。有时被利用的能源危险性较高，这时可考虑用较安全的能源取代。例如，在容易发生触电的作业场所，用压缩空气动力代替电力，可以防止发生触电事故；还有用水力采煤代替火药爆破等。但是应该看到，绝对安全的事物是没有的，以压缩空气做动力虽然避免了触电事故，但压缩空气管路破裂、脱落的软管抽打等都带来了新的危害。

2）限制能量。即限制能量的大小和速度，规定安全极限量，在生产工艺中尽量采用低能量的工艺或设备。这样即使发生了意外的能量释放，也不致发生严重伤害。例如，利用低电压设备防止电击，限制设备运转速度以防止机械伤害，限制露天爆破装

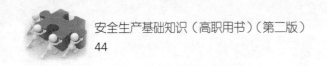

药量以防止个别飞石伤人等。

3）防止能量蓄积。能量的大量蓄积会导致能量突然释放，因此，要及时泄放多余能量，防止能量蓄积。例如，应用低高度势能控制爆炸性气体浓度，通过接地消除静电蓄积，利用避雷针放电保护重要设施等。

4）控制能量释放。如建立水闸墙，防止高势能地下水突然涌出。

5）延缓释放能量。缓慢地释放能量可以降低单位时间内释放的能量，减轻能量对人体的作用。例如，采用安全阀、逸出阀控制高压气体；采用全面崩落法管理煤巷顶板，控制地压；用各种减振装置吸收冲击能量，防止人员受到伤害等。

6）开辟释放能量的渠道。如安全接地可以防止触电，在矿山探放水可以防止透水，抽放煤体内瓦斯可以防止瓦斯蓄积爆炸等。

7）设置屏蔽设施。屏蔽设施是一些防止人员与能量接触的物理实体，即狭义的屏蔽。屏蔽设施可以被设置在能源上，如安装在机械转动部分外面的防护罩；也可以被设置在人员与能源之间，如安全围栏等。人员佩戴的个体防护装备，可被看作是设置在人员身上的屏蔽设施。

8）在人、物与能源之间设置屏障，在时间或空间上把能量与人隔离。在生产过程中有两种或两种以上的能量相互作用引起事故的情况。例如，一台吊车移动的机械能作用于化工装置，使化工装置破裂而有毒物质泄漏，引起人员中毒。针对两种能量相互作用的情况，我们应该考虑设置两组屏蔽设施：一组设置于两种能量之间，防止能量间的相互作用；一组设置于能量与人之间，防止能量达及人体，如防火门、防火密闭等。

9）提高防护标准。如采用双重绝缘工具防止高压电能触电事故；对瓦斯连续监测和遥控遥测以及增强对伤害的抵抗能力；用耐高温、耐高寒、高强度材料制作的个体防护用具等。

10）改变工艺流程。如改变不安全流程为安全流程，用无毒少毒物质代替剧毒有害物质等。

11）修复或急救。治疗、矫正以减轻伤害程度或恢复原有功能；做好紧急救护，进行自救教育；限制灾害范围，防止事态扩大等。

4. 轨迹交叉理论

（1）轨迹交叉理论的提出。随着生产技术的提高以及事故致因理论的发展完善，人们对人和物两种因素在事故致因理论中地位的认识发生了很大变化。一方面是在生产技术进步的同时，生产装置、生产条件安全的问题越来越引起人们的重视；另一方面是人们对人的因素研究不断深入，能够正确区分人的不安全行为和物的不安全状态。

约翰逊认为，判断到底是不安全行为还是不安全状态，受研究者主观因素的影响，取决于他认识问题的深刻程度。许多人由于缺乏有关失误方面的知识，把由于人失误造成的不安全状态看作是不安全行为。一起伤亡事故的发生，除了人的不安全行为之外，一定还存在某种不安全状态，并且不安全状态对事故发生作用更大些。

斯奇巴提出，生产操作人员与机械设备两种因素都对事故的发生有影响，且机械设备的危险状态对事故的发生作用更大些，只有当两种因素同时出现，才能发生事故。上述理论被称为轨迹交叉理论，该理论的主要观点是：在事故发展进程中，人的因素运动轨迹与物的因素运动轨迹的交点就是事故发生的时间和空间，即人的不安全行为和物的不安全状态发生于同一时间、同一空间，或者说人的不安全行为与物的不安全状态相通，则将在此时间、空间发生事故。

轨迹交叉理论作为一种事故致因理论，强调人的因素和物的因素在事故致因中占有同等重要的地位。按照该理论，可以通过避免人与物两种因素运动轨迹交叉，即避免人的不安全行为和物的不安全状态同时、同地出现，来预防事故的发生。

（2）轨迹交叉理论作用原理。轨迹交叉理论将事故的发生发展过程描述为：基本原因→间接原因→直接原因→事故→伤害。从事故发展运动的角度，这样的过程被形容为事故致因因素导致事故的运动轨迹，具体包括人的因素运动轨迹和物的因素运动轨迹。

1）人的因素运动轨迹。人的不安全行为基于生理、心理、环境、行为等方面而产生。

①生理、先天身心缺陷。

②社会环境、企业管理上的缺陷。

③后天的心理缺陷。

④视、听、嗅、味、触等感官能量分配上的差异。

⑤行为失误。

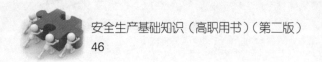

2）物的因素运动轨迹。在物的因素运动轨迹中，在生产过程各阶段都可能产生不安全状态。

①设计上的缺陷，如用材不当、强度计算错误、结构完整性差、采矿方法不适应矿床围岩性质等。

②制造、工艺流程上的缺陷。

③维修保养上的缺陷，降低了可靠性。

④使用上的缺陷。

⑤作业场所环境上的缺陷。

在生产过程中，人的因素运动轨迹按①→②→③→④→⑤的方向顺序进行，物的因素运动轨迹按①→②→③→④→⑤的方向进行，人、物两轨迹相交的时间与地点，就是发生伤亡事故的"时空"，也就导致了事故的发生。

值得注意的是，许多情况下人与物又互为因果。例如，有时物的不安全状态诱发了人的不安全行为，而人的不安全行为又促进了物的不安全状态的发展，或导致新的不安全状态出现。因此，实际的事故并非简单地按照上述人、物两条轨迹进行，而是呈现非常复杂的因果关系。

若设法排除机械设备或处理危险物质过程中的隐患，或者消除人为失误和不安全行为，使两事件链连锁中断，则两系列运动轨迹不能相交，危险就不会出现，就可避免事故发生。

对人的因素而言，强调工种考核，加强安全教育和技术培训，进行科学的安全管理，从生理、心理和操作管理上控制人的不安全行为的产生，就等于阻断了事故产生的人的因素轨迹。但是，对自由度很大且身心性格气质差异较大的人是难以控制的，偶然失误很难避免。在多数情况下，由于企业管理不善，使工人缺乏教育和训练或者机械设备缺乏维护、检修以及安全装置不完备，导致了人的不安全行为或物的不安全状态。

轨迹交叉理论突出强调的是阻断物的事件链，提倡采用可靠性高、结构完整性强的系统和设备，大力推广保险系统、防护系统和信号系统及高度自动化和遥控装置。这样，即使人为失误，构成①→⑤系列，也会因安全闭锁等可靠性高的安全系统的作用，控制住①→⑤系列的发展，可完全避免伤亡事故的发生。

一些领导和管理人员总是错误地把一切伤亡事故归咎于操作人员违章作业。实际上，人的不安全行为也是由于教育培训不足等管理欠缺造成的。管理的重点应放在控制物的不安全状态上，即消除"起因物"，这样就不会出现"施害物"，阻断物的因素运动轨迹，使人与物的轨迹不相交叉，事故即可避免，如图 2-2-4 所示。

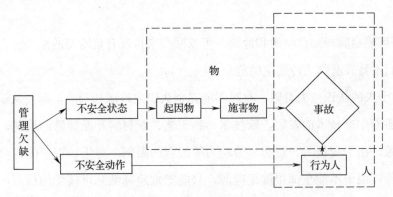

图 2-2-4　人与物两系列形成事故的系统

实践证明，消除生产作业中物的不安全状态，可以大幅度地减少伤亡事故的发生。例如，美国铁路列车安装自动连接器之前，每年都有数百名铁路工人死于车辆连接作业事故中，铁路部门的负责人把事故的责任归咎于工人的错误或不注意。后来，铁路部门根据政府法令的要求，把所有铁路车辆都装上了自动连接器，车辆连接作业中的死亡事故也因此大大减少。

5. 系统安全理论

（1）系统安全理论的提出。系统安全是指在系统寿命周期内应用系统安全管理及系统安全工程原理，识别危险源并使其危险性减至最小，从而使系统在规定的性能、时间和成本范围内达到最佳的安全程度。系统安全的基本原则是在一个新系统的构思阶段就必须考虑其安全性的问题，制定并开始执行安全工作规划——系统安全活动，并且把系统安全活动贯穿于系统寿命周期，直到系统报废为止。

（2）系统安全理论的主要观点。系统安全理论包括很多区别于传统安全理论的创新概念。

1）在事故致因理论方面，改变了人们只注重操作人员的不安全行为而忽略硬件的故障在事故致因中作用的传统观念，开始考虑如何通过改善物的系统的可靠性来提高复杂系统的安全性，从而避免事故。

2）没有任何一种事物是绝对安全的，任何事物中都潜伏着危险因素。通常所说的

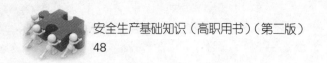

安全或危险只不过是一种主观的判断。能够造成事故的潜在危险因素称作危险源，来自某种危险源的造成人员伤害或物质损失的可能性叫作危险。危险源是一些可能出问题的事物或环境因素，而危险表征潜在的危险源造成伤害或损失的机会，可以用概率来衡量。

3）不可能根除一切危险源和危险，可以减少来自现有危险源的危险性，应减少总的危险性而不是只消除几种选定的危险。

4）由于人的认识能力有限，有时不能完全认识危险源和危险，即使认识了现有的危险源，随着生产技术的发展，新技术、新工艺、新材料和新能源的出现，又会产生新的危险源。由于受技术、资金、劳动力等因素的限制，对于认识了的危险源也不可能完全根除。由于不能全部根除危险源，只能把危险降低到可接受的程度，即可接受的危险。安全工作的目标就是控制危险源，努力把事故发生概率降到最低，万一发生事故，可把伤害和损失控制在最低的程度上。

（3）系统安全中的人失误。人作为一种系统元素，发挥功能时会发生失误。系统安全中采用术语"人失误"。

里格比认为，人失误是人的行为结果超出了系统的某种可接受的限度。换言之，人失误是指人在生产操作过程中实际实现的功能与被要求的功能之间的偏差，其结果是可能以某种形式给系统带来不良影响。

人失误产生的原因包括两方面：一是由于工作条件设计不当，即可接受的限度不合理引起人失误；二是由于人员的不恰当行为造成人失误。除了生产操作过程中的人失误之外，还要考虑设计失误、制造失误、维修失误以及运输保管失误等，因而较以往工业安全中的"不安全行为"，人失误对人的因素涉及的内容更广泛、更深入。

20世纪70年代末的美国三里岛核电站事故曾引起一阵恐慌，特别是20世纪80年代印度的博帕尔农药厂的毒气泄漏事故等一些巨大的复杂系统的意外事故，给人类带来了惨重的灾难。对这些事故的调查表明，人失误，特别是管理失误是造成事故的罪魁祸首。因而，当今世界范围内系统安全理论研究的一个重大课题，就是关于人失误的研究。

三、我国安全生产管理概述

1. 安全生产方针

《安全生产法》规定，安全生产工作应当以人为本，坚持安全发展，坚持"安全第一、预防为主、综合治理"的方针，强化和落实生产经营单位的主体责任，建立生产经营单位负责、职工参与、政府监管、行业自律和社会监督的机制。

"安全第一、预防为主、综合治理"是我国的安全生产方针，是我国经济社会发展现阶段安全生产客观规律的具体要求。安全第一，就是要求必须把安全生产放在各项工作的首位，正确处理好安全生产与工程进度、经济效益的关系；预防为主，就是要求生产经营单位的安全生产管理工作，要以危险、有害因素的辨识、评价和控制为基础，建立安全生产规章制度。通过制度的实施达到规范人员行为、消除物的不安全状态、实现安全生产的目标；综合治理，就是要求在管理上综合采取组织措施、技术措施，落实生产经营单位的各级主要负责人、专业技术人员、管理人员、从业人员等各级人员，以及党政工团有关管理部门的责任，各负其责，齐抓共管。

2. 安全生产监管监察体制

目前，我国安全生产监督管理体制是综合监管与行业监管相结合、国家监察与地方监管相结合、政府监督与其他监督相结合的格局。

我国目前实行的是国家监察、地方监管、企业负责的安全工作体制。在国家与行政管理部门之间，实行的是综合监管和行业监管；在中央政府与地方政府之间，实行的是国家监管与地方监管；在政府与企业之间，实行的是政府监管与企业管理。

（1）安全生产监督管理部门和其他负有安全生产监督管理职责的部门对生产经营单位实施监督管理职责时，遵循以下基本原则：

1）坚持"有法必依、执法必严、违法必究"的原则。

2）坚持以事实为依据，以法律为准绳的原则。

3）坚持预防为主的原则。

4）坚持行为监察与技术监察相结合的原则。

5）坚持监察与服务相结合的原则。

6）坚持教育与惩罚相结合的原则。

（2）安全生产监督管理的内容很多，主要包括以下几个方面：

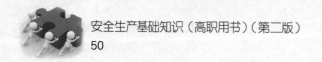
1）安全管理和技术。

2）机构设置和安全教育培训。

3）隐患治理。

4）伤亡事故报告、调查、处理、统计、分析，事故的预测和防范，以及事故应急救援预案的编制与组织演练等。

5）对女职工和未成年工特殊保护。

6）行政许可的有关内容。

第三节　安全生产教育培训

一、安全生产教育培训的基本要求

从目前我国生产安全事故特点可以看出，重特大人身伤亡事故主要集中在劳动密集型的生产经营单位，如煤矿、非煤矿山、道路交通、烟花爆竹、建筑施工等企业。从这些生产经营单位的用工情况看，其从业人员多数以农民工为主，以被派遣劳动者或签订短期劳动合同为主要形式。这些从业人员多数文化水平不高，流动性大，也影响部分生产经营单位在安全教育培训方面不愿意作出更多投入，安全教育培训流于形式的情况较为严重，导致从业人员对违章作业（或根本不知道本人的行为是违章）的危害认识不清，对作业环境中存在的危险、有害因素认识不清。

加强对从业人员的安全教育培训，提高从业人员对作业风险的辨识、控制、应急处置和避险自救能力，提高从业人员安全意识和综合素质，是防止产生不安全行为，减少人为失误的重要途径。《安全生产培训管理办法》对各类人员的安全培训内容、培训时间、考核以及安全培训机构的资质管理等作出了具体规定。

为确保国家有关生产经营单位从业人员安全教育培训政策、法规、要求的贯彻实施，必须首先从强化生产经营单位领导人员安全生产法制化教育入手，强化生产经营单位领导人员的安全意识。各级政府安全生产监督管理部门、负有安全生产监督管理责任的有关部门，应结合生产经营单位的用工形式，安全教育培训投入，安全教育培训的内容、方法、时间，以及安全教育培训的效果验证等方面实施综合监管。

二、安全生产教育培训的组织

《生产经营单位安全培训规定》从培训的人员、方式、内容等方面作了具体、明确的规定。其中，原国家安全生产监督管理总局组织、指导和监督中央管理的生产经营单位的总公司（集团公司、总厂）的主要负责人和安全生产管理人员的安全培训工作。

国家煤矿安全监察局组织、指导和监督中央管理的煤矿企业集团公司（总公司）的主要负责人和安全生产管理人员的安全培训工作。省级安全生产监督管理部门组织、指导和监督省属生产经营单位及所辖区域内中央管理的工矿商贸生产经营单位的分公司、子公司主要负责人和安全生产管理人员的安全培训工作，组织、指导和监督特种作业人员的培训工作。省级煤矿安全监察机构组织、指导和监督所辖区域内煤矿企业的主要负责人、安全生产管理人员和特种作业人员（含煤矿矿井使用特种设备的作业人员）的安全培训工作。市级、县级安全生产监督管理部门组织、指导和监督本行政区域内除中央企业、省属生产经营单位以外的其他生产经营单位的主要负责人和安全生产管理人员的安全培训工作。生产经营单位除主要负责人、安全生产管理人员、特种作业人员以外的从业人员的安全培训工作，由生产经营单位组织实施。

三、各类人员的培训

《生产经营单位安全培训规定》对各类人员的培训内容和时间作了具体规定。

1. 对主要负责人的培训内容和时间

（1）初次培训的主要内容

1）国家安全生产方针、政策和有关安全生产的法律、法规、规章及标准。

2）安全生产管理基本知识、安全生产技术、安全生产专业知识。

3）重大危险源管理、重大事故防范、应急管理和救援组织以及事故调查处理的有关规定。

4）职业危害及其预防措施。

5）国内外先进的安全生产管理经验。

6）典型事故和应急救援案例分析。

7）其他需要培训的内容。

（2）再培训内容。对已经取得上岗资格证书的有关领导，应定期进行再培训，再培训的主要内容是新知识、新技术和新颁布的政策、法规；有关安全生产的法律、法规、规章、规程、标准和政策；安全生产的新技术、新知识；安全生产管理经验；典型事故案例。

（3）培训时间

1）煤矿、非煤矿山、危险化学品、烟花爆竹、金属冶炼等生产经营单位主要负责人初次安全培训时间不得少于 48 学时，每年再培训时间不得少于 16 学时。

2）其他生产经营单位主要负责人初次安全培训时间不得少于 32 学时，每年再培训时间不得少于 12 学时。

2. 对安全生产管理人员培训的主要内容和时间

（1）初次培训的主要内容

1）国家安全生产方针、政策和有关安全生产的法律、法规、规章及标准。

2）安全生产管理、安全生产技术、职业卫生等知识。

3）伤亡事故统计、报告及职业危害的调查处理方法。

4）应急管理、应急预案编制以及应急处置的内容和要求。

5）国内外先进的安全生产管理经验。

6）典型事故和应急救援案例分析。

7）其他需要培训的内容。

（2）再培训的主要内容。对已经取得上岗资格证书的有关管理人员，应定期进行再培训，再培训的主要内容是新知识、新技术和新颁布的政策、法规；有关安全生产的法律、法规、规章、规程、标准和政策；安全生产的新技术、新知识；安全生产管理经验；典型事故案例。

（3）培训时间

1）煤矿、非煤矿山、危险化学品、烟花爆竹、金属冶炼等生产经营单位安全生产管理人员初次安全培训时间不得少于 48 学时，每年再培训时间不得少于 16 学时。

2）其他生产经营单位安全生产管理人员初次安全培训时间不得少于 32 学时，每年再培训时间不得少于 12 学时。

3. 特种作业人员培训

《特种作业人员安全技术培训考核管理规定》对特种作业人员的培训、考核发证、复审等作了具体规定。

特种作业，是指容易发生事故，对操作者本人、他人的安全健康及设备、设施的安全可能造成重大危害的作业。特种作业人员，是指直接从事特种作业的从业人员。特种作业的范围由国家安全生产主管部门最新颁布实施的《特种作业目录》规定，特种作业的范围包括：电工作业、焊接与热切割作业、高处作业、制冷与空调作业、煤

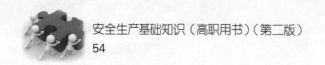
矿安全作业、金属非金属矿山安全作业、石油天然气安全作业、冶金（有色）生产安全作业、危险化学品安全作业、烟花爆竹安全作业等，以及应急管理部认定的其他特种作业。

特种作业人员必须经专门的安全技术培训并考核合格，取得特种作业操作证后，方可上岗作业。特种作业人员的安全技术培训、考核、发证、复审工作实行统一监管、分级实施、教考分离的原则。

特种作业人员应当接受与其所从事的特种作业相应的安全技术理论培训和实际操作培训。已经取得职业高中、技工学校及中专以上学历的毕业生从事与其所学专业相应的特种作业，持学历证明经考核发证机关同意，可以免予相关专业的培训。跨省、自治区、直辖市从业的特种作业人员，可以在户籍所在地或者从业所在地参加培训。

从事特种作业人员安全技术培训的机构，应当制订相应的培训计划、教学安排，并按照应急管理部、国家煤矿安全监察局制定的特种作业人员培训大纲和煤矿特种作业人员培训大纲进行特种作业人员安全技术培训。

特种作业操作证有效期为 6 年，在全国范围内有效。特种作业操作证由应急管理部统一式样、标准及编号。特种作业操作证每 3 年复审 1 次。特种作业人员在特种作业操作证有效期内，连续从事本工种 10 年以上，严格遵守有关安全生产法律法规的，经原考核发证机关或者从业所在地考核发证机关同意，特种作业操作证的复审时间可以延长至每 6 年 1 次。

特种作业操作证申请复审或者延期复审前，特种作业人员应当参加必要的安全培训并考试合格。安全培训时间不少于 8 个学时，主要培训法律、法规、标准、事故案例和有关新工艺、新技术、新装备等知识。再复审、延期复审仍不合格，或者未按期复审的，特种作业操作证失效。

特种作业人员不得伪造、涂改、转借、转让、冒用特种作业操作证或者使用伪造的特种作业操作证。

4. 其他从业人员的教育培训

生产经营单位其他从业人员是指除主要负责人、安全生产管理人员以外，生产经营单位从事生产经营活动的所有人员。由于特种作业人员作业岗位对安全生产影响较大，需要经过特殊培训和考核，所以制定了特殊要求，但对从业人员的其他安全教育培训、考核工作，同样适用于特种作业人员。

（1）三级安全教育培训。三级安全教育是指厂、车间、班组的安全教育。三级安全教育是我国多年积累、总结并形成的一套行之有效的安全教育培训方法。三级教育培训的形式、方法以及考核标准各有侧重。

厂级安全生产教育培训是入厂教育的一个重要内容，其重点是生产经营单位安全风险辨识、安全生产管理目标、规章制度、劳动纪律、安全考核奖惩、从业人员的安全生产权利和义务、有关事故案例等。

车间级安全生产教育培训是在从业人员工作岗位、工作内容基本确定后进行，由车间一级组织。培训内容重点是：本岗位工作及作业环境范围内的安全风险辨识、评价和控制措施；典型事故案例；岗位安全职责、操作技能及强制性标准；自救互救、急救方法、疏散和现场紧急情况的处理；安全设施、个人防护用品的使用和维护等。

班组级安全生产教育培训是在从业人员工作岗位确定后，由班组组织，除班组长、班组技术员、安全员对其进行安全教育培训外，自我学习是重点。我国传统的师傅带徒弟的方式，也是搞好班组安全教育培训的一种重要方法。进入班组的新从业人员，都应有具体的跟班学习、实习期，实习期间不得安排单独上岗作业。由于生产经营单位的性质不同，对于学习、实习期限，国家没有统一规定，应按照行业的规定或生产经营单位自行确定。实习期满，通过安全规程、业务技能考试合格方可独立上岗作业。班组安全教育培训的重点是岗位安全操作规程、岗位之间工作衔接配合、作业过程的安全风险分析方法和控制对策、事故案例等。

新从业人员安全生产教育培训时间不得少于24学时。煤矿、非煤矿山、危险化学品、烟花爆竹、金属冶炼等生产经营单位新上岗的从业人员安全培训时间不得少于72学时，每年接受再培训的时间不得少于20学时。

（2）调整工作岗位或离岗后重新上岗安全教育培训。从业人员调整工作岗位后，由于岗位工作特点、要求不同，应重新进行新岗位安全教育培训，并经考试合格后方可上岗作业。

由于工作需要或其他原因离开岗位后，重新上岗作业应重新进行安全教育培训，经考试合格后，方可上岗作业。由于工作性质不同，对离开岗位的时间国家不能作出统一规定，应按照行业规定或生产经营单位自行制定。原则上，作业岗位安全风险较大、技能要求较高的岗位，时间间隔应短一些。例如，电力行业规定为3个月。

调整工作岗位和离岗后，重新上岗进行的安全教育培训工作，原则上应由车间级

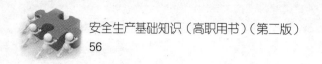

组织。

（3）岗位安全教育培训。岗位安全教育培训，是指连续在岗位工作的安全教育培训工作，主要包括日常安全教育培训、定期安全考试和专题安全教育培训 3 个方面。

1）日常安全教育培训。主要以车间、班组为单位组织开展，重点是安全操作规程的学习培训，安全生产规章制度的学习培训，作业岗位安全风险辨识培训，事故案例教育等。日常安全教育培训工作形式多样，内容丰富，根据行业或生产经营单位的特点不同而各具特色。我国电力行业有班前会、班后会制度、"安全日活动"制度。班前会，在布置当天工作任务的同时，开展作业前安全风险分析，制定预控措施，明确工作的监护人等。班后会，工作结束后，对当天作业的安全情况进行总结分析、点评等。"安全日活动"，即每周必须安排半天的时间统一由班组或车间组织安全学习培训，企业的领导、职能部门的领导及专职安全监督人员深入班组参加活动。

2）定期安全考试。定期安全考试是指生产经营单位组织的定期安全工作规程、规章制度、事故案例的学习和培训，学习培训的方式较为灵活，但考试统一组织。定期安全考试不合格者，应下岗接受培训，考试合格后方可上岗作业。

3）专题安全教育培训。专题安全教育培训是指针对某一具体问题进行专门的培训工作。专题安全教育培训工作针对性强，效果比较突出。通常开展的内容有："三新"安全教育培训、法律法规及规章制度培训、事故案例培训、安全知识竞赛和技术比武等。

"三新"教育培训是指生产经营单位实施新工艺、新技术、新设备（新材料）时，组织相关岗位对从业人员进行有针对性的安全生产教育培训；法律法规及规章制度培训是指国家颁布的有关安全生产法律法规，或生产经营单位制定新的有关安全生产规章制度后，组织开展的培训活动；事故案例培训是指在生产经营单位发生生产安全事故或获得与本单位生产经营活动相关的事故案例信息后，开展的安全教育培训活动；有条件的生产经营单位应该举办经常性的安全生产知识竞赛、技术比武等活动，提高从业人员对安全教育培训的兴趣，推动岗位学习和练兵活动的开展。

在安全生产的具体实践过程中，生产经营单位还采取了其他许多宣传教育培训的方式方法，如班组安全管理制度，警句、格言上墙活动，利用闭路电视、报纸、黑板报、橱窗等进行安全宣传教育，利用漫画等形式解释安全规程制度，在生产现场曾经发生过生产安全事故的地点设置警示牌，组织事故回顾展览等。

生产经营单位还应以国家组织开展的全国"安全生产月"活动为契机，结合生产经营的性质、特点，开展内容丰富、灵活多样、具有针对性的各种安全教育培训活动，提高各级人员的安全意识和综合素质。目前，我国许多生产经营单位都在有计划、有步骤地开展企业安全文化建设，对保持安全生产局面稳定，提高安全生产管理水平发挥了重要作用。

本 章 习 题

● 1.安全生产管理的目标和基本对象是什么？

● 2.安全生产管理系统的组成是什么？

● 3.我国安全生产方针及其含义是什么？

● 4.特种作业人员的培训要求有哪些？

● 5.什么是三级安全教育？每级安全教育的主要内容有哪些？

第三章
通用安全生产技术

学习目标

了解各类电气事故的发生条件，电气安全防护技术措施，了解防火防爆安全技术，掌握火灾和爆炸的预防措施；了解机械事故特点和安全技术，掌握预防事故发生的安全技术措施，培养学生安全生产意识和自我保护能力。

事故案例1：电气火灾

北京市大兴区"11·18"重大事故

一、事故简介

2017年11月18日18时09分左右，大兴区西红门镇新建二村一幢建筑发生火灾，事故造成19人死亡、8人受伤。

1.事发建筑位置

事发建筑位于大兴区西红门镇新康东路南段东侧，鼎业路以南约230米、西红门镇新建一村村委会西北方向约60米处。事发建筑未取得公安机关依有关规定编制的门楼牌地址。

2.事发建筑布局

事发建筑为砖混结构（彩钢板顶），东西长82米、南北宽75米，占地面积6 150平方米，建筑总面积为19 558.58平方米。事发建筑分为地上和地下两部分，地上部分二层、局部三层，整体呈"回字形"结构。外围建筑一层为底商，二层西侧和北侧为聚福缘公寓（共103个房间）。事发建筑内共有单位26家（4家取得营业执照、22家无营业执照）。地下部分共一层，为在建中型冷库。事发建筑系集生产、经营、储存、住宿于一体的"多合一"建筑（见图1、图2）

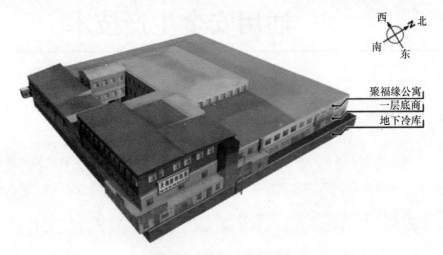

图1　事发建筑布局示意图

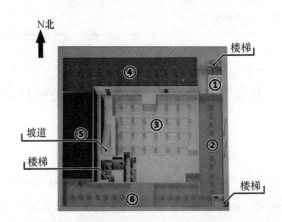

图2　事发建筑地下冷库平面示意图

二、事故原因

1.直接原因

冷库制冷设备调试过程中，被覆盖在聚氨酯保温材料内为冷库压缩冷凝机组供电的铝芯电缆电气故障，造成短路，引燃周围可燃物；可燃物燃烧产生的一氧化碳等有毒有害烟气蔓延导致人员伤亡。

（1）火灾发生原因

综合相关调查技术鉴定结论，认定本起火灾发生原因是：3号冷间敷设的铝芯电缆无标识，连接和敷设不规范；电缆未采取可靠的防火措施，被覆盖在聚氨酯材料内，安全载流量不能满足负载功率的要求；电缆与断路器不匹配，发生电气故障时断路器未有效动作，综合因素引发3号冷间内南墙中部电缆电气故障造成短路，高温引燃周围可燃物，形成的燃烧不断扩大并向上蔓延，导致上方并行敷设的铜芯电缆相继发生电气故障短路。

（2）火灾蔓延扩大原因

1）在冷库建设过程中，采用不符合标准的聚氨酯材料作为内绝热层。

2）冷库内可燃物燃烧产生的一氧化碳，聚氨酯材料释放出的五甲基二乙烯三胺和N，N-二环己基甲胺等，制冷剂含有的1，1-二氟乙烷等，均可能参与3号冷间内的燃烧和爆燃。爆燃产生的动能将3号冷间东门冲开，烟气在蔓延过程中又多次爆燃，加速了烟气从敞开楼梯等途径蔓延至地上建筑内，燃烧产生的一氧化碳等有毒有害烟气导致人员死伤。

3）未按照建筑防火设计和冷库建设相关标准要求，在民用建筑内建设冷库；冷库楼梯间与穿堂之间未设置乙级防火门；地下冷库与地上建筑之间未采取防火分隔措施，未分别独立设置安全出口和疏散楼梯，导致有毒有害烟气由地下冷库向地上建筑迅速蔓延；地上二层的公寓窗外设置有影响逃生和灭火救援的障碍物。

2. 间接原因

（1）违法建设、违规施工、违规出租，安全隐患长期存在。

（2）镇政府落实属地安全监管责任不力，对违法建设、消防安全、流动人口、出租房屋管理等问题监管不力。

（3）属地派出所、区公安消防支队和区公安分局针对事发建筑的消防安全监督检查不到位。

（4）工商部门对辖区内非法经营行为查处不力。

三、处理结果

1. 建议追究刑事责任的人员

（1）樊某某，康特木业公司实际控制人。因涉嫌重大责任事故罪，11月29日被批准逮捕。

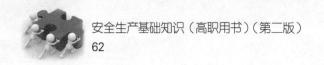
（2）另有 14 人（略），因涉嫌重大责任事故罪，11 月 29 日被批准逮捕。

同时，市纪委、市监察委对该起事故涉嫌渎职犯罪人员进行调查；对该起事故中发现的涉嫌非法收受钱款问题线索，市纪委、市监察委督导大兴区纪委、区监察委全力核查，对违法违纪行为严肃处理。

2. 建议给予党纪、政务处分的人员

（1）由市、区两级纪检监察机关给予纪律处分人员（18 人，略）。

（2）由相关部门予以处理人员（3 人，略）。

"11·18"重大事故的发生，暴露出大兴区委、区政府在抓安全工作、违法建设查处和流动人口、出租房屋管理等方面存在履职不力的问题。建议对大兴区委、区政府党组进行通报问责，并责令其作出书面检查。

 事故案例2：机械伤害

甘肃玉门"5·23"一般机械伤害事故

一、事故简介

2018 年 5 月 23 日 18 时许，甘肃玉门市老市区某建材有限责任公司发生一起一般机械伤害事故。一名务工人员擅自进入空心砖生产车间的砌块成型机内，导致左腿被切断失血性休克，经抢救无效死亡。

18 时许，因下班时间已到，空心砖车间负责人张某某在停机后（主机未停），组织 9 人在空心砖生产线进行一天工作结束后的现场清理工作，包括清理拌合料斗内板结的混凝土。由于清理拌合料斗内板结的混凝土需要凿子和手锤，张某某离开主机操作位置去找凿子和手锤，当张某某在操作主机下方拿到凿子的时候，王某喊道："张老板把布料箱移一下，我们要清里面！"张某某听到喊声后，只是向设备扫了一眼，在没有确认搅拌料斗内是否有人工作的情况下，按下了布料箱手动前进按钮，瞬间听到了"哎哟，不得了了，哎哟"的喊叫声，张某某快速点了布料箱后退按钮，从布料箱前进到后退，期间时间间隔约为 10 秒。张某某停机后，快速爬上梯子一看，胡某某左腿已经完全断了，右腿骨折，但未完全断开。

二、事故原因

1. 直接原因

胡某某随意串岗，未经许可（进入有限空间未办理危险作业票）擅自进入搅拌料斗内进行冒险作业，空心砖生产车间负责人兼主机操作人员张某某对作业环境、机械设备疏于观察，在没有确认搅拌料斗内是否有人的情况下即启动设备，是造成胡某某因机械伤害死亡的直接原因。

2. 间接原因

（1）该公司安全生产主体责任不落实，未建立安全生产责任制，未对从业人员进行安全生产教育和培训，未建立安全生产教育和培训档案，在胡某某不具备必要的安全生产知识，不熟悉有关安全生产规章制度和安全操作规程的情况下上岗作业；未建立、健全生产安全事故隐患排查治理制度，未及时发现并消除事故隐患；作业现场管理混乱，配电箱私拉乱接，在发生事故的砌块成型机上未设置明显的安全警示标志，是导致事故发生的间接原因。

（2）该公司法人杨某某，作为公司安全生产第一责任人，安全生产职责不清，未组织制订并实施本企业的安全生产教育和培训计划，未组织从业人员进行三级安全教育；未组织制定空心砖生产安全操作规程；安全投入不到位，造成车间照明亮度不足；未组织制定本企业生产安全事故应急救援预案并组织开展演练；未督促、检查本企业的安全生产工作，未及时消除生产安全事故隐患，是导致事故发生的又一间接原因。

（3）该公司空心砖生产车间现场负责人张某某未向胡某某告知作业场所和工作岗位存在的危险因素、防范措施以及事故应急措施；在进行有限空间危险作业时，未安排专门人员进行现场安全管理，未确保操作规程的遵守和安全措施的落实，对作业环境、机械设备疏于观察，未及时制止和纠正胡某某冒险作业、违反操作规程的行为，是导致事故发生的又一间接原因。

三、处理结果

胡某某随意串岗，未经许可擅自进入搅拌料斗内进行冒险作业，对事故的发生负有直接责任，违反了《中华人民共和国安全生产法》（简称《安全生产法》）第五十四条的规定，依据《安全生产法》第一百零四条的规定，已构成犯罪，本应依照刑法有

关规定追究其刑事责任，鉴于胡某某本人在此次事故中死亡，建议不再追究。

公司法人杨某某，作为公司安全生产第一责任人，安全生产职责不清，未组织制订并实施本企业的安全生产教育和培训计划，未组织从业人员进行三级安全教育；未组织制定空心砖生产安全操作规程；安全投入不到位，造成车间照明亮度不足；未组织制定本企业生产安全事故应急救援预案并组织开展演练；未督促、检查本企业的安全生产工作，未及时消除生产安全事故隐患，对事故发生负有主要领导责任，违反了《安全生产法》第十八条的规定，依据《安全生产法》第九十二条第一款规定，事故调查组建议给予杨某某处以上一年年收入 30% 即 56 556 元罚款的行政处罚。

公司空心砖生产车间负责人张某某负有对现场安全管理的职责，但履行职责不到位，在进行有限空间危险作业时，未安排专门人员进行现场安全管理，未确保操作规程的遵守和安全措施的落实，对作业环境、机械设备疏于观察，未及时制止和纠正胡某某冒险作业、违反操作规程的行为，对事故的发生负有直接责任，违反了《安全生产法》第二十二条第（五）（六）项、第四十条、第五十四条的规定，依据《安全生产法》第九十八条第（三）项的规定，事故调查组建议给予张某某处 2 万元罚款的行政处罚。

该公司安全生产主体责任不落实，未建立安全生产责任制，未对从业人员进行安全生产教育和培训，未建立安全生产教育和培训档案，在胡某某不具备必要的安全生产知识，不熟悉有关安全生产规章制度和安全操作规程的情况下上岗作业；未建立、健全生产安全事故隐患排查治理制度，及时发现并消除事故隐患；作业现场管理混乱，配电箱私拉乱接，在发生事故的砌块成型机上未设置明显的安全警示标志，导致发生生产安全事故，违反了《安全生产法》第二十五条第一款和第四款、第三十八条第一款、第四十一条的规定，依据《安全生产法》第一百零九条第（一）项规定，事故调查组建议给予 30 万元罚款的行政处罚。

事故案例3：电气火灾

北京某钢结构工程有限公司"3·8"火灾事故调查报告

2019年3月8日13时20分许，位于北京市通州区的北京某钢结构工程有限公司厂区内发生火灾，火灾直接财产损失为28 942 946.33元。

一、事故简介

1. 现场基本情况

事发现场位于北京市通州区潞城镇贾后疃村北京某钢结构工程有限公司厂区（以下简称"厂区"）。厂区东侧紧邻金棠路，西侧紧邻贾后疃村水渠，北侧紧邻后卜路，南侧190米为前刘路。厂区占地面积约65亩，总建筑面积约4万平方米。厂区内东侧由南至北为宿舍、门卫室、办公楼、库房等五栋独立建筑（见下图）。

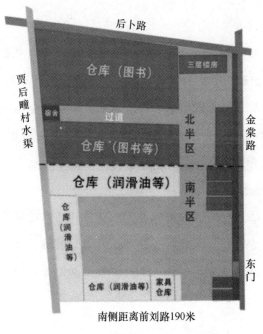

厂区建筑示意图

2. 事故发生经过

2019年3月8日13时20分左右，梁某某在家具仓库北墙外梯子上焊接作业，宋

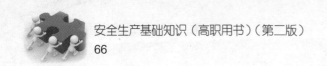

某在仓库二层为其递送方钢管。随后，梁某某、宋某先后发现焊接作业区域下方冒烟，进入家具仓库后发现家具和杂物起火，随即开始扑救，未能控制火势。附近人员发现起火并赶往现场扑救。13时38分，公司现场人员报警。

二、事故原因

1. 直接原因

调查组认定本起火灾事故的直接原因是：不具备特种作业资格的人员违法违规进行电焊作业，引燃仓库内家具和杂物等可燃物引发火灾。

（1）起火原因。电焊产生的高温焊渣（温度300~600 ℃）溅落到作业区域下方的软包长凳上，将软包长凳及周边杂物引燃。

（2）火灾蔓延扩大原因。起火后仓库内存放的家具等大量固体可燃物迅速燃烧，引燃储存的润滑油等可燃液体后形成大面积流淌火；厂区内仓库未设置自动灭火系统，其最大允许占地面积、耐火等级、消防给水及室内消火栓系统不符合国家标准，未能有效防止火灾蔓延扩大。此外，厂区及周边缺少消防水源和自然水域取水码头，也是造成火灾蔓延扩大的原因。

2. 间接原因

违法违规电焊作业，企业消防安全责任制不落实、管理混乱，在违法建设中从事生产经营活动，违规出租用于仓储，是本起火灾事故的间接原因。

（1）电焊作业人员在未办理审批手续、未采取消防安全措施的情况下，使用明火作业。企业有关管理人员未履行消防安全职责，未明确电焊作业有关人员防火职责；未进行安全培训、教育，未告知电焊的危害及后果；未审核电焊作业人员特种作业资格，未在现场设置安全监督人员。

（2）该公司未依法履行消防安全职责，未保证厂区内建筑及消防设施符合国家标准，未落实消防安全责任制，未开展有针对性的消防演练；未制定并落实消防安全管理制度和操作规程；在违法建设中从事生产经营活动，并违规将不具备建筑、消防安全条件的仓库出租。

三、处理结果

1. 建议追究刑事责任的人员

（1）梁某某，公司雇佣人员，在不具备特种作业资格、未办理使用明火作业审批手续、未采取相应消防安全措施的情况下，违反消防安全规定，违法违规进行电焊作业。其行为违反了《中华人民共和国消防法》（简称《消防法》）第二十一条、《焊接与切割安全》（GB 9448—1999）3.2.3 的规定，对事故发生负有直接责任。由公安机关立案侦查，依法追究其刑事责任。

（2）宋某，公司雇佣人员，具备特种作业资格，在明知未办理使用明火作业审批手续情况下，未采取相应消防安全措施，未确保现场操作安全条件符合规定，实施电焊作业。其行为违反了《消防法》第二十一条、《焊接与切割安全》（GB 9448—1999）3.2.3 的规定，对事故发生负有直接责任。由公安机关立案侦查，依法追究其刑事责任。

（3）马某某，公司土建作业负责人、电焊作业现场管理人员，未严格执行企业消防责任制；未审核电焊作业人员特种作业资格，未指派火灾警戒人员；未采取相应的消防安全措施。其行为违反了《消防法》第二十一条、《焊接与切割安全》（GB 9448—1999）3.2.2 的规定，对事故发生负有直接管理责任。由公安机关立案侦查，依法追究其刑事责任。

（4）高某，公司项目管理人员，负责梁某某、宋某两名作业人员的日常管理，未对电焊作业人员进行安全培训教育，未通告电焊的危害及后果。其行为违反了《焊接与切割安全》（GB 9448—1999）3.2.1 的规定，对事故发生负有直接管理责任，由公安机关立案侦查，依法追究其刑事责任。

（5）孟某某，该钢结构公司法定代表人、消防安全责任人，未严格执行动火审批制度，未采取相应的消防安全措施；未保障单位消防安全符合国家规定；违法建设，违规将不具备建筑、消防安全条件的仓库出租；未对实施焊接作业人员进行安全培训，未明确电焊作业人员、现场管理人员的防火职责。其行为违反了《消防法》第二十一条、《机关、团体、企业事业单位消防安全管理规定》第六条、《焊接与切割安全》（GB 9448—1999）3.2.1、6.1 和本单位《消防防火责任制度》有关规定，对事故发生负有直接管理责任。由公安机关立案侦查，依法追究其刑事责任。

2. 建议给予党纪、政务处分的人员（5人，略）

3. 建议给予行政处罚的单位

该钢结构公司，未落实消防安全责任制；未确保厂区内建筑的消防设施符合《建筑设计防火规范》（GB 50016—2014）3.3.2、8.1.2、8.3.1，《消防给水及消防栓系统技术规范》（GB 50974—2014）4.3.4 等国家标准和消防技术标准的规定；未开展有针对

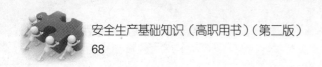
性的消防演练；违规将不具备建筑、消防安全条件的仓库出租，其行为违反了《消防法》第十六条第（一）（二）（六）项、《安全生产法》第十条和《北京市房屋租赁管理若干规定》第十七条的规定，对事故发生负有责任，依据《安全生产法》第一百零九条第（二）项的规定，建议由应急管理部门给予其65万元罚款的行政处罚。

此外，对于该公司涉嫌违反消防法律法规的其他违法行为，建议由市消防救援总队依法处罚。

第一节　电气安全技术

一、电气事故及危害

电的应用改变了人们的生产方式和生活方式，改变了世界。但是，如果人们不掌握电的规律，不分析电的潜在危险性，电将带来种种危害和灾难。不同形态的电能，不同应用电能的方式，不同电气设施，有着不同的危险因素，并可能带来不同的危害。

1. 电气事故

电气事故包括人身事故和设备事故。人身事故和设备事故都可能导致二次事故，而且二者很可能同时发生。电气事故是与电能相关联的事故。电能失去控制将造成电气事故。按照电能的形态，电气事故分为触电事故、电气火灾爆炸事故、雷击事故、静电事故、电磁辐射事故和电路事故等。

（1）触电事故。触电事故是由电流形态的能量造成的事故。触电事故分为电击和电伤。电击是电流直接通过人体造成的伤害。电伤是电流转换成热能、机械能等其他形态的能量作用于人体造成的伤害。在触电伤亡事故中，尽管85%以上的死亡事故是电击造成的，但其中大约70%含有电伤的因素。

（2）电气火灾爆炸事故。电气火灾爆炸事故是源自电气引燃源（电火花和电弧，电气装置危险温度）的能量所引发的火灾爆炸事故。

（3）雷击事故。雷击事故是由自然界正、负电荷形态的能量，在强烈放电时造成的事故。

（4）静电事故。静电事故是工艺过程中或人们活动中产生的，相对静止的正电荷和负电荷形态的电能造成的事故。

（5）电磁辐射事故。电磁辐射事故是由电磁波形态的能量造成的事故。辐射电磁波指频率100 kHz以上的电磁波。除无线电设备外，高频金属加热设备（如高频淬火设备、高频焊接设备）和高频介质加热设备（如高频热合机、绝缘物料干燥设备）也都是有辐射危险的设备。

（6）电路事故。电路事故是由电能传递、分配、转换失去控制或电气元件损坏等电路故障发展所造成的事故。断线、短路、接地、漏电、突然停电、误合闸送电、电气设备损坏等都属于电路故障。电路故障得不到控制即可发展成为事故。

2. 触电事故要素

（1）电击。按照发生电击时电气设备的状态，电击分为直接接触电击和间接接触电击。

直接接触电击是触及正常状态下带电的带电体时（如误触接线端子）发生的电击，也称为正常状态下的电击。绝缘、屏护、间距等属于防止直接接触电击的安全措施。

间接接触电击是触及正常状态下不带电，而在故障状态下意外带电的带电体时（如触及漏电设备的外壳）发生的电击，也称为故障状态下的电击。接地、接零、等电位连接等属于防止间接接触电击的安全措施。

按照人体触及带电体的方式和电流流过人体的途径，电击可分为单线电击、两线电击和跨步电压电击。

单线电击是人体站在导电性地面或接地导体上，人体某一部位触及带电导体由接触电压造成的电击。单线电击是发生最多的触电事故。其危险程度与带电体电压、人体电阻、鞋袜条件、地面状态等因素有关。

两线电击是不接地状态的人体某两个部位同时触及不同电位的两个导体时，由接触电压造成的电击。其危险程度主要决定于接触电压和人体电阻。

跨步电压电击是人体进入地面带电的区域时，两脚之间承受的跨步电压造成的电击。故障接地点附近（特别是高压故障接地点附近）、有大电流流过的接地装置附近、防雷接地装置附近，以及可能落雷的高大树木或高大设施所在的地面均可能发生跨步电压电击。

（2）电伤。按照电流转换成作用于人体的能量的不同形式，电伤分为电弧烧伤、电流灼伤、皮肤金属化、电烙印、电气机械性伤害、电光性眼炎等伤害。

电弧烧伤是由弧光放电造成的烧伤，是最危险的电伤。电弧温度高达 8 000 ℃，可造成大面积、大深度的烧伤，甚至烧焦、烧毁四肢及其他部位。发生弧光放电时，熔化的炽热金属飞溅出来还会造成烫伤。高压电弧和低压电弧都能造成严重烧伤，高压电弧的烧伤更为严重一些。

电流灼伤是电流通过人体由电能转换成热能造成的伤害。电流越大、通电时间越长，电流途径上的电阻越大，电流灼伤越严重。

皮肤金属化是电弧使金属熔化、汽化，金属微粒渗入皮肤造成的伤害。

电烙印是电流通过人体后，在人体与带电体接触的部位留下的永久性斑痕。

电气机械性伤害是电流作用于人体时，由于中枢神经强烈反射和肌肉强烈收缩等作用造成的机体组织断裂、骨折等伤害。

电光性眼炎是发生弧光放电时，由强烈的紫外线对眼角膜和结膜上皮造成损害引起的炎症。

3. 电流对人体的作用

（1）电流对人体作用的生理反应。电流对人体的作用事先没有任何预兆，伤害往往发生在瞬息之间，人体一旦遭到电击后，防卫能力迅速降低。

小电流对人体的作用主要表现为生物学效应，给人以不同程度的刺激，使人体组织发生变异。电流对机体除直接起作用外，还可能通过中枢神经系统起作用。因此，当人体触及带电体时，一些没有电流通过的部位也会发生强烈反应，甚至重要器官的正常工作会受到影响。

电流通过人体，会引起麻感、针刺感、打击感、痉挛、疼痛、呼吸困难、血压异常、昏迷、心律不齐、窒息、心室纤维性颤动等症状。

数十至数百毫安的小电流通过人体短时间使人致命的最危险原因是引起心室纤维性颤动。呼吸麻痹和中止、电休克虽然也可能导致死亡，但其危险性比引起心室纤维性颤动的危险性小得多。发生心室纤维性颤动时，心脏每分钟颤动 1 000 次以上，但幅值很小，而且没有规则，血液实际上中止循环，如抢救不及时，数秒钟至数分钟将由诊断性死亡转为生物性死亡。

人的心电图和血压图如图 3-1-1 所示。图 3-1-1 的左半部是正常时的心电图和血压图；图 3-1-1 的右半部是发生心室纤维性颤动后的心电图和血压图。心室纤维性颤动是在心电图上 T 波的前半部发生的。

电流的瞬时作用引起的心室纤维性颤动，呼吸可能持续 2~3 min。在其丧失知觉之前，有的人还能叫喊几声或者跑几步。但是，由于血液已中止循环，大脑和全身迅速缺氧，病情将急剧恶化。

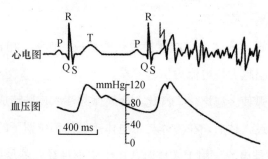

图 3-1-1 人的心电图和血压图

（2）电流对人体作用的影响因素。电流通过人体内部，对人体伤害的严重程度与通过人体电流的大小、电流通过人体的持续时间、电流通过人体的途径、电流的种类以及人体状况等多种因素有关。各影响因素之间，特别是电流大小与通电时间之间有着十分密切的关系。

50 Hz 是人们接触最多的频率，对于电击来说也是最危险的频率。如不单独说明，下面说到的电流都是指 50 Hz 工频电流，所说的数值都是指有效值。

1）电流大小的影响。按照人体所呈现的不同状态，将通过人体的电流划分为三个阈值。

①感知电流。在一定概率下，通过人体的使人有感觉的最小电流称为感知电流。人对电流最初的感觉是轻微麻感和微弱针刺感。感知概率为 50% 的平均感知电流，成年男子约为 1.1 mA，成年女子约为 0.7 mA。最小感知电流约为 0.5 mA，且与时间无关。

感知电流一般不会对人体构成生理伤害，但当电流增大时，感觉增强，反应加剧，可能导致摔倒、坠落等二次事故。

②摆脱电流。通过人体的电流超过感知电流时，肌肉收缩增加，刺痛感觉增强，感觉部位扩展。至电流增大到一定程度时，由于中枢神经反射，触电人将因肌肉强烈收缩，发生痉挛而紧抓带电体。在一定概率下，人触电后能自行摆脱带电体的最大电流称为该概率下的摆脱电流。摆脱电流与个体生理特征、电极形状、电极尺寸等因素有关。

摆脱概率为 50% 的摆脱电流，成年男子约为 16 mA，成年女子约为 10.5 mA；摆脱概率为 99.5% 的摆脱电流，则分别约为 9 mA 和 6 mA。

摆脱电流是人体可以忍受但一般尚不致造成严重后果的极限。电流超过摆脱电流以后，会感到异常痛苦、恐慌和难以忍受；如时间过长，则可能昏迷、窒息，甚至死亡。

③室颤电流。通过人体引起心室发生纤维性颤动的最小电流称为室颤电流。电流致命的原因是比较复杂的，例如，高压触电事故中，可能由于强烈电弧烧伤使人致命；低压触电事故中，可能由于窒息时间过长使人致命。在电流不超过数百毫安的情况下，电击致命的主要原因是心室纤维性颤动。室颤电流除决定于电流持续时间、电流途径、电流种类等电气参数外，还决定于机体组织、心脏功能等个体特征。

2）电流持续时间的影响。电击持续时间越长，越容易引起心室纤维性颤动，即电击危险性越大。其原因有四：

①电流持续时间越长，积累局外电能越多，室颤电流明显减小。

②心脏跳动周期中，只有相应于心脏收缩与舒张之交 0.1~0.2 s 的 T 波（特别是 T 波的前半部）对电流最敏感。心脏跳动的这一特定时间间隔即心脏易损期。电击持续时间延长，必然重合心脏易损期，电击危险性增大。

③电击持续时间延长，人体电阻由于出汗、击穿、电解而下降，如接触电压不变，将导致通过人体的电流增大，电击危险性增大。

④电击持续时间越长，中枢神经反射越强烈，电击危险性越大。

3）电流途径的影响。人体在电流的作用下，没有绝对安全的途径。电流通过心脏会引起心室纤维性颤动乃至心脏停止跳动而导致死亡；电流通过中枢神经，会引起中枢神经强烈失调而导致死亡；电流通过头部，会使人昏迷，严重损伤大脑，使人不醒而死亡；电流通过脊髓，会使人截瘫；电流通过人的局部肢体，可能引起中枢神经强烈反射导致严重后果。

心脏是最薄弱的环节，流过心脏的电流越多，且电流路线越短的途径是电击危险性越大的途径。

表 3-1-1 所列心脏电流系数，可用于判断不同电流途径下心室纤维性颤动的危险性。表 3-1-1 中，从左手至脚的电流途径为参照途径，其相应的心脏电流系数为 1。由表 3-1-1 可知，左手至胸部途径的心脏电流系数为 1.5，是最危险的途径。除表 3-1-1 中所列途径以外，头至手、头至脚也是很危险的电流途径；左脚至右脚的电流途径也有危险，而且这条途径还可能使人站立不稳而导致电流通过全身。

4）电流种类。直流电流、高频交流电流、冲击电流以及特殊波形电流都对人体具有伤害作用，其伤害程度一般较工频电流为轻。

表 3-1-1 心脏电流系数

电流途径	心脏电流系数	电流途径	心脏电流系数
左手至脚	1.0	右手至背部	0.3
右手至脚	0.8	左手至胸部	1.5
左手至右手	0.4	右手至胸部	1.3
左手至背部	0.7	手至臂部	0.7

5）个体特征的影响。身体健康、肌肉发达者摆脱电流较大。患有心脏病、中枢神经系统疾病、肺病的人电击后的危险性较大。精神状态和心理因素对电击后果也有影响。女性的感知电流和摆脱电流约为男性的 2/3。儿童遭受电击后的危险性较大。

（3）人体阻抗。人体阻抗是由皮肤、血液、肌肉、细胞组织及其结合部所组成的，是含有电阻和电容的阻抗。人体电容只有数百皮法（pF），工频条件下可以忽略不计，将人体阻抗看作是纯电阻。

在干燥的情况下，当接触电压在 100~220 V 范围内时，人体电阻大致在 2 000~3 000 Ω；在潮湿的情况下，人体电阻为 500~800 Ω。

皮肤状态对人体电阻的影响很大。如皮肤长时间湿润，则角质层变得松软而饱含水分，皮肤电阻几乎消失。大量出汗后，人体电阻明显降低。金属粉、煤粉等导电性物质污染皮肤，乃至渗入汗腺也会大大降低人体电阻。角质层或表皮破损，也会明显降低人体电阻。电流持续时间延长，人体电阻由于出汗等原因而下降。接触面积增大、接触压力增大、温度升高时，人体电阻也会降低。此外，人体电阻还与个体特征有关。

4. 触电事故分析

为防止触电事故，必须认真进行触电事故调查工作，找出触电事故发生的规律。对于每一起触电事故，包括未遂事故在内，均应仔细调查。调查工作应在事故发生后立即进行，事故报告未填写完毕以前，应保护事故现场，除移去受害人之外，不得做任何变动。应及时记录发生事故的时间、地点，发生事故的设备情况（包括设备名称、型号、规格以及事故前和事故后的状态）、生产环境、周围空间和地面等关联情况均应记录清楚。特别是事故发生的详细经过，包括触电人在触电前、触电时、触电后的情况，触电部位，伤势和救护过程等，应记录清楚。

根据对触电事故的分析，从发生率上看，可找到触电事故有以下规律：

（1）错误操作和违章作业造成的触电事故多。其主要原因是安全教育不够、安全制度不严和安全措施不完善，一些人缺乏足够的安全意识。

（2）中青年工人、非专业电工、合同工和临时工触电事故多。其主要原因是这些人是主要操作者，经常接触电气设备；并且这些人中有的经验不足，有的缺乏用电安全知识，有的责任心不够强。

（3）低压设备触电事故多。其主要原因是低压设备远远多于高压设备，与之接触的人比与高压设备接触的人多得多，而且多数是缺乏电气安全知识的非电专业人员。应当注意，近几年来高压触电事故有增加的趋势；在专业电工中，高压触电事故多于低压触电事故。

（4）移动式设备和临时性设备触电事故多。其主要原因是这些设备是在人的紧握之下运行，不但接触电阻小，而且一旦触电就难以摆脱电源；同时，这些设备需要经常移动，工作条件差，设备和电源线都容易发生故障或损坏。

（5）电气连接部位触电事故多。很多触电事故发生在接线端子、缠接接头、压接接头、焊接接头、电缆头、灯座、插头、插座等电气连接部位。其主要原因是这些连接部位机械牢固性较差、接触电阻较大、绝缘强度较低。

（6）每年6—9月触电事故多。统计资料表明，每年二、三季度事故多。特别是6—9月，事故最为集中。其主要原因是这段时间天气炎热、人体衣单而多汗，触电危险性较大；而且这段时间多雨、潮湿，地面导电性增强，电气设备的绝缘电阻降低，容易构成电流回路；还有，这段时间大部分农村是农忙季节，农村季节性临时用电增加。

（7）潮湿、高温、混乱、多移动式设备、多金属设备环境中的事故多。例如，冶金矿业、建筑、机械等行业容易存在这些不安全因素，乃至触电事故较多。

（8）农村触电事故多。部分省市统计资料表明，农村触电事故约为城市的3倍。主要原因是农村设备条件较差、技术水平较低和安全知识不足。

应当注意，很多触电事故都不是由单一原因，而是多重原因造成的。

在一定的条件下，触电事故的规律也会发生一定的变化。例如，低压触电事故多于高压触电事故在一般情况下是成立的，但对于专业电气工作人员来说，情况往往是相反的。又如，在低压系统推广了漏电保护装置以后，低压触电事故大大降低，以致低压触电事故与高压触电事故的比例发生了一些变化。

二、触电防护技术

所有电气装置都必须具备防止电击危害的直接接触防护措施和间接接触防护措施。

1. 直接接触电击防护措施

绝缘、屏护和间距是直接接触电击的基本防护措施。其主要作用是防止人体接触或过分接近带电体。

（1）绝缘。绝缘是指利用绝缘材料对带电体进行封闭和隔离。绝缘材料导电能力很小，一般分为气体绝缘材料、液体绝缘材料、固体绝缘材料。绝缘电阻是衡量绝缘性能优劣的最基本指标，绝缘电阻应符合专业标准的规定。

（2）屏护与间距

1）屏护。屏护是对电击危险因素进行隔离的手段，如采用遮栏、护罩、护盖、箱匣等将危险的带电体与外界隔离，防止人体触及。

屏护装置应有足够的尺寸，与带电体之间保持必要的距离。如遮栏高度不低于 1.7 m，下部离地间距不大于 0.1 m，对于低压设备，遮栏与裸导体间距不应小于 0.8 m；栅栏的高度户内应不低于 1.2 m，户外应不低于 1.5 m，栏条间距不应大于 0.2 m。

2）间距。间距是指带电体与地面之间、与其他设备设施之间、与其他带电体之间必要的安全距离。间距的作用是防止人体触及或过分接近带电体，避免车辆或其他器具碰撞或过分接近带电体，防止火灾、过电压放电及各种短路事故。

①用电设备间距。车间明装配电箱底口距地面的高度取 1.2 m，暗装配电箱取 1.4 m；明装电度表底口距地面的高度取 1.8 m。

常用开关电器的开关安装高度为 1.3~1.5 m；开关手柄与建筑物之间应保留 0.15 m 的距离；墙用平开关离地面高度取 1.4 m；明装插座离地面高度取 1.3~1.8 m，暗装插座取 0.2~0.3 m。

室内灯具高度应大于 2.5 m，受限的可减为 2.2 m，低于 2.2 m 时，应采取适当的安全措施；当灯具位于桌面上方等人碰不到的地方时，可减为 1.5 m。户外灯具高度应大于 3 m，安装在墙上时可减为 2.5 m。

②检修间距。低压操作时，人体及所携带的工具与带电体之间的距离不得小于 0.1 m。高压作业时，各种作业类别所要求的最小间距见表 3-1-2。

间距不符合表 3-1-2 的要求时，作业前应采取装设临时遮栏、临时停电等安全措施。

表 3-1-2　　　　　　　　　　高压作业的最小距离

线路经过地区	线路电压	
	1~10 kV	35 kV
无遮挡作业，人体及所携带工具与带电体之间 /m	0.7	1.0
无遮挡作业，人体及所携带的工具与带电体之间，用绝缘杆操作 /m	0.4	0.4
线路作业，人体及所携带的工具与带电体之间 /m	1.0	2.5
带电水冲洗，小型喷嘴与带电体之间 /m	0.4	0.6
喷灯、气焊火焰与带电体之间 /m	1.5	3.0

2. 间接接触触电防护措施

（1）IT 系统。IT 系统就是保护接地系统。I 表示配电网不接地或经高阻抗接地，T 表示电气设备外壳接地。其结构如图 3-1-2 所示。

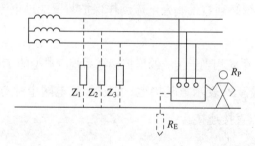

图 3-1-2　IT 系统

IT 系统的保护原理是给人体并联一个非常小的电阻，以保障人员触及带电的设备外壳时，减少通过人体的电流。如图 3-1-2 所示，当设备因绝缘损坏与外壳短路，工作人员触及带电的设备外壳时，因人体的电阻远较接地极的电阻大，大部分电流流经接地极入地，而通过人体的电流极其微小，从而保障了人身的安全。

在 380 V 不接地低压系统中，一般接地电阻 $R_E \leqslant 4\ \Omega$；当供电源容量不超过 $100\ kV \cdot A$ 时，接地电阻 $R_E \leqslant 10\ \Omega$；10 kV 配电网中，高低压设备共用接地装置时，接地电阻 $R_E \leqslant 10\ \Omega$，并满足 $R_E \leqslant 120/I_E$（I_E 为接地电流）。

（2）TT 系统。TT 系统的结构如图 3-1-3 所示，这种配电网引出三条相线（L_1、L_2、L_3）和一条中性线（N 线，工作零线），俗称三相四线配电网。前后两个 T 分别表示配电网中性点和电气设备金属外壳接地。

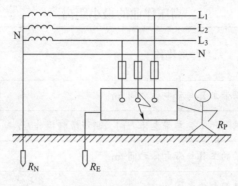

图 3-1-3 TT 系统

这种中性点直接接地的配电网，如电气设备金属外壳未采取任何安全措施，则当外壳故障带电时，故障电流将沿低阻值的工作接地构成回路。由于工作接地的接地电阻很小，设备外壳将带有接近相电压的故障对地电压，电击的危险性很大。尽管电气设备外壳进行了接地保护，由于 R_E 与 R_N 同在一个数量级，仍无法完全排除间接电击的危险。因此，TT 系统必须装设剩余电流动作保护装置或过电流保护装置，并优先采用前者。

（3）TN 系统。TN 系统相当于传统的保护接零系统，典型的 TN 系统如图 3-1-4 所示。图中 PE 是保护接零线，R_S 表示重复接地。T 表示配电网中性点直接接地，N 表示设备外壳与配电网中性点直接连接。

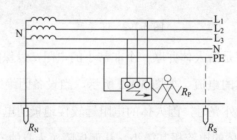

图 3-1-4 TN 系统

TN 系统的保护原理是：当某相与电气设备外壳短路时，形成该相对零线的短路，短路电流促使线路上的短路保护元件迅速动作，把故障设备的电源断开，消除电击的危险。

保护接零系统用于用户装有配电变压器的，且其低压中性点直接接地的 220/380 V 的配电网。

3. 兼防直接接触电击和间接接触电击的措施

（1）双重绝缘

1）电气设备防触电保护分类

①0类电气设备。仅靠基本绝缘作为防触电保护的设备，当设备有能触及的可导电部分时，该部分不与设施固定布线中的保护（接地）线相连接，一旦基本绝缘失效，则安全性完全取决于使用环境。

②Ⅰ类电气设备。设备的防触电保护不仅靠基本绝缘，还包括一种附加的安全措施，即将能触及的可导电部分与设施固定布线中的保护接地导线相连接，使可能触及的导电部分在基本绝缘损坏时不能变成带电体。

③Ⅱ类电气设备。防止电击保护不仅依靠基本绝缘，而且还包含附加的安全保护措施，例如，双重绝缘或加强绝缘，不提供保护接地或不依靠电气设备条件。

④Ⅲ类电气设备。防止电击保护依靠安全特低电压（SELV）供电，电气设备中不产生高于特低电压的电压。

2）双重绝缘和加强绝缘措施。双重绝缘和加强绝缘是在基本绝缘的直接接触电击防护的基础上，通过结构上附加绝缘或加强绝缘，使之具备了间接接触电击防护功能的安全措施。典型的双重绝缘和加强绝缘的结构如图3-1-5所示。

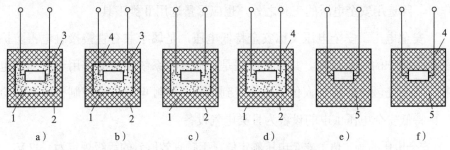

图3-1-5　双重绝缘和加强绝缘典型结构

1—工作绝缘　2—保护绝缘　3—不可触及的金属　4—可触及的金属　5—加强绝缘

各种绝缘的意义如下：

①工作绝缘。工作绝缘又称基本绝缘或功能绝缘，是保证电气设备正常工作和防止触电的基本绝缘，位于带电体与不可触及金属件之间。

②保护绝缘。保护绝缘又称附加绝缘，是在工作绝缘因机械破损或击穿等而失效的情况下，可防止触电的独立绝缘，位于不可触及金属件与可触及金属件之间。

③双重绝缘。双重绝缘是兼有工作绝缘和附加绝缘的绝缘。

④加强绝缘。加强绝缘是基本绝缘经改进后，在绝缘强度和机械性能上具备了与双重绝缘同等防触电能力的单一绝缘，在构成上可以包含一层或多层绝缘材料。

具有双重绝缘和加强绝缘的设备属于Ⅱ类电气设备。

3）双重绝缘和加强绝缘的安全条件。由于具有双重绝缘或加强绝缘，Ⅱ类电气设备无须再采取接地、接零等安全措施。因此，对双重绝缘和加强绝缘的设备可靠性要求较高。双重绝缘和加强绝缘的设备应满足以下安全条件：

①绝缘电阻。工作绝缘的绝缘电阻不得低于 2 MΩ，保护绝缘的绝缘电阻不得低于 5 MΩ，加强绝缘的绝缘电阻不得低于 7 MΩ。

②外壳防护和机械强度。Ⅱ类电气设备应能保证在正常工作时以及在打开门盖和拆除可拆卸部件时，人体不会触及仅由工作绝缘与带电体隔离的金属部件。其外壳上不得有易于触及上述金属部件的孔洞。

Ⅱ类电气设备应在明显位置标上作为Ⅱ类电气设备技术信息的"回"形标志。

③电源连接线。Ⅱ类电气设备的电源连接线应符合加强绝缘要求，电源插头上不得有起导电作用以外的金属件，电源连接线与外壳之间至少应有两层单独的绝缘层。

一般场所使用的手持电动工具应优先选用Ⅱ类电气设备。在潮湿场所或金属构架上工作时，除选用安全电压的工具之外，也应尽量选用Ⅱ类工具。

（2）安全电压。安全电压又称安全特低电压，是属于兼有直接接触电击防护和间接接触电击防护的安全措施。其保护原理是：通过对系统中可能作用于人体的电压进行限制，从而使触电时流过人体的电流受到抑制，将触电危险性控制在没有危险的范围内。由特低安全电压供电的设备为Ⅲ类电气设备。

1）安全电压的额定值。安全电压额定值（工频有效值）的等级规定为：42 V、36 V、24 V、12 V 和 6 V。

2）安全电压额定值的选用。特别危险环境中使用的手持电动工具应采用 42 V 安全电压；有电击危险环境中使用的手持照明灯和局部照明灯应采用 36 V 或 24 V 安全电压；金属容器内、特别潮湿处等特别危险环境中使用的手持照明灯应采用 12 V 安全电压；水下作业等场所应采用 6 V 安全电压。

（3）剩余电流动作保护。剩余电流动作保护又称漏电保护，是一种低压安全保护电器，主要用于单相电击保护，也用于防止由漏电引起的火灾，还可用于检测和切断各种一相接地故障。

1）漏电保护装置的原理。电气设备漏电时，将呈现出异常的电流和电压信号，漏电保护装置通过检测此异常电流或异常电压信号，经信号处理，促使执行机构动作，借助开关设备迅速切断电源，从而实现预防电击事故的目的。

2）漏电保护装置的主要技术参数：

①额定漏电动作电流。它是指在规定的条件下，漏电保护装置必须动作的漏电动作电流值，该值反映了漏电保护装置的灵敏度。

国家标准规定的额定剩余动作电流的优选值包括 6 mA、10 mA、30 mA、100 mA、200 mA、300 mA、500 mA、1 A、2 A、3 A、5 A、10 A、20 A、30 A 共 14 个等级。其中，30 mA 及以下属于高灵敏度，主要用于防止各种人身触电事故；30 mA 以上至 1 A 属中灵敏度，用于防止触电事故和漏电火灾；1 A 以上属低灵敏度，用于防止漏电火灾和监视一相接地事故。

②漏电动作分断时间。它是指从突然施加漏电动作电流开始到被保护电路完全被切断为止的全部时间。

3）必须安装剩余电流动作保护装置的场所或设备：

①Ⅰ类移动式电气设备。

②生产用的电气设备。

③施工工地的电气机械设备。

④安装在户外的电气装置。

⑤临时用电的电气设备。

⑥机关、学校、宾馆、饭店、企事业单位和住宅等除壁挂式空调的电源插座外的其他电源插座或插座回路。

⑦游泳池、喷水池、浴池的电气设备。

⑧医院中可能直接接触人体的医用电气设备。

⑨其他需要安装剩余电流动作保护装置的场所。

⑩低压配电线路采用二级或三级保护时，在总电源端、分支线首端或末端（农村集中安装的电能表箱、农业生产设备的电源配电箱）。

4）漏电保护装置的选用。漏电保护装置的选用要综合考虑保护对象特征、技术上的有效性、经济上的合理性。不合理的选型不仅达不到保护目的，还会造成漏电保护装置的拒动作或误动作。正确合理地选用漏电保护装置，是实施漏电保护措施的关键。

①防止人身触电事故。用于直接接触电击防护的漏电保护装置应选用额定动作电流为 30 mA 及以下的高灵敏度、一般型漏电保护装置。在浴室、游泳池、隧道等场所，漏电保护装置的额定动作电流不宜超过 10 mA。在触电后，可能导致二次事故的场合，应选用额定动作电流为 6 mA 的一般型漏电保护装置。对于固定式的电机设备、室外架空线路等，应选用额定动作电流为 30 mA 及以下的漏电保护装置。

②防止火灾。木质灰浆结构的一般住宅和规模小的建筑物，可选用额定动作电流为 30 mA 及以下的漏电保护装置。除住宅以外的中等规模建筑物，分支回路可选用额定动作电流为 30 mA 及以下的漏电保护装置，主干线可选用额定动作电流为 200 mA 以下的漏电保护装置。钢筋混凝土类建筑，内装材料为木质时，可选用额定动作电流 200 mA 以下的漏电保护装置，内装材料为不燃物时，应区别情况，可选用额定动作电流 200 mA 到数安的漏电保护装置。

③防止电气设备烧毁。在考虑防止电气设备烧毁的同时，要兼顾预防电击事故的发生。因此，通常选用 100 mA 到数安的漏电保护装置。

三、防爆电气设备

1. 爆炸性环境用电气设备分类

爆炸性环境用电气设备分为以下三类：

（1）Ⅰ类电气设备。Ⅰ类电气设备用于煤矿瓦斯气体环境。

（2）Ⅱ类电气设备。Ⅱ类电气设备用于除煤矿瓦斯气体以外的其他爆炸性气体环境。

（3）Ⅲ类电气设备。Ⅲ类电气设备用于除煤矿以外的爆炸性粉尘环境。

2. 防爆电气设备结构形式及符号

用于爆炸性气体环境的防爆电气设备结构形式及符号见表 3-1-3。

表 3-1-3　　　　　　　　防爆电气设备结构形式及符号

结构形式	隔爆型	增安型	油浸型	充砂型	本质安全型	浇封型	正压型	无火花型	火花保护型	限制呼吸型	限能型
符号	d	e	o	q	i	m	p	nA	nC	nR	nL

3.防爆电气设备标志

防爆电气设备标志应设置在设备外部主体部分的明显处，且应设置在设备安装之后能看到的位置。

标志应包括：制造商的名称或注册商标、制造商规定的型号标识、产品编号或批号、颁发防爆合格证的检验机构名称或代码、防爆合格证号、Ex标志、防爆结构形式符号、类别符号、表示温度组别的符号或最高表面温度及单位（℃）、保护等级、防护等级。举例说明如下：

（1）Ex d Ⅱ B T3 Gb。表示该设备为防爆电气设备，防爆结构形式为隔爆型，适用于ⅡB类T3组爆炸性气体环境，设备保护等级是Gb。

（2）Ex p Ⅲ C T120 ℃ Db IP65。表示该设备为防爆电气设备，防爆结构形式为正压型，适用于具有导电性粉尘的爆炸环境，最高表面温度低于120 ℃，设备保护等级是Db，外壳防护等级是IP65。

4.爆炸性危险环境电气设备的选用

爆炸性危险环境电气设备选用应遵循如下原则：

（1）应根据电气设备使用环境的区域、电气设备的种类、防护级别和使用条件等选择电气设备。

（2）所选用的防爆电气设备的类别和组别不应低于危险环境内爆炸性混合物的类别和组别。

5.防爆电气线路

在爆炸性危险环境中，电气线路安装位置、敷设方式、导体材质、连接方法等的选择均应根据环境的危险等级进行。

（1）敷设位置。电气线路应当敷设在爆炸危险性较小或距离释放源较远的位置。

（2）敷设方式。爆炸性危险环境中电气线路主要有防爆钢管配线和电缆配线。在敷设时的最小截面、接线盒、管子连接要求等方面应满足对爆炸性危险区域的防爆技术要求。

（3）隔离密封。敷设电气线路的沟道以及保护管、电缆或钢管在穿过爆炸性危险环境等级不同的区域之间的隔墙或楼板时，应采用非燃性材料并严密封堵。

（4）导线材料选择。爆炸性危险环境危险等级1区的范围内，配电线路应采用铜芯导线或电缆。在有剧烈振动处应选用多股铜芯软线或多股铜芯电缆。煤矿井下不得采用铝芯电力电缆。

爆炸性危险环境危险等级 2 区的范围内，电力线路应采用截面积 4 mm^2 及以上的铝芯导线或电缆，照明线路可采用截面积 2.5 mm^2 及以上的铝芯导线或电缆。

（5）电气线路的连接。1 区和 2 区的电气线路的中间接头必须在与该危险环境相适应的防爆型的接线盒内部。1 区宜采用隔爆型接线盒，2 区可采用增安型接线盒。2 区的电气线路若选用铝芯电缆或导线时，必须有可靠的铜铝过渡接头（见图 3-1-6）。

图 3-1-6　铜铝过渡接头

四、雷击和静电防护技术

1. 雷电危害

（1）雷电的种类

1）直击雷。雷云与大地目标之间的一次或多次放电称为对地闪击。闪击直接击于建筑物、其他物体、大地或外部防雷装置上，产生电效应、热效应和机械力者称为直击雷。

大约 50% 的直击雷有重复放电的性质。平均每次雷击有三四个冲击，最多能出现几十个冲击。第一个冲击的先导放电是跳跃式先导放电，第二个以后的先导放电是箭式先导放电，其放电时间仅为 1 ms。一次雷击的全部放电时间一般不超过 500 ms。

2）感应雷。感应雷又称闪电感应，分为静电感应和电磁感应。

静电感应是由于带电积云接近地面，在架空线路导线或其他导电凸出物顶部感应出大量电荷引起的。在带电积云与其他客体放电后，架空线路导线或导电凸出物顶部的电荷失去束缚，以大电流、高电压冲击波的形式，沿线路导线或导电凸出物极快地传播。这一现象也被称为静电感应雷。

电磁感应是由于雷电放电时，巨大的冲击雷电流在周围空间产生迅速变化的强磁场引起的。这种迅速变化的磁场能在邻近的导体上感应出很高的电动势。如系开口环状导体，开口处可能由此引起火花放电；如系闭合导体环路，环路内将产生很大的冲击电流。这一现象也被称为电磁感应雷。

3）球雷。球雷是雷电放电时形成的发红光、橙光、白光或其他颜色光的火球。出现的概率约为雷电放电次数的 2%。其直径多为 20 cm 左右，运动速度约为 2 m/s 或更高一些，存在时间为数秒钟到数分钟。球雷是一团处在特殊状态下的带电气体，在雷雨季节，球雷可能从门、窗、烟囱等通道侵入室内。

直击雷和感应雷都能在架空线路或在空中金属管道上产生沿线路或管道的两个方向迅速传播的闪电冲击波（闪电电涌）。直击雷和感应雷都能在空间产生辐射电磁波。

（2）雷电的危害形式。雷电具有雷电流幅值大、雷电流陡度大、冲击性强、冲击过电压高的特点。雷电具有电性质、热性质和机械性质三方面的破坏作用。

1）电性质破坏作用。破坏高压输电系统，毁坏发电机、电力变压器等电气设备的绝缘，烧断电线或劈裂电杆，造成大规模停电事故；绝缘损坏可能引起短路，导致火灾或爆炸事故；二次放电的电火花也可能引起火灾或爆炸，二次放电也可能造成电击，伤害人命；形成接触电压电击和跨步电压触电事故；雷击产生的静电场突变和电磁辐射，干扰电视电话通信，甚至使通信中断；雷电也能造成飞行事故。

2）热性质破坏作用。直击雷放电的高温电弧能直接引燃邻近的可燃物；巨大的雷电流通过导体能够烧毁导体；使金属熔化、飞溅引发火灾或爆炸；球雷侵入可引起火灾。

3）机械性质破坏作用。巨大的雷电流通过被击物，使被击物缝隙中的气体剧烈膨胀，缝隙中的水分也急剧蒸发汽化为大量气体，导致被击物体破坏或爆炸。雷击时产生的冲击波也有很强的破坏作用。此外，同性电荷之间的静电斥力、同方向电流的电磁作用力也会产生很强的破坏作用。

2. 防雷技术

（1）防雷分类。防雷主要包括外部防雷、内部防雷及防雷击电磁脉冲。

1）外部防雷。即针对直击雷的防护，不包括防止外部防雷装置受到直接雷击时向其他物体的反击。

2）内部防雷。内部防雷包括防雷电感应、防反击以及防雷击电涌侵入。

3）防雷击电磁脉冲。对建筑物内电气系统和电子系统防雷电流引发的电磁效应，包含防经导体传导的闪电电涌和防辐射脉冲电磁场效应。

（2）防雷装置。防雷装置是指用于雷电防护的整套装置，由外部防雷装置和内部

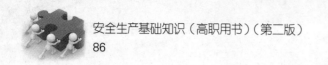

防雷装置组成。

1）外部防雷装置。外部防雷装置是指用于防直击雷的防雷装置，由接闪器、引下线和接地装置组成。

①接闪器。接闪器利用其高出被保护物的地位，把雷电引向自身，通过引下线和接地装置，把雷电流泄入大地，保护被保护物免受雷击。常见的接闪器有接闪杆（避雷针）、接闪带（避雷带）、接闪线（避雷线）、接闪网（避雷网）以及金属屋面、金属构件等。

②引下线。连接接闪器与接地装置的圆钢或扁钢等金属导体，用于将雷电流从接闪器传导至接地装置。防直击雷的专设引下线距建筑物出入口或人行道边缘不宜小于3 m。

③接地装置。接地装置是接地体和接地线的总称，用于传导雷电流并将其流入大地。

防雷接地电阻通常指冲击接地电阻，独立接闪杆的冲击接地电阻不应大于 10 Ω，附设接闪器每根引下线的冲击接地电阻不应大于 10 Ω。

2）内部防雷装置。内部防雷装置由屏蔽导体、等电位连接件和电涌保护器等组成。对于变配电设备，常采用避雷器作为防止雷电波侵入的装置。

①屏蔽导体。通常指电阻率小的良导体材料，如建筑物的钢筋及金属构件；电气设备及电子装置的金属外壳；电气及信号线路的外设金属管、线槽、外皮、网、膜等。屏蔽导体可构成屏蔽层，当空间干扰电磁波入射到屏蔽层金属体表面时，会产生反射和吸收，电磁能量被衰减，从而起到屏蔽作用。

②等电位连接件。等电位连接件包括等电位连接带、等电位连接导体等。各导电物体连接起来可减小雷电流在它们之间产生的电位差。

③电涌保护器（SPD）。电涌保护器是指用于限制瞬态过电压和分泄电涌电流的器件。其作用是把窜入电力线、信号传输线的瞬态过电压限制在设备或系统所能承受的电压范围内，或将强大的雷电流泄入大地，防止设备或系统遭受闪电电涌冲击而损坏。

④避雷器。避雷器用来防护雷电产生的过电压沿线路侵入变配电所或建筑物内，以免危及被保护电气设备的安全。

避雷器主要分为阀型避雷器和氧化锌避雷器等。阀型避雷器上端接在架空线路上，下端接地。正常时避雷器对地保持绝缘状态，当雷电冲击波到来时，避雷器被击穿，将雷电引入大地，冲击波过去后，避雷器自动恢复绝缘状态。氧化锌阀片在正常工频电压下呈高电阻特性，对地绝缘，在大电流时呈低电阻特性，对地导通，将雷电流引入大地。

（3）防雷措施。各类建筑物均应设置防直击雷的外部防雷装置，并应采取防闪电电涌侵入的措施。此外，各类建筑物还应设内部防雷装置。在建筑物的地下室或地面层处，建筑物金属体、金属装置、建筑物内系统、进出建筑物的金属管线等物体应与防雷装置做防雷等电位连接。并且应考虑外部防雷装置与建筑物金属体、金属装置、建筑物内系统之间的间隔距离。

1）直击雷防护措施。建筑物应设置防直击雷的外部防雷装置。直击雷防护的主要措施是装设接闪杆、架空接闪线或网。

2）闪电感应防护措施。闪电感应的防护主要有静电感应防护和电磁感应防护两方面。

①静电感应防护。为了防止静电感应产生的过电压，应将建筑物内的设备、管道、构架、钢屋架、钢窗、电缆金属外皮等较大金属物和突出屋面的放散管、风管等金属物，均与防闪电感应的接地装置相连。

②电磁感应防护。为了防止电磁感应，平行敷设的管道、构架和电缆金属外皮等长金属物，其净距小于 100 mm 时，应采用金属线跨接，跨接点之间的距离不应超过 30 m；交叉净距小于 100 mm 时，其交叉处也应跨接。

3）闪电电涌侵入防护。室外低压配电线路宜全线采用电缆直接埋地敷设，在入户处应将电缆金属外皮、钢管接到等电位连接带或防闪电感应的接地装置上。

4）人身防直击雷。雷雨天气情况下，人身防雷应注意的要点如下：

①为了防止直击雷伤人，应减少在户外活动，尽量避免在野外逗留。应尽量离开山丘、海滨、河边、池旁，不要暴露于室外空旷区域。不要骑在牲畜上或骑自行车行走。不要用金属杆的雨伞，不要把带有金属杆的工具如铁锹、锄头扛在肩上。避开铁丝网、金属晒衣绳等。

②为了防止二次放电和跨步电压伤人，要远离建筑物的接闪杆及接地引下线，远离各种天线、电线杆、高塔、烟囱、旗杆、孤独的树木和没有防雷装置的孤立小建筑等。

5）室内人身防雷。雷雨天气情况下，室内人身防雷应注意以下几点：

①人体最好离开可能传来雷电侵入波的照明线、动力线、电话线、广播线、收音机和电视机电源线，尽量暂时不用电器，最好拔掉电源插头。

②不要靠近室内的金属管线，如暖气片、自来水管、下水管等，以防止这些导体对人体的二次放电。

③关好门窗，防止球雷窜入室内造成危害。

3. 静电危害

（1）静电的危害。在生产工艺过程中以及操作人员的操作过程中，某些材料的相对运动、接触与分离等原因导致了相对静止的正电荷和负电荷的积累，即产生了静电。静电的能量不大，但其电压可高达数十千伏以上，容易发生放电而产生放电火花。静电的危害形式如下：

1）在有爆炸和火灾危险的场所，静电放电火花会成为可燃性物质的点火源，造成爆炸和火灾事故。

2）人体因受到静电电击的刺激，可能引发二次事故，如坠落、跌伤等。

3）某些生产过程中，静电的物理现象会对生产产生妨碍，导致产品质量不良，电子设备损坏。

（2）静电的产生

1）固体静电。将两个相接近的带电面看成是电容器的两个极板。电容器上的电压 u 与电容器极间距离 d 成正比。两个带电面紧密接触时，其间距离 d 只有 25×10^{-8} cm。若二者分开为 1 cm，即 d 增大为 400 万倍。与其对应，如接触电位差为 0.01 V，则二者之间 u 可达 40 000 V。

橡胶、塑料、纤维等行业工艺过程中的静电高达数十千伏，甚至数百千伏，如不采取有效措施，很容易引起火灾。

2）人体静电。人体在日常活动过程中，衣服、鞋以及所携带的用具与其他材料摩擦或接触分离时，均可能产生静电。例如，当穿着化纤衣料服装的人从人造革面的椅子上起立时，由于衣服与椅面之间的摩擦、接触进而分离，人体静电可达 10 000 V 以上。

3）粉体静电。当粉体物料被研磨、搅拌、筛分或处于高速运动状态时，由于粉体颗粒与颗粒之间以及粉体颗粒与管道壁、容器壁或其他器具之间的碰撞、摩擦，或因粉体破断等都会产生危险的静电。

4）液体静电。液体在流动、过滤、搅拌、喷雾、喷射、飞溅、冲刷、灌注和剧烈晃动等过程中，由于静电荷的产生速度高于静电荷的泄漏速度，从而积聚静电荷，产生静电。

5）蒸气和气体静电。蒸气或气体在管道内高速流动，以及由阀门、缝隙高速喷出时也会产生危险的静电。

4. 静电防护技术

（1）环境危险控制。为了防止静电的危害，可采取以下措施控制所在环境爆炸和火灾危险性：

1）取代易燃介质。例如，用三氯乙烯、四氯化碳、苛性钠或苛性钾代替汽油、煤油作洗涤剂，能够具有良好的防爆效果。

2）降低爆炸性气体、蒸气混合物的浓度。在爆炸和火灾危险环境，采用机械通风装置及时排出爆炸性危险物质。

3）减少氧化剂含量。充填氮、二氧化碳或其他不活泼的气体，减少爆炸性气体、蒸气或爆炸性粉尘中氧的含量，以消除燃烧条件。

（2）工艺控制。从工艺上采取适当的措施，限制和避免静电的产生和积累。如为了限制产生危险的静电，汽油槽罐车采用顶部装油时，装油鹤管应深入到槽罐的底部200 mm。

（3）接地。凡用来加工、储存、运输各种易燃液体、易燃气体和粉体的设备都必须接地。工厂或车间的氧气、乙炔等管道必须连成一个整体，并予以接地。可能产生静电的管道两端和每隔200~300 m 处均应接地。平行管道距离在 10 cm 以内，每隔 20 m 应用连接线互相连接起来。管道与管道或管道与其他金属物件交叉或接近，其间距离小于 10 cm 时，也应互相连接起来。

汽车槽罐车、铁路槽罐车在装油前，应与储油设备跨接并接地；装、卸完毕先拆除油管，后拆除跨接线和接地线。

（4）增湿。局部环境的相对湿度宜增加至 50% 以上。

（5）抗静电添加剂。抗静电添加剂是具有良好导电性或较强吸湿性的化学药剂。加入抗静电添加剂之后，材料能降低体积电阻率或表面电阻率。

（6）静电中和器。静电中和器是指将气体分子进行电离，产生消除静电所必要的离子的机器，也称为静电消除器。使用静电中和器，让与带电物体上静电荷极性相反

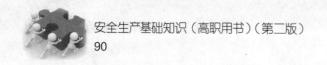

的离子去中和带电物体上的静电，以减少物体上的带电量。

（7）防人体静电。在危险等级为 0 区及 1 区作业的人员，应穿防静电工作服，防静电工作鞋、袜，佩戴防静电手套。禁止在静电危险场所穿脱衣物、帽子及类似物，并避免剧烈的身体运动。

五、电气装置安全技术

1. 变配电站一般安全要求

变配电站是企业的动力枢纽。变配电站装有变压器、互感器、避雷器、电力电容器、高低压开关、高低压母线、电缆等多种高压设备和低压设备。变配电站发生事故，不仅使整个生产活动不能正常进行，还可能导致火灾和人身伤亡事故。

（1）变配电站出口。长度超过 7 m 的高压配电室和长度超过 10 m 的低压配电室至少应有两个出口。变配电站的门应向外开启，门的两面都有配电装置时，应两边开启。门应为非燃烧体或难燃烧体材料制作的实体门。

（2）通道。变配电站室内各通道应符合要求。高压配电装置长度大于 6 m 时，通道应设 2 个出口；低压配电装置 2 个出口间的距离超过 15 m 时，中间应增加 1 个出口。

（3）通风。蓄电池室、变压器室、电力电容器室应有良好的通风。

（4）封堵。门窗及孔洞应设置网孔小于 10 mm×10 mm 的金属网，防止小动物钻入。通向站外的孔洞、沟道应予封堵。

（5）安全标志和工作牌。变配电站的各处，应根据实际需要设置符合规定要求的安全警示标志，如"小心触电""高压危险"等；变配电站必须备有符合规定要求的工作牌，如"有人工作，禁止合闸"等。

（6）联锁装置。断路器与隔离开关操动机构之间、电力电容器的开关与其放电负荷之间应装有可靠的联锁装置。

（7）正常运行。电流、电压、功率因数、油量、油色、温度指示应正常；连接点应无松动、过热迹象；门窗、围栏等辅助设施应完好；声音应正常，应无异常气味；瓷绝缘不得掉瓷、有裂纹和放电痕迹，并保持清洁；充油设备不得漏油、渗油。

（8）安全用具和灭火器材。变配电站应备有绝缘杆、绝缘夹钳、绝缘靴、绝缘手套、绝缘垫、绝缘站台、临时接地线、验电器、脚扣、安全带、梯子等各种安全用具，需要定期检测的安全用具必须按规定定期检测，并将检测标识粘贴在不易碰到的位置，未经检测的安全用具不得使用。

变配电站应配备可用于带电灭火的灭火器材。变配电站内应安装事故应急照明灯，安全出口处应设置灯箱式"安全出口"指示牌。

2. 变配电设备安全要求

除上述变配电站的一般安全要求外，变压器等设备尚需满足以下安全要求。

（1）电力变压器的运行。运行中变压器高压侧电压偏差不得超过额定值的 ±5%，低压最大不平衡电流不得超过额定电流的 25%。上层油温一般不应超过 85 ℃；冷却装置应保持正常，变压器室的门窗、通风孔、百叶窗、防护网、照明灯应完好；室外变压器基础不得下沉，电杆应牢固，不得倾斜。

干式变压器的安装场所应有良好的通风，且空气相对湿度不得超过 70%。

（2）高压开关。高压开关主要包括高压断路器、高压隔离开关和高压负荷开关。高压开关用以完成电路的转换，有较大的危险性。

1）高压断路器。高压断路器有强力灭弧装置，既能在正常情况下接通和分断负荷电流，又能借助继电保护装置在故障情况下切断过载电流和短路电流。

高压断路器必须与高压隔离开关或隔离插头串联使用，由断路器接通和分断电流，由隔离开关或隔离插头隔断电源。因此，切断电路时必须先拉开断路器，后拉开隔离开关；接通电路时必须先合上隔离开关，后合上断路器。为确保断路器与隔离开关之间的正确操作顺序，除严格执行操作制度外，10 kV 系统中常安装机械式或电磁式联锁装置。

2）高压隔离开关。高压隔离开关简称刀闸，没有专门的灭弧装置，不能用来接通和分断负荷电流，更不能用来切断短路电流，主要用来隔断电源，以保证检修和倒闸操作的安全。

隔离开关不能带负荷操作，拉闸、合闸前应检查与之串联安装的断路器是否处在分闸位置。运行中的高压隔离开关连接部位温度不得超过 75 ℃，机构应保持灵活。

3）高压负荷开关。高压负荷开关有比较简单的灭弧装置，用来接通和断开负荷电流。高压负荷开关必须与有高分断能力的高压熔断器配合使用，由熔断器切断短路电流。高压负荷开关分断负荷电流时有强电弧产生，因此，其前方不得有可燃物。

（3）配电柜（箱）。配电柜（箱）分为动力配电柜（箱）和照明配电柜（箱），是

配电系统的末级设备。

1）配电柜（箱）安装

①配电柜（箱）应用不可燃材料制作。

②触电危险性大或作业环境较差的加工车间、铸造、锻造、热处理、锅炉房、木工房等场所，应安装封闭式箱柜。

③有导电性粉尘或产生易燃易爆气体的危险作业场所，必须安装密闭式或防爆型配电箱。

④配电柜（箱）各电气元件、仪表、开关和线路应排列整齐、安装牢固、操作方便，柜（箱）内应无积尘、积水和杂物。

⑤落地安装的配电柜（箱）底面应高出地面 50~100 mm，操作手柄中心高度一般为 1.2~1.5 m，柜（箱）前方 0.8~1.2 m 的范围内无障碍物。

⑥配电柜（箱）以外不得有裸带电体外露，装设在柜（箱）外表面或配电板上的电气元件，必须有可靠的屏护。

2）配电柜（箱）运行。配电柜（箱）内各电气元件及线路应接触良好、连接可靠，不得有严重发热、烧损现象。配电柜（箱）的门应完好，门锁应有专人保管。

（4）低压保护电器。低压保护电器主要用来获取、转换和传递信号，并通过其他电器对电路实现控制。熔断器和热继电器属于最常见的低压保护电器。

1）熔断器。熔断器熔体的热容量很小，动作很快，适用于短路保护。在照明线路及其他没有冲击载荷的线路中，熔断器也可用作过载保护元件。

2）热继电器。热继电器也是利用电流的热效应制成的。它主要由热元件、双金属片、控制触头等组成。热继电器的热容量较大，动作不快，只用于过载保护。

第二节 防火防爆安全技术

一、火灾爆炸事故机理

1. 燃烧与火灾

（1）燃烧及条件

1）燃烧。燃烧是物质与氧化剂之间的放热反应，它通常同时释放出火焰或可见光。

2）火灾。火灾是在时间或空间上失去控制的燃烧所造成的灾害。

3）燃烧和火灾的必要条件。同时具备氧化剂、可燃物、点火源，即火的三要素。这三个要素中缺少任何一个，燃烧都不能发生或持续。在火灾防治中，阻断三要素的任何一个要素就可以扑灭火灾。

4）不同燃烧物的燃烧。气态物质通常是扩散燃烧，即燃料与氧化剂边混合边燃烧；可燃液体首先蒸发成蒸气，蒸气与氧化剂再发生燃烧；固态可燃物先通过热分解等过程产生可燃气体，可燃气体与氧化剂再发生燃烧。

（2）火灾分类。按物质的燃烧特性将火灾分为6类，具体见表3-2-1。

表3-2-1　　　　　　　　　火灾分类

火灾类别	说　明
A类火灾	固体物质火灾，如木材、棉、毛、麻、纸张火灾等
B类火灾	液体火灾和可熔化的固体物质火灾，如汽油、煤油、柴油、原油、甲醇、乙醇、沥青、石蜡火灾等
C类火灾	气体火灾，如煤气、天然气、甲烷、乙烷、丙烷、氢气火灾等
D类火灾	金属火灾，如钾、钠、镁、钛、锆、锂、铝镁合金粉火灾等
E类火灾	带电火灾，是物体带电燃烧的火灾，如发电机、电缆、家用电器等
F类火灾	烹饪器具内烹饪物火灾，如动植物油脂等

（3）火灾基本概念及参数

1）闪燃。可燃物表面或可燃液体上方在很短时间内重复出现的火焰一闪即灭的现象。闪燃往往是持续燃烧的先兆。

2）阴燃。没有火焰的缓慢燃烧现象称为阴燃。很多固体物质，如纸张、锯末、纤维织物等，都有可能发生阴燃，特别是当它们堆积起来时。

3）爆燃。伴随爆炸的燃烧波，以亚音速传播。

4）自燃。可燃物在空气中在没有外来火源的作用下，靠自热或外热而发生燃烧的现象。根据热源的不同，物质自燃分为自热自燃和受热自燃两种。

5）闪点。在规定条件下，材料或制品加热到释放出的气体瞬间着火并出现火焰的最低温度。闪点是衡量物质火灾危险性的重要参数。一般情况下闪点越低，火灾危险性越大。

6）燃点。在规定的条件下，可燃物质产生自燃的最低温度。燃点对可燃固体和闪点较高的液体具有重要意义，在控制燃烧时，需将可燃物的温度降至其燃点以下。一般情况下燃点越低，火灾危险性越大。

7）自燃点。在规定条件下，不用任何辅助引燃能源而达到引燃的最低温度。液体和固体可燃物受热分解并析出来的可燃气体挥发物越多，其自燃点越低。固体可燃物粉碎得越细，其自燃点越低。一般情况下，密度越大，闪点越高，则自燃点越低。

8）引燃能。引燃能是指释放能够触发初始燃烧化学反应的能量，也称为最小点火能，影响其反应发生的因素包括温度、释放的能量、热量和加热时间。

2. 爆炸

（1）爆炸及其分类。爆炸是物质系统的一种极为迅速的物理的或化学的能量释放或转化过程，是系统蕴藏的或瞬间形成的大量能量在有限的体积和极短的时间内，骤然释放或转化的现象。在这种释放和转化的过程中，系统的能量将转化为机械功以及光和热等。

1）爆炸特征。一般来说，爆炸具有以下特征：

①爆炸过程高速进行。

②爆炸点附近压力急剧升高，多数爆炸伴有温度升高。

③发出或大或小的响声。

④周围介质发生震动或邻近的物质遭到破坏。

2）爆炸分类

①按照能量的来源，爆炸可分为物理爆炸、化学爆炸和核爆炸。

②按照爆炸反应相的不同，爆炸可分为气相爆炸、液相爆炸和固相爆炸。

气相爆炸：包括可燃性气体和助燃性气体混合物的爆炸，气体的分解爆炸，液体被喷成雾状物在剧烈燃烧时引起的爆炸（喷雾爆炸），飞扬悬浮于空气中的可燃粉尘引起的爆炸等。

液相爆炸：包括聚合爆炸、蒸发爆炸以及由不同液体混合所引起的爆炸。例如，硝酸和油脂、液氧和煤粉等混合时引起的爆炸；熔融的矿渣与水接触或钢液包与水接触时，由于过热发生快速蒸发引起的蒸汽爆炸等。

固相爆炸：包括爆炸性化合物及其他爆炸性物质的爆炸（如乙炔铜的爆炸）；导线因电流过载，由于过热，金属迅速汽化而引起的爆炸等。

（2）爆炸的破坏作用

1）冲击波。爆炸形成的高温、高压、高能量的气体产物，以极高的速度向周围膨胀，强烈压缩周围静止的空气，使其压力、密度和温度突跃升高，产生波状气压向四周扩散冲击。冲击波能造成附近建筑物的破坏，其破坏程度与冲击波能量的大小、建筑物的坚固程度及其与产生冲击波的中心距离有关。

2）碎片冲击。爆炸的机械破坏效应会使容器、设备、装置以及建筑材料等的碎片，在相当大的范围内飞散而造成伤害。碎片的四处飞散距离可达数十到数百米。

3）震荡作用。爆炸发生时，特别是较猛烈的爆炸往往会引起短暂的地震波，这种地震波会造成建筑物的震荡、开裂、松散倒塌等危害。

4）二次事故。发生爆炸时，如果车间、库房（如制氢车间、汽油库或其他建筑物）里存放有可燃物，会造成火灾；高空作业人员受冲击波或震荡作用，会造成高处坠落事故；粉尘作业场所轻微的爆炸冲击波会使积存在地面上的粉尘扬起，造成更大范围的二次爆炸等。

（3）爆炸极限

1）爆炸极限。可燃物质（可燃气体、蒸气和粉尘）与空气（或氧气）在一定的浓度范围内均匀混合，形成预混气体，遇点火源才会发生爆炸，这个浓度范围称为爆炸极限。一些可燃气体在空气中的爆炸极限见表 3-2-2。预混气体能够发生爆炸的最低浓度称为爆炸下限，能发生爆炸的最高浓度称为爆炸上限。可燃性混合物的爆炸极限范围越宽，爆炸下限越低和爆炸上限越高时，其爆炸危险性越大。

表 3-2-2　　　　　　　　可燃气体在空气中的爆炸极限

物质名称	在空气中的爆炸极限 /%
甲烷	4.9~15
乙烷	3~15
丙烷	2.1~9.5
丁烷	1.5~8.5
乙烯	2.75~34
乙炔	1.53~34
氢	4~75
氨	15~28
一氧化碳	12~74.5

2）爆炸极限的影响因素。爆炸极限值不是一个物理常数，它随试验条件的变化而变化，影响因素主要有温度、压力、惰性气体、容器、点火源等。这些影响因素对爆炸极限的影响能为生产中预防爆炸提供指南。

①温度的影响。混合爆炸气体的初始温度越高，爆炸下限越低，上限越高，爆炸危险性越大。

②压力的影响。混合气体的初始压力对爆炸极限的影响较复杂，在 0.1~2.0 MPa 的压力下，对爆炸下限影响不大，对爆炸上限影响较大；当大于 2.0 MPa 时，爆炸下限变小，爆炸上限变大，爆炸范围扩大。值得重视的是当混合物的初始压力减小时，爆炸范围缩小，当压力降到某一数值时，则会出现下限与上限重合，这就意味着初始压力再降低时，不会使混合气体爆炸。

③惰性介质的影响。若在混合气体中加入惰性气体（如氮、二氧化碳、水蒸气、氩、氦等），随着惰性气体含量的增加，爆炸范围缩小。当惰性气体的浓度增加到某一数值时，爆炸上限和下限趋于一致，混合气体不发生爆炸。

④爆炸容器的影响。爆炸容器的材料和尺寸对爆炸极限有影响，若容器材料的传热性好，管径越细，火焰在其中越难传播，爆炸范围变小。当容器直径或火焰通道小到某一数值时，火焰就不能传播下去。

⑤点火源的影响。点火源的活化能量越大，加热面积越大，作用时间越长，爆炸范围也越大。

（4）粉尘爆炸

1）粉尘爆炸。当可燃性固体呈粉尘状态，粒度足够细，飞扬悬浮于空气中，并达到一定浓度，遇到足够的点火能量，就能发生爆炸。具有粉尘爆炸危险性的物质较多，常见的有金属粉尘（如镁粉、铝粉等）、煤粉、粮食粉尘、饲料粉尘、棉麻粉尘、烟草粉尘、纸粉、木粉、炸药粉尘及大多数含有 C 和 H 元素、与空气中氧反应能放热的有机合成材料粉尘等。

2）粉尘爆炸的特点。粉尘爆炸具有如下特点：

①粉尘爆炸速度或爆炸压力上升速度比气体爆炸小，但燃烧时间长，产生的能量大，破坏程度大。

②爆炸感应期较长。粉尘的爆炸过程比气体的爆炸过程复杂，要经过尘粒的表面分解或蒸发阶段及由表面向中心燃烧的过程，所以感应期比气体长得多。

③有连续爆炸的可能性。因为粉尘初次爆炸产生的冲击波会将沉积的粉尘扬起，悬浮在空气中，在新的空间形成达到爆炸极限的混合物，而飞散的火花和辐射热成为点火源，引起第二次、第三次，甚至更多次爆炸，这种连续爆炸会造成严重的破坏。

3）粉尘爆炸条件

①粉尘本身具有可燃性。

②粉尘悬浮在空气中并达到一定浓度（达到爆炸极限）。

③有足以引起粉尘爆炸的能量。

二、消防设施与器材

《中华人民共和国消防法》规定，消防设施是指火灾自动报警系统、自动灭火系统、消火栓系统、可提式灭火器系统、灭火器防烟排烟系统以及应急广播和应急照明、安全疏散设施等。消防器材是指灭火器等移动灭火器材和工具。

1. 火灾自动报警系统

自动消防系统应包括探测、报警、联动、灭火、减灾等功能。火灾自动报警系统主要完成探测和报警功能，控制和联动等功能主要由联动控制系统来完成。联动控制系统是由联动控制器与现场的主动型设备和被动型设备组成。现场主动型设备是指在火灾参数的作用下，设备自主执行某种动作；现场被动型设备是指在控制器或人为的控制下才能动作。所以消防系统中有三种控制方式：自动控制、联动控制、手动控制。

火灾自动报警系统是由触发装置、火灾报警装置、火灾警报装置和电源等部分组成的通报火灾发生的全套设备，如图 3-2-1 所示，复杂系统还包括消防控制设备。

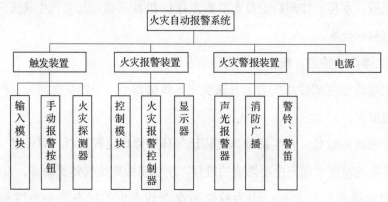

图 3-2-1　火灾自动报警系统

在火灾自动报警系统中，自动或手动产生火灾报警信号的器件称为触发装置，主要包括火灾探测器和手动报警按钮。用以接收、显示和传递火灾报警信号，并能发出控制信号和具有其他辅助功能的控制指示称为火灾报警装置，火灾报警控制器就是一种最基本的火灾警报装置，它以声、光方式向报警区域发出火灾警报信号，以警示人们采取安全疏散、灭火救灾措施。在火灾自动报警系统中，当接收到来自触发器件的火灾报警信号，能自动或手动启动相关消防设备并显示其状态的设备，称为消防控制设备。

（1）系统分类。根据工程建设的规模、保护对象的性质、火灾报警区域的划分和消防管理机构的组织形式，将火灾自动报警系统划分为三种基本形式：区域报警系统、集中报警系统和控制中心报警系统。区域报警系统一般适用于二级保护对象；集中报警系统一般适用于一级、二级保护对象；控制中心报警系统一般适用于特级、一级保护对象。

1）区域报警系统包括火灾探测器、手动报警按钮、区域火灾报警控制器、火灾警报装置和电源等部分。这种系统比较简单，使用很广泛，例如，行政事业单位、工矿企业的要害部门和娱乐场所均可使用。

2）集中报警系统由一台集中报警控制器、两台以上的区域报警控制器、火灾警报装置和电源等组成。高层宾馆饭店、大型建筑群一般使用的都是集中报警系统。集中报警控制器设在消防控制室，区域报警控制器设在各层的服务台处。

3）控制中心报警系统除了集中报警控制器、区域报警控制器、火灾探测器外，在消防控制室内增加了消防联动控制设备。被联动控制的设备包括火灾警报装置、火警电话、火灾应急照明、火灾应急广播、防排烟、通风空调、消防电梯和固定灭火控制装置等。控制中心报警系统用于大型宾馆、饭店、商场、办公室、大型建筑群和大型综合楼等。

（2）火灾报警控制器。火灾报警控制器是火灾自动报警系统中的主要设备，它除了具有控制、记忆、识别和报警功能外，还具有自动检测、联动控制、打印输出、图形显示、通信广播等功能。火灾报警控制器按其用途不同，可分为区域火灾报警控制器、集中火灾报警控制器和通用火灾报警控制器三种基本类型。

（3）火灾自动报警系统的适用范围。火灾自动报警系统是一种用来保护生命与财产安全的技术设施。理论上讲，除某些特殊场所，如生产和储存火药、炸药、弹药、火工品等的场所外，其余场所应该都能适用。由于建筑，特别是工业与民用建筑是人类的主要生产和生活场所，因而也就成为火灾自动报警系统的基本保护对象。从实际情况看，国内外有关标准规范都对建筑中安装的火灾自动报警系统作了规定，我国现行国家标准《火灾自动报警系统设计规范》（GB 50116—2013）明确规定，本规范适用于新建、扩建和改建的建、构筑物中设置的火灾自动报警系统的设计，不适用于生产和贮存火药、炸药、弹药、火工品等场所设置的火灾自动报警系统的设计。

2. 自动灭火系统

（1）水灭火系统。水灭火系统包括室内外消火栓系统、自动喷水灭火系统、水幕和水喷雾灭火系统。

（2）气体自动灭火系统。以气体作为灭火介质的灭火系统称为气体灭火系统。气体灭火系统的使用范围是由气体灭火剂的灭火性质决定的。灭火剂应具有以下特性：化学稳定性好、耐储存、腐蚀性小、不导电、毒性低、蒸发后不留痕迹、适用于扑救多种类型火灾。

（3）泡沫灭火系统。泡沫灭火系统指空气机械泡沫系统。按发泡倍数，泡沫系统可分为低倍数泡沫灭火系统、中倍数泡沫灭火系统和高倍数泡沫灭火系统。发泡倍数在20倍以下的为低倍数泡沫，发泡倍数在21~200倍的为中倍数泡沫，发泡倍数在201~1 000倍的为高倍数泡沫。

（4）防排烟与通风空调系统。火灾产生的烟气是十分有害的。火场的烟气包括烟雾、有毒气体和热气，不但影响消防人员的扑救，而且会直接威胁人身安全。火灾时，水平和垂直分布的各种空调系统通风管道及竖井、楼梯间、电梯井等是烟气蔓延的主要途径。要把烟气排出建筑物外，就要设置防排烟系统。机械排烟系统可以减少火层烟气及其向其他部位的扩散，利用加压送风有可能建立无烟区空间，可防止烟气越过挡烟屏障进入压力较高的空间。因此，防排烟系统能改善着火地点的环境，使建筑内的人员能安全撤离现场，使消防人员能迅速靠近火源，用最短的时间挽救生命，用最少的灭火剂在损失最小的情况下将火扑灭。此外，它还能将未燃烧的可燃性气体在尚未形成易燃烧混合物之前加以驱散，避免轰燃或烟气爆炸的产生；将火灾现场的烟和热及时排去，减弱火势的蔓延，排除灭火的障碍，是灭火的配套措施。

排烟有自然排烟和机械排烟两种形式。排烟窗、排烟井是建筑物中常见的自然排烟形式，它们主要适用于烟气具有足够大的浮力、可能克服其他阻碍烟气流动的驱动力的区域。机械排烟可克服自然排烟的局限，有效地排出烟气。

（5）火灾应急广播与警报装置。火灾警报装置（包括警铃、警笛、警灯等），是发生火灾时向人们发出警告的装置，即告诉人们着火了，或者有什么意外事故。火灾应急广播，是火灾时（或意外事故时）指挥现场人员进行疏散的设备。为了及时向人们通报火灾，指导人们安全、迅速地疏散，火灾事故广播和警报装置按要求设置是非常必要的。

3. 灭火剂和灭火器

（1）灭火剂。灭火剂是能够有效地破坏燃烧条件、终止燃烧的物质。灭火剂被喷射到燃烧物和燃烧区域后，通过一系列的物理、化学作用，可使燃烧物冷却、燃烧物与氧气隔绝、燃烧区内氧的浓度降低、燃烧的连锁反应中断，最终导致维持燃烧的必要条件受到破坏，停止燃烧反应，从而起到灭火作用。

1）水和水系灭火剂。水是最常用的灭火剂，它既可以单独用来灭火，也可以在其中添加化学物质配制成混合液使用，从而提高灭火效率，减少用水量。这种在水中加入化学物质的灭火剂称为水系灭火剂。

水能从燃烧物中吸收很多热量，使燃烧物的温度迅速下降，使燃烧终止。水在受热汽化时，体积增大 1 700 多倍，当大量的水蒸气笼罩于燃烧物的周围时，可以阻止空气进入燃烧区，从而大大减少氧的含量，使燃烧因缺氧而窒息熄灭。在用水灭火时，加压水能喷射到较远的地方，具有较大的冲击作用，能冲过燃烧表面进入内部，从而使未着火的部分与燃烧区隔离开来，防止燃烧物继续分解燃烧。水能稀释或冲淡某些液体或气体，降低燃烧强度，能浇湿未燃烧的物质，使之难以燃烧，还能吸收某些气体、蒸气和烟雾，有助于灭火。

不能用水扑灭的火灾主要包括以下五类：

一是密度小于水和不溶于水的易燃液体的火灾，如汽油、煤油、柴油等。苯类、醇类、醚类、酮类、酯类及丙烯腈等大容量储罐，如用水扑救，则水会沉在液体下层，被加热后会引起爆沸，形成可燃液体的飞溅和溢流，使火势扩大。

二是遇水产生燃烧物的火灾，如金属钾、钠、碳化钙等，不能用水，而应用砂土灭火。

三是硫酸、盐酸和硝酸引发的火灾，不能用水流冲击，因为强大的水流能使酸飞溅流出后遇可燃物质，有引起爆炸的危险。酸溅在人身上，能灼伤人。

四是电气火灾未切断电源前不能用水扑救，因为水是良导体，容易造成触电。

五是高温状态下化工设备的火灾不能用水扑救，以防高温设备遇冷水后骤冷，引起形变或爆裂。

2）气体灭火剂。由于气体灭火剂具有释放后对保护设备无污染、无损害等优点，其防护对象逐步向各种不同领域扩充。二氧化碳具有隔绝空气、窒息火灾的特性，而且来源广、不含水、不导电、无腐蚀，对绝大多数物质无破坏作用，因此二氧化碳灭火剂应用非常广泛，在扑灭精密仪器和一般电气火灾时均可以使用。它还适于扑救可燃液体和固体火灾，特别是那些不能用水灭火，以及受到水、泡沫、干粉等灭火剂的沾污容易损坏的固体物质火灾。

二氧化碳灭火剂不宜用来扑灭金属钾、镁、钠、铝等及金属过氧化物（如过氧化钾、过氧化钠）、有机过氧化物、氯酸盐、硝酸盐、高锰酸盐、亚硝酸盐、重铬酸盐等氧化剂的火灾。因为二氧化碳从灭火器中喷出时，温度降低，使环境空气中的水蒸气凝聚成小水滴，上述物质遇水即发生反应，释放大量的热量，同时释放出氧气，使二氧化碳的窒息作用受到影响。

在研究二氧化碳灭火系统的同时，国际社会及一些西方发达国家不断地开发新型气体灭火剂，卤代烷 1211、1301 灭火剂具有优良的灭火性能，因此在一段时间内卤代烷灭火剂基本统治了整个气体灭火领域。后来，人们逐渐发现释放后的卤代烷灭火剂

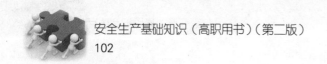

与大气层的臭氧发生反应，致使臭氧层出现空洞，使生存环境恶化。因此，国家环保部门早在 1994 年专门发出《关于非必要场所停止再配置卤代烷灭火器的通知》。

淘汰卤代烷灭火剂，促使人们寻求新的环保气体替代。被列入国际标准草案 ISO 14520 的替代物有 14 种。综合各种替代物的环保性能及经济分析，七氟丙烷灭火剂最具推广价值。该灭火剂属于含氢氟烃类灭火剂，国外称为 FM-200，具有灭火浓度低、灭火效率高、对大气无污染的优点。另外，混合气体 JG-541 灭火剂同样对大气层具有无污染的特点，现已逐步开始使用。由于其是由氮气、氩气、二氧化碳自然组合的一种混合物，平时以气态形式储存，所以喷放时不会形成浓雾或造成视野不清，使人员在火灾时能清楚地分辨逃生方向，且它对人体基本无害。

3）泡沫灭火剂。泡沫灭火剂有两大类型，即化学泡沫灭火剂和空气泡沫灭火剂。化学泡沫是通过硫酸铝和碳酸氢钠的水溶液发生化学反应，产生二氧化碳而形成泡沫。空气泡沫是由含有表面活性剂的水溶液在泡沫发生器中通过机械作用而产生的，泡沫中所含的气体为空气。泡沫灭火剂靠泡沫覆盖着火对象表面，将空气隔绝而灭火。空气泡沫也称为机械泡沫。

空气泡沫灭火剂种类繁多，根据发泡倍数的不同可分为低倍数泡沫（发泡倍数小于 20）灭火剂、中倍数泡沫（发泡倍数为 20~200）灭火剂和高倍数泡沫灭火剂。高倍数泡沫灭火系统替代低倍数泡沫灭火系统是当今的发展趋势。高倍数泡沫的应用范围远比低倍数泡沫广泛得多。高倍数泡沫灭火剂的发泡倍数为 201~1 000 倍，能在短时间内迅速充满着火空间，特别适用于大空间火灾，并具有灭火速度快的优点；而低倍数泡沫则与此不同，它主要靠泡沫覆盖着火对象表面，将空气隔绝而灭火，且伴有水渍损失，所以它对液化烃的流淌火灾和地下工程、船舶、贵重仪器设备及物品的灭火无能为力。高倍数泡沫灭火技术已被各工业发达国家应用到石油化工、冶金、地下工程、大型仓库和贵重仪器库房等场所，高倍数泡沫灭火技术多次在油罐区、液化烃罐区、地下油库、汽车库、油轮、冷库等场所扑救失控性大火起到决定性作用。

4）干粉灭火剂。干粉灭火剂由一种或多种具有灭火能力的细微无机粉末组成，主要包括活性灭火组分、疏水成分、惰性填料。窒息、冷却、辐射及对有焰燃烧的化学抑制作用是干粉灭火效能的集中体现，其中化学抑制作用是灭火的基本原理，起主要灭火作用。干粉灭火剂中的灭火组分是燃烧反应的非活性物质，当进入燃烧区域火焰中时，捕捉并终止燃烧反应产生的自由基，降低了燃烧反应的速率。当火焰中干粉浓度足够高，与火焰的接触面积足够大，自由基中止速率大于燃烧反应生成的速率时，链式燃烧反应即被终止，从而火焰熄灭。

干粉灭火剂与水、泡沫、二氧化碳等相比，在灭火速率、灭火面积、等效单位灭火成本效果三个方面有一定优越性，因其灭火速率快，制作工艺过程不复杂，使用温度范围宽广，对环境无特殊要求，以及使用方便，不需外界动力、水源，无毒、无污染、安全等特点，目前在手提式灭火器和固定式灭火系统上得到广泛的应用，是替代卤代烷灭火剂的一类理想环保灭火产品。

（2）灭火器种类及其使用范围。灭火器由筒体、器头、喷嘴等部件组成，借助驱动压力可将所充装的灭火剂喷出，达到灭火目的。灭火器由于结构简单、操作方便、轻便灵活、使用面广，是扑救初起火灾的重要消防器材。灭火器的种类很多，按其移动方式分为手提式、推车式和悬挂式；按驱动灭火剂的动力来源可分为储气瓶式、储压式、化学反应式；按所充装的灭火剂则又可分为清水、泡沫、二氧化碳、干粉等。

1）清水灭火器。清水灭火器充装的是清洁的水并加入适量的添加剂，采用储气瓶加压的方式，利用钢瓶中的气体作动力，将灭火剂喷射到着火物上，达到灭火的目的。清水灭火器适用于扑救可燃固体物质火灾，即 A 类火灾。

2）泡沫灭火器。空气泡沫灭火器是借助气体压力，喷射出泡沫覆盖在燃烧物的表面上，隔绝空气起到窒息灭火的作用。泡沫灭火器适合扑救脂类、石油产品等 B 类火灾以及木材等 A 类火灾，不能扑救 B 类水溶性火灾，也不能扑救带电设备及 C 类和 D 类火灾。

空气泡沫灭火器充装的是空气泡沫灭火剂，具有良好的热稳定性，抗烧时间长，灭火能力比化学泡沫高 3~4 倍，性能优良，保存期长，使用方便，是取代化学泡沫灭火器的更新换代产品。它可根据不同需要分别充装蛋白泡沫、氟蛋白泡沫、聚合物泡沫、轻水水成膜泡沫和抗溶泡沫等，用来扑救各种油类和极性溶剂的初起火灾。

3）二氧化碳灭火器。二氧化碳灭火器是利用其内部充装的液态二氧化碳的蒸气压力，将二氧化碳喷出灭火的一种灭火器具，通过降低氧气含量，造成燃烧区窒息而灭火。一般当氧气的含量低于 12% 或二氧化碳浓度达 30%~35% 时，燃烧终止。1 kg 的二氧化碳液体，在常温常压下能生成 500 L 左右的气体，这些足以使 1 m^2 空间范围内的火焰熄灭。由于二氧化碳是一种无色的气体，灭火不留痕迹，并有一定的电绝缘性能，因此，更适于扑救 600 V 以下带电电器、贵重设备、图书档案、精密仪器仪表的初起火灾，以及一般可燃液体的火灾。

4）干粉灭火器。干粉灭火器以液态二氧化碳或氮气作动力，将灭火器内干粉灭火剂喷出进行灭火。该类灭火器主要通过抑制作用灭火，按使用范围可分为普通干粉和多用干粉两大类。普通干粉也称 BC 干粉，是指碳酸氢钠干粉、改性钠盐、氨基干粉等，主要用于扑灭可燃液体、可燃气体以及带电设备火灾。多用干粉也称 ABC 干粉，是指磷酸铵盐干粉、聚磷酸铵干粉等，它不仅适用于扑救可燃液体、可燃气体和带电设备的火灾，还适用于扑救一般固体物质火灾，但都不能扑救金属火灾。

4. 火灾探测器

物质在燃烧过程中，通常会产生烟雾，同时释放出称之为气溶胶的燃烧气体，它们与空气中的氧发生化学反应，形成含有大量红外线和紫外线的火焰，导致周围环境温度逐渐升高。这些烟雾、温度、火焰和燃烧气体称为火灾参量。

火灾探测器的基本功能就是对烟雾、温度、火焰和燃烧气体等火灾参量作出有效反应，通过敏感元件，将表征火灾参量的物理量转化为电信号，送到火灾报警控制器。根据对不同的火灾参量响应和不同的响应方法，分为若干种不同类型的火灾探测器。主要包括感光式火灾探测器、感烟式火灾探测器、感温式火灾探测器、可燃气体火灾探测器、复合式火灾探测器等类型。

（1）感光式火灾探测器。感光式火灾探测器适用于监视有易燃物质区域的火灾发生，如仓库、燃料库、变电所、计算机房等场所，特别适用于没有阴燃阶段的燃料火灾（如醇类、汽油、煤气等易燃液体、气体火灾）的早期检测报警。按检测火灾光源的性质分类，有红外火焰火灾探测器和紫外火焰火灾探测器两种。

红外线波长较长，烟粒对其吸收和衰减能力较弱，致使有大量烟雾存在的火场，在距火焰一定距离内，仍可使红外线敏感元件感应，发出报警信号。红外火焰火灾探测器误报少，响应时间快，抗干扰能力强，工作可靠。

紫外火焰火灾探测器适用于有机化合物燃烧的场合，如油井、输油站、飞机库、可燃气罐、液化气罐、易燃易爆品仓库等，特别适用于火灾初期不产生烟雾的场所（如生产储存酒精、石油等场所）。有机化合物燃烧时，辐射出波长约为 250 nm 的紫外光。火焰温度越高，火焰强度越大，紫外光辐射强度也越高。

（2）感烟式火灾探测器。感烟式火灾探测器是一种感知燃烧和热解产生的固体或液体微粒的火灾探测器，用于探测火灾初期的烟雾，并发出火灾报警讯号。它具有能早期发现火灾、灵敏度高、响应速度快、使用面较广等特点。

感烟式火灾探测器分为点型感烟火灾探测器和线型感烟火灾探测器两种。

1）点型感烟火灾探测器。点型感烟火灾探测器是对警戒范围中某一点周围的烟参数响应的火灾探测器，分为离子感烟火灾探测器和光电感烟火灾探测器两种。

离子感烟火灾探测器是核电子学与探测技术的结晶，应用烟雾粒子改变探测器中电离室原有电离电流。它最显著的优点是对黑烟的灵敏度非常高，特别是能对早期火警反应特别快而受到青睐。但因为其内必须装设放射性元素，特别是在制造、运输以及弃置等方面对环境造成污染，威胁着人的生命安全。因此，这种产品在欧洲现已开始禁止使用，在我国也终将成为淘汰产品。

光电感烟火灾探测器是利用烟雾粒子对光线产生散射、吸收原理的感烟火灾探测器。它有一个很大的缺点就是对黑烟灵敏度很低，对白烟灵敏度较高，因此，这种探测器适用于火情中所发出的烟为白烟的情况，而大部分的火情早期所发出的烟都为黑烟，所以大大地限制了这种探测器的使用范围。

2）线型感烟火灾探测器。目前生产和使用的线型感烟火灾探测器都是红外光束型的感烟火灾探测器，它是利用烟雾粒子吸收或散射红外线光束的原理对火灾进行监测。

（3）感温式火灾探测器。感温式火灾探测器是对警戒范围中的温度进行监测的一种探测器，物质在燃烧过程中释放出大量热，使环境温度升高，探测器中的热敏元件发生物理变化，将物理变化转变成的电信号传输给火灾报警控制器，经判别发出火灾报警信号。感温火灾探测器种类繁多，根据其感热效果和结构形式，可分为定温式、差温式和差定温组合式三类。

1）定温火灾探测器。定温火灾探测器在火灾现场的环境温度达到预定值及其以上时，即能响应动作，发出火警信号。这种探测器有较好的可靠性和稳定性，保养维修也方便，只是响应过程长些，灵敏度低些。根据工作原理的不同，定温火灾探测器又可分为双金属片定温探测器、热敏电阻定温探测器、低熔点合金探测器等。

2）差温火灾探测器。差温火灾探测器是一种环境升温速率超过预定值，即能响应的感温探测器。根据工作原理不同，可分为电子差温探测器、膜盒感温探测器等。

3）差定温火灾探测器。差定温火灾探测器是一种既能响应预定温度报警，又能响应预定温升速率报警的火灾探测器。

（4）可燃气体火灾探测器。可燃性气体包括天然气、煤气、烷、醇、醛、炔等，当其在某场所的浓度超过一定值时，偶遇明火便会发生燃烧或爆炸（轰燃），是非常危险的。可燃物质燃烧时除有大量烟雾、热量和火光之外，还有许多可燃性气体产生，如一氧化碳、氢气、甲烷、乙醇、乙炔等。利用可燃气体探测器监视这些可燃气体浓度值，及时发出火灾报警信号，及时采取灭火措施，是非常必要的。

可燃性气体探测器主要应用在有可燃气体存在或可能发生泄漏的易燃易爆场所，或应用于居民住宅（有煤气或天然气存在或易发生泄漏的地方）。

安装使用可燃气体火灾探测器应注意以下几点：

1）应按所监测的可燃气体的密度选择安装位置。监测密度大于空气的可燃气体（如石油液化气、汽油、丙烷、丁烷等）时，探测器应安装在泄漏可燃气体处的下部，距地面不应超过 0.5 m。监测密度小于空气的可燃气体（如煤气、天然气、一氧化碳、氢气、甲烷、乙烷、乙烯、丙烯、苯等）时，探测器应安装在可能泄漏处的上部或屋内顶棚上。总之，探测器应安装在经常容易泄漏可燃气体处的附近，或安装在泄漏出来的气体容易流过、滞留的场所。

2）对于经常有风速 0.5 m/s 以上气流存在、可燃气体无法滞留的场所，或经常有热气、水滴、油烟的场所，或环境温度经常超过 40 ℃的场所，不适宜安装可燃气体火灾探测器。有铅离子存在的场所，或有硫化氢气体存在的场所，不能使用可燃气体火灾探测器，否则会出现气敏元件中毒而失效。在有酸、碱等腐蚀性气体存在的场所，也不宜使用可燃气体火灾探测器。

3）应至少每季检查一次可燃气体火灾探测器是否工作正常。例如，可用棉球蘸酒精去靠近探测器检测。

（5）复合式火灾探测器。复合式火灾探测器包括复合式感温感烟火灾探测器、复合式感温感光火灾探测器、复合式感温感烟感光火灾探测器、分离式红外光束感温感光火灾探测器。

5. 消防梯

消防梯是消防队队员扑救火灾时，登高灭火、救人或翻越障碍物的工具。目前普遍使用的消防梯按结构形式分有单杠梯、挂钩梯、拉梯和其他结构消防梯。按使用的材料分为木梯、竹梯、铝合金梯、钢质消防梯和其他材质消防梯。

6. 消防水带

消防水带是火场供水或输送泡沫混合液的必备器材，广泛用于各种消防车、消防泵、消火栓等消防设备上。按材料不同分为麻织、锦织涂胶、尼龙涂胶。按口径不同分为 25 mm、65 mm、80 mm、100 mm 等。按照水带长度不同分为 15 m、20 m、25 m、30 m 等。

7. 消防水枪

消防水枪是灭火时用来射水的工具。其作用是加快流速，增大和改变水流形状。按照水枪开口形式不同分为直流水枪、多用水枪、喷雾水枪、直流喷雾水枪几种。按照水枪的工作压力范围分为低压水枪、中压水枪、高压水枪。

8. 消防车

目前我国的消防车有水罐泵浦车、泡沫消防车、干粉消防车、CO_2 消防车、干粉泡沫水罐泵浦联用消防车、火灾照明车、曲臂登高消防车。还有一些其他消防车，如压缩空气泡沫消防车、涡喷消防车、指挥消防车、照明消防车等。

三、防火防爆安全技术

1. 防火防爆基本原则

（1）预防火灾基本原则。预防火灾应遵循如下基本原则：以不燃溶剂代替可燃溶剂；密闭和负压操作；通风除尘；惰性气体保护；采用耐火材料；严格控制火源；阻止火焰的蔓延；抑制火灾可能发展的规模；组织训练消防队伍和配备相应消防器材。

（2）防爆基本原则。防爆的基本原则是根据对爆炸过程特点的分析采取相应的措施，防止第一过程的出现，控制第二过程的发展，削弱第三过程的危害。主要应采取以下措施：防止爆炸性混合物的形成；严格控制火源；及时泄出燃爆开始时的压力；切断爆炸传播途径；减弱爆炸压力和冲击波对人员、设备和建筑的损坏；检测报警。

2. 点火源及其控制

工业生产过程中，存在着多种引起火灾和爆炸的点火源，如明火、化学反应热、化工原料的分解自燃、热辐射、高温表面、摩擦和撞击、绝热压缩、电气设备及线路的过热和火花、静电放电、雷击和日光照射等。消除点火源是防火和防爆的最基本措施，控制点火源对防止火灾和爆炸事故的发生具有极其重要的意义。

（1）明火。明火是指敞开的火焰、火星和火花等，如生产过程中的加热用火、维修焊割用火及其他火源是导致火灾爆炸最常见的原因。

1）加热用火的控制。加热易燃物料时要尽量避免采用明火设备，而宜采用热水或其他介质间接加热，如蒸气或密闭电气加热等加热设备，不得采用电炉、火炉、煤炉等直接加热。明火加热应远离可能泄漏易燃气体或蒸气的工艺设备和储罐区，并应布置在其上风侧或侧风侧。对于有飞溅火花的加热装置，应布置在上述设备的侧风向。生产系统中如果存在能产生明火的设备，应将其集中布置于系统的边缘。如必须采用明火，设备应密闭且附近不得存放可燃物质。

2）维修焊割用火的控制。焊割时，飞散的火花及金属熔融颗粒的温度高达 1 500~2 000 ℃，高空作业时飞散距离可达 20 m 远，所以此类作业容易酿成火灾爆炸事故。因此，在焊割时必须注意以下几点：

①在输送、盛装易燃物料的设备、管道上，或在可燃可爆区域内动火时，应将系统和环境进行彻底的清洗或清理。如该系统与其他设备连通时，应将相连的管道拆下断开或加堵金属盲板，再进行清洗。然后用惰性气体进行吹扫置换，气体分析合格后方可作业。

②动火现场应配备必要的消防器材，并将可燃物品清理干净。在可能积存可燃气体的管沟、电缆沟、深坑、下水道内及其附近，应用惰性气体吹扫干净，再用非燃体如石棉板进行遮盖。

③气焊作业时，应将乙炔发生器放置在安全地点，以防回火爆炸伤人或将易燃物引燃。

④焊把线破残应及时更换，不得利用与易燃易爆生产设备有联系的金属构件作为电焊地线，以防止在电路接触不良的地方产生高温或电火花。

3）其他火源。存在火灾和爆炸危险的场所，如厂房、仓库、油库等地，不得使用蜡烛、火柴或普通灯具照明；汽车、拖拉机一般不允许进入，如确需进入，其排气管上应安装火花熄灭器。在有爆炸危险的车间和仓库内，禁止吸烟和携带火柴、打火机等。为此，应在醒目的地方张贴警示标志以引起注意。明火与有火灾爆炸危险的厂房和仓库相邻时，应保证足够的安全距离，石化企业与甲、乙类工艺装置或设施，甲、乙类液体罐组，液化烃罐组，全厂性或区域性重要设施应保持 90 m 的防火间距。

（2）摩擦和撞击。摩擦和撞击往往是可燃气体、蒸气和粉尘、爆炸物品等着火爆炸的根源之一。在易燃易爆场合应避免这种现象的发生，如工人应禁止穿钉鞋、不得使用铁器制品。

搬运储存可燃物体和易燃液体的金属容器时，应当用专门的运输工具，禁止在地面上滚动、拖拉或抛掷，并防止容器互相撞击，以免产生火花，引起燃烧或容器爆裂造成事故。

吊装可燃易爆物料用的起重设备和工具，应经常检查，防止吊绳等断裂下坠发生危险。如果机器设备不能用不发生火花的金属制造，应当使其在真空中或惰性气体中操作。

在爆炸危险环境中，机件或运转部分应用不发生火花的有色金属材料（如铜、铝）制造。机器的轴承等转动部分，应有良好的润滑，并经常清除附着的可燃物污垢。地面应铺沥青、菱苦土等较软的材料。

（3）电气设备。电气设备或线路出现危险温度、电火花和电弧时，就成为引起可燃气体、蒸气和粉尘着火爆炸的一个主要点火源。为避免电气点火源的出现，必须做到：电气设备的电压、电流、温升等参数不超过允许值，保持电气设备和线路绝缘能力以及连接良好；电气设备和电线的绝缘，不得受到生产过程中产生的蒸气及气体的腐蚀；在运行中，应保持设备及线路各导电部分连接的可靠，活动触头的表面要光滑，并要保证足够的触头压力；固定接头时，特别是铜、铝接头要接触紧密，保持良好的导电性；可拆卸的连接应有防松措施；铝导线间的连接应采用压接、熔焊或钎焊，不得简单地采用缠绕接线；具有爆炸危险的厂房内，应根据危险程度的不同，采用防爆型电气设备和照明。

（4）静电放电。为防止静电放电火花引起燃烧爆炸，可根据生产过程中的具体情况采取如下几种措施。

1）控制流速。流体在管道中的流速必须加以控制，例如，易燃液体在管道中的流速不宜超过 5 m/s，可燃气体在管道中的流速不宜超过 8 m/s。灌注液体时，应防止产生液体飞溅和剧烈搅拌的现象。向储罐输送液体的导管，应放在液面之下或使液体沿容器的内壁缓慢流下。易燃液体灌装结束时，不能立即进行取样等操作，因为在液面上积聚的静电荷不会很快消失，易燃液体蒸气也比较多，因此应经过一段时间再进行操作。

2）保持良好接地。下列生产设备应有可靠的接地装置：输送可燃气体和易燃液体的管道以及各种阀门、灌油设备和油槽车（包括灌油桥台、铁轨、油桶、加油用鹤管和漏斗等）；通风管道上的金属网过滤器；生产或加工易燃液体和可燃气体的设备；输送可燃粉尘的管道和产生粉尘的设备以及其他能够产生静电的生产设备。为消除各部件的电位差，可采用等电位连接措施，如在管道法兰之间加装跨接导线。

3）采用静电消散技术。流体在管道输送过程中，一般来说管道部分是产生静电的区域，管道末端的接收容器则是静电消散区域，如果在管道的末端加装一直径较大的"松弛容器"，可大大地消除流体在管内流动时所积累的静电。当液体输送管线上装有过滤器时，甲、乙类液体输送自过滤器至装料口之间应有 30 s 的缓冲时间。如满足不了缓冲时间，可配置缓和器或采取其他防静电措施。

4）人体静电防护。生产和工作人员应尽量避免穿化纤布料的易产生静电的工作服，而且为了导除人身上积累的静电，最好穿布底鞋或导电橡胶底胶鞋。工作地点宜采用水泥地面。

5）其他防静电技术。在具有爆炸危险的厂房内，不允许采用平带传动，可以采用 V 带传动。采用带传动时，每隔 3~5 天在传动带上涂抹一次防静电涂料。电动机和设备之间用轴直接传动或经过减速器传动。

增加空气的湿度，也是防止静电的基本措施之一。当相对湿度在 65% 以上时，能防止静电的积累。对于不会因空气湿度大而影响产品质量的生产，可用喷水或喷水蒸气的方法增加空气湿度。

3. 爆炸控制

生产过程中，应根据可燃易燃物质的燃烧爆炸特性，以及生产工艺和设备等条件，采取有效措施，预防爆炸性混合物的生成。主要措施有设备密闭、厂房通风、惰性气体保护、以不燃溶剂代替可燃溶剂、危险物品隔离储存等。

（1）惰性气体保护。用惰性气体取代空气，避免空气中的氧气进入系统，就消除了引发爆炸的一大因素，从而使爆炸过程不能形成。在化工生产中，采用的惰性气体有氮气、二氧化碳、水蒸气、烟道气等。如下情况通常需考虑采用惰性介质保护：

1）可燃固体物质的粉碎、筛选及粉末输送时，用惰性气体进行覆盖保护。

2）处理可燃易爆的物料系统，在进料前用惰性气体进行置换，以排除系统中原有的气体。

3）将惰性气体用管线与火灾爆炸危险的设备、储槽等连接起来，在万一发生危险时使用。

4）易燃液体利用惰性气体充压输送。

5）有爆炸危险性的场所，对有可能引起火灾危险的电器、仪表等采用充氮正压保护。

6）易燃易爆系统检修动火前，使用惰性气体进行吹扫置换。

7）发现易燃易爆气体泄漏时，采用惰性气体冲淡。发生火灾时，用惰性气体进行灭火。

（2）系统密闭和正压操作。装盛易燃易爆介质的设备和管路，如果气密性不好，就会由于介质的流动性和扩散，造成跑、冒、滴、漏现象，在设备和管路周围空间形成爆炸性混合物。同理，当设备或系统处于负压状态时，空气就会渗入，使设备或系统内部形成爆炸性混合物。设备密闭不良是发生火灾和爆炸事故的原因之一。

易发生易燃易爆物质泄漏的部位有设备的转轴与壳体或墙体的密封处、设备的各种孔盖（人孔、手孔、清扫孔）及封头盖与主体的连接处，以及设备与管道、管件的连接处等。

当设备内部充满易爆物质时，要采用正压操作，以防外部空气渗入设备内。设备内的压力必须加以控制，不能高于或低于额定的数值。压力过高，轻则渗漏加剧，重则破裂导致大量可燃物质泄漏；压力过低，就有渗入空气、发生爆炸的可能。通常可设置压力报警器，在设备内压力失常时及时报警。

对爆炸危险性大的可燃气体（如乙炔、氢气等）以及危险设备和系统，在连接处应尽量采用焊接接头，减少法兰连接。

（3）厂房通风。要使设备达到绝对密闭是很难办到的，总会有一些可燃气体、蒸气或粉尘从设备、系统中泄漏出来，而且生产过程中某些工艺（如喷漆）会大量释放可燃性物质。因此，必须用通风的方法使可燃气体、蒸气或粉尘的浓度不致达到危险的程度，一般应控制在爆炸下限的 1/5 以下。

（4）以不燃溶剂代替可燃溶剂。以不燃或难燃的材料代替可燃或易燃材料，是防火防爆的根本性措施。因此，在满足生产工艺要求的条件下，应当尽可能地用不燃溶剂或火灾危险性小的物质代替易燃溶剂或火灾危险性较大的物质，这样可防止形成爆炸性混合物，为生产创造更为安全的条件。

（5）危险物品的储存。性质相互抵触的危险化学物品如果储存不当，往往会酿成严重的事故。例如，无机酸本身不可燃，但与可燃物质相遇能引起着火及爆炸；铝酸盐与可燃的金属相混时能使金属着火或爆炸；松节油、磷及某些金属粉末在卤素中能自行着火等。为防止在存储危险化学品时发生火灾和爆炸事故，相互抵触的危险化学品禁止一起储存。

（6）防止容器或室内爆炸的安全措施

1）抗爆容器。抗爆容器是指在没有防护措施保护的情况下，能承受一定爆炸压力的容器或设备。若选择这种结构形式的设备在剧烈爆炸下没有被炸碎，而只产生部分变形，那么就达到了最重要的防护目的。

2）爆炸卸压。通过固定的开口及时进行泄压，则容器内部就不会产生高爆炸压力，因而也就不必使用能抗这种高压的结构。把没有燃烧的混合物和燃烧的气体排放到大气里去，就可把爆炸压力限制在容器材料强度所能承受的数值。卸压装置可分为一次性装置（如爆破膜）和重复使用的装置（如安全阀）。

3）房间泄压。它主要是用来保护容器和装置的，能使被保护设备不被炸毁。可用卸压措施来保护房间，但不能保护房间里的人。这种情况下，房间内的设施必须是遥控的，并在运行期间严禁人员进入房间。一般可以通过窗户、外墙和建筑物的房顶来进行卸压。

（7）爆炸抑制。爆炸抑制系统由能检测初始爆炸的传感器和压力式的灭火剂罐组成。灭火剂罐通过传感装置动作，在尽可能短的时间内，把灭火剂均匀地喷射到应保护的容器里，爆炸燃烧被扑灭，控制住爆炸的发生。爆炸燃烧能自行进行检测，并在停电后的一定时间里仍能继续进行工作。

4. 防火防爆安全装置及技术

为防止火灾爆炸的发生，阻止其扩展和减少破坏，已研制出许多防火防爆和防止火焰、爆炸扩展的安全装置。防火防爆安全装置可以分为阻火隔爆装置与防爆泄压装置两大类。

（1）阻火隔爆装置。阻火隔爆是通过某些隔离措施防止外部火焰进入可燃爆炸物料的系统、设备、容器及管道内，或者阻止火焰在系统、设备、容器及管道之间蔓延。按照作用机理，可分为机械隔爆和化学抑爆两类。机械隔爆是依靠某些固体或液体物质阻隔火焰的传播；化学抑爆主要是通过释放某些化学物质来抑制火焰的传播。

机械阻火隔爆装置主要有阻火器、主动式隔爆装置和被动式隔爆装置等。其中阻火器装于管道中，形式最多，应用也最为广泛。

1）阻火器。工业阻火器分为机械阻火器、液封和料封阻火器。工业阻火器常用于阻止爆炸初期火焰的蔓延。一些具有复合结构的机械阻火器也可阻止爆轰火焰的传播。

2）主动式隔爆装置。主动式（监控式）隔爆装置由一灵敏的传感器探测爆炸信号，经放大后输出给执行机构，控制隔爆装置喷洒抑爆剂或关闭阀门，从而阻隔爆炸火焰的传播。

3）被动式隔爆装置。被动式隔爆装置是由爆炸波来推动隔爆装置的阀门或闸门来阻隔火焰。

4）其他阻火隔爆装置

①单向阀。单向阀的作用是仅允许气体或液体向一个方向流动，遇到倒流时即自行关闭，从而避免在燃气或燃油系统中发生液体倒流，或高压窜入低压造成容器管道的爆裂，或发生回火时火焰倒吸和蔓延等事故。

②阻火阀门。阻火阀门是为了阻止火焰沿通风管道或生产管道蔓延而设置的阻火装置。在正常情况下，阻火闸门受环状或者条状的易熔金属的控制，处于开启状态。一旦着火，温度升高，易熔金属即会熔化，此时闸门失去控制，受重力作用自动关闭，将火阻断在闸门一边。

③火星熄灭器（防火罩、防火帽）。在可能产生火星设备的排放系统，如汽车、拖拉机的尾气排放管上等，安装火星熄灭器，用于防止飞出的火星引燃可燃物料。

烟气由管径较小的管道进入管径较大的火星熄灭器中，气流由小容积进入大容积，致使流速减慢、压力降低，烟气中携带的体积、质量较大的火星就会沉降下来，不会从烟道飞出；在火星熄灭器中设置网格等障碍物，将较大、较重的火星挡住，或者采用设置旋转叶轮等方法改变烟气流动方向，增加烟气所走的路程，以加速火星的熄灭或沉降；用喷水或通水蒸气的方法熄灭火星。

5）化学抑制防爆装置。化学抑爆是在火焰传播显著加速的初期，通过喷洒抑爆剂来抑制爆炸的作用范围及猛烈程度的一种防爆技术。它可用于装有气相氧化剂中可能发生爆燃的气体、油雾或粉尘的任何密闭设备。例如，加工设备（如反应容器、混合器、搅拌器、研磨机、干燥器、过滤器及除尘器等）、储藏设备（如常压或低压罐、高压罐等）、装卸设备（如气动输送机、螺旋输送机、斗式提升机等）、试验室和中间试验厂的设备（如通风柜、试验台等），以及可燃粉尘气力输送系统的管道等。

（2）防爆泄压装置。生产系统内一旦发生爆炸或压力骤增时，可通过防爆泄压设施将超高压力释放出去，以减少巨大压力对设备、系统的破坏。防爆泄压装置主要有安全阀、爆破片等。

1）安全阀。当容器和设备内的压力升高超过安全规定的限度时，安全阀即自动开启，泄出部分介质，降低压力至安全范围内再自动关闭，从而实现设备和容器内压力的自动控制，防止设备和容器的破裂爆炸。

2）爆破片（又称防爆膜、防爆片）。爆破片是一种断裂型的安全泄压装置，当设备、容器及系统因某种原因压力超限时，爆破片即被破坏，使过高的压力泄放出来，以防止设备、容器及系统受到破坏。爆破片的使用是一次性的，如果被破坏，需要重新安装。

凡有重大爆炸危险性的设备、容器及管道，都应安装爆破片。

第三节　机械安全技术

机械设备无处不在、无时不用，是人类进行生产经营活动不可或缺的重要工具和手段。现代机械科技含量高，是机、电、光、液等多种技术集成的复杂系统。机械在减轻劳动强度给人们带来高效、方便的同时，也带来了不安全因素。任何利用机械在进行生产或服务活动时都伴随着安全风险，机械安全问题越来越受到人们的重视。

一、机械的组成和状态

机械是机器与机构的总称，是由若干个相互联系的零部件按一定规律装配起来，能够实现一定功能的装置。像筷子、扫帚以及镊子一类的物品都可以被称为机械，它们是简单机械，而复杂机械是由两种或两种以上的简单机械构成，通常把这些比较复杂的机械叫作机器。机构是指两个或两个以上的构件通过活动连接以实现规定运动的构件组合。

1. 机械的基本概念

机械是由若干个零部件连接构成，其中至少有一个零部件是可运动的，并且配备或预定配备动力系统，是具有特定应用目的的组合。机械主要包括以下几类：

（1）单台的机械。例如，木材加工机械、金属切削机床、起重机等。

（2）实现完整功能的机组或大型成套设备。即为同一目的由若干台机械组合成一个综合整体，如自动生产线、加工中心、组合机床等。

（3）可更换设备。可以改变机械功能的、可拆卸更换的、非备件或工具设备，这些设备可自备动力或不具备动力。

机械是机器、机构等的泛称。机械往往指一类机器（如工程机械、加工机械、化工机械、建筑机械等）。机器常常指某种具体的机械产品（如数控机床、起重机、注塑机等）。机构一般指机器的某组成部分，可实现某种特定运动（如四连杆机构、传动机构等）。生产设备是更广义的概念，指生产过程中，为生产、加工、制造、检验、运

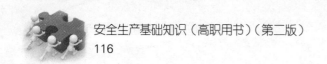

输、安装、储存、维修产品而使用的各种机器、设施、工机具、仪器仪表、装置和器具的总称。

机械安全是指在机械生命周期所有阶段，按规定的预定使用条件执行其功能的安全。即在风险已被充分减小（符合法律法规要求并考虑现有技术水平的风险减小）的机器的寿命周期内，机器执行其预定功能和在运输、安装、调整、维修、拆卸、停用以及报废时，不产生损伤或危害健康的能力。机械安全由组成机械的各部分及整机的安全状态来保证，由使用机械的人的安全行为来保证，由人—机的和谐关系来保证。

2. 机械的组成

机械的种类繁多，其最基本的组成规律是：原动机将各种形式的能量变为机械能输入，经过传动装置转换为适宜的力或速度后传递给执行机构，执行机构与物料直接作用，完成作业或服务任务。其组成如图 3-3-1 所示。

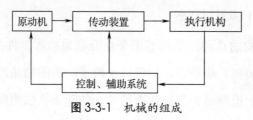

图 3-3-1 机械的组成

（1）原动机。原动机泛指消耗能量产生动力的装置，是为机械提供工作运动的动力源。常见的原动机有电动机、内燃机等。

（2）传动装置。传动装置是用来将原动机和工作机构联系起来，传递运动和力（力矩），或改变运动形式的机构。一般情况是将原动机的高转速、小转矩，转换成执行机构需要的较低速度和较大的力（力矩）。常见的传动机构有齿轮传动、带传动、链传动、曲柄连杆机构等。

（3）执行机构。执行机构是通过刀具或其他器具与物料的相对运动或直接作用，来改变物料的形状、尺寸、状态或位置的机构。应用机械的目的主要是通过执行机构来实现，机器种类不同，其执行机构的结构和工作原理也不相同，如钻床的执行机构是高速旋转的钻头，刨床的执行机构是往复直线运动的刨刀等。

（4）控制系统。控制系统是用来操纵和控制机械的系统，可操纵机械的启动、制动、换向、变速等运动形式，控制机械的压力、温度、速度等工作参数。它包括各种操纵器和显示器，人通过操纵器来控制机器，显示器可以把机器的运行情况反馈给人。

（5）辅助系统。机械的安全防护装置、安全保护系统、润滑系统、冷却系统、工作照明等均是机械不可或缺的辅助系统。

二、机械分类

按照机械的使用用途，可以将机械大致分为 10 类。

1. 动力机械

动力机械指用作动力来源的机械，也就是原动机。如机器中常用的电动机、内燃机、蒸汽机以及在无电源的地方使用的联合动力装置。

2. 金属切削机械

金属切削机械指对机械零件的毛坯进行金属切削加工用的机械。根据其工作原理、结构性能特点和加工范围的不同，又分为车床、钻床、镗床、磨床、齿轮加工机床、螺纹加工机床、铣床、刨（插）床、拉床、电加工机床、锯床和其他机床 12 类。

3. 金属成型机床

金属成型机床指除金属切削加工以外的加工机械。如锻压机械、铸造机械等。

4. 交通运输机械

交通运输机械指用于长距离载人和物的机械。如汽车、火车、船舶和飞机等交通工具。

5. 起重运输机械

起重运输机械指用于在一定距离内运移货物或人的提升和搬运机械。如各种起重机、运输机、升降机、卷扬机等。

6. 工程机械

凡土石方施工工程、路面建设与养护、流动式起重装卸作业和各种建筑工程所需的综合性机械化施工工程所必需的机械装备通称为工程机械。如挖掘机、铲运机、工程起重机、压实机、打桩机、钢筋切割机、混凝土搅拌机、路面机、凿岩机、线路工程机械以及其他专用工程机械等。

7. 农业机械

农业机械指用于农、林、牧、副、渔业等生产的机械。如拖拉机、林业机械、牧业机械、渔业机械等。

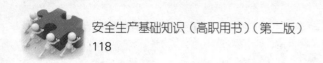

8. 通用机械

通用机械指广泛用于工农业生产各部门、科研单位、国防建设和生活设施中的机械。如泵、风机、压缩机、阀门、真空设备、分离机械、减（变）速机、干燥设备、气体净化设备等。

9. 轻工机械

轻工机械指用于轻工、纺织等部门的机械。如纺织机械、食品加工机械、印刷机械、制药机械、造纸机械等。

10. 专用机械

专用机械指国民经济各部门生产中所特有的机械。如冶金机械、采煤机械、化工机械、石油机械等。

三、机械使用过程中的危险有害因素

机械使用过程中的危险可能来自机械设备和工具自身、原材料、工艺方法和使用手段、人对机器的操作过程，以及机械所在场所和环境条件等多方面，可分为机械性危险和非机械性危险。

1. 机械性危险

机械性危险包括与机器、机器零部件（包括加工材料夹紧机构）或其表面、工具、工件、载荷、飞射的固体或流体物料有关的可能会导致挤压、剪切、碰撞、切割或切断、缠绕、碾压、吸入或卷入、冲击、刺伤或刺穿、摩擦或磨损、抛出、绊倒和跌落、高压流体喷射等的危险。

产生机械性危险的条件因素主要有：

（1）形状或表面特性。如锋利刀刃、锐边、尖角形等零部件、粗糙或光滑表面。

（2）相对位置。如由于机器零部件运动可能产生挤压、剪切、缠绕区域的相对位置。

（3）动能。如具有运动（速度、加速、减速）以及运动方式（平动、交错运动或旋转运动）的机器零部件与人体接触，零部件由于松动、松脱、掉落或折断、碎裂、甩出。

（4）势能。如在重力影响下的势能、弹性元件的势能释放、在压力或真空下的液体或气体的势能、高压流体（液压和气动）压力超过系统元器件额定安全工作压力等。

（5）质量和稳定性。如机器抗倾翻性或移动机器防风抗滑的稳定性。

（6）机械强度不够导致的断裂或破裂。

（7）料堆（垛）坍塌、土岩滑动造成掩埋所致的窒息危险等。

2.非机械性危险

非机械性危险主要包括电气危险（如电击、电伤）、温度危险（如灼烫、冷冻）、噪声危险、振动危险、辐射危险（如电离辐射、非电离辐射）、材料和物质产生的危险、未履行安全人机工程学原则而产生的危险等。

在对机械设备及其生产过程中存在的危险进行识别并预测可导致的事故时，应注意伤害事故概念的界定范围。

四、机械危险部位及防护对策

生产操作中，机械设备的运动部分是最危险的部位，尤其是那些操作人员易接触到的运动的零部件；此外，机械加工设备的加工区也是危险部位。

1.转动的危险部位及其防护

（1）转动轴（无凸起部分）。当轴旋转时，无论其多光滑，都可能会将松散的衣物等挂住，并将其缠绕在轴上。由于没有适当的位置来安装固定式防护装置，一般是通过在光轴的暴露部分安装一个松散的、与轴具有 12 mm 净距的护套来对其进行防护，护套和轴可以相互滑动。为安装方便，护套沿轴向被分成两部分，将其覆盖在轴上，并用圆形卡子或者强力胶带将两部分联结起来，如图 3-3-2 所示。

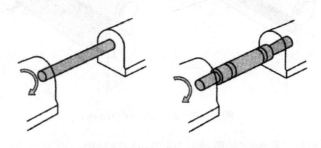

图 3-3-2　转动轴（无凸起部分）的防护措施

（2）转动轴（有凸起部分）。在旋转轴上的凸起物不仅能挂住衣物，造成缠绕，而且当人体和凸起物相接触时，还会对人体造成伤害。具有凸起物的旋转轴应利用固定式防护罩进行全面封闭，如图 3-3-3 所示。

图 3-3-3　转动轴（有凸起部分）的防护措施

（3）对旋式轧辊。即使相邻轧辊的间距很大，但是操作人员的手、臂以及身体都有可能被卷入。一般采用钳型防护罩进行防护，如图 3-3-4 所示。

 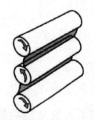  

图 3-3-4　对旋式轧辊的防护措施

（4）牵引辊。当操作人员向牵引辊送入材料时，人们需要靠近这些转辊，其风险较大。可以安装一个钳型条，通过减少间隙来提供保护，通过钳型条上的开口，便于材料的输送，如图 3-3-5 所示。

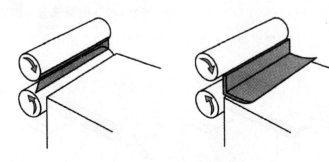

图 3-3-5　牵引辊的防护措施

（5）辊式输送机（辊轴交替驱动）。应该在驱动轴的下游安装防护罩。如果所有的辊轴都被驱动，将不存在卷入的危险，故无须安装防护装置，如图 3-3-6 所示。

（6）轴流风扇（机）。安装在通风管道内部的轴流风扇（机）不存在危险。开放式叶片是危险的，需要使用防护网来进行防护。防护网的网孔应足够大，使得空气能有效通过；同时网孔还要足够小，能有效防止手指接近叶片，如图 3-3-7 所示。

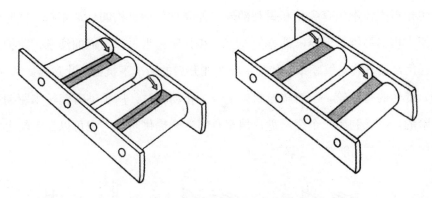

图 3-3-6　辊式输送机的防护措施

（7）径流通风机。安装在通风管道内部的风机不存在危险。通向风扇的进风口应该被一定长度的导管所保护，并且其入口应覆盖防护网。导管的长度和网孔的尺寸必须能够防止手指和手臂接近转动的叶片，如图 3-3-8 所示。

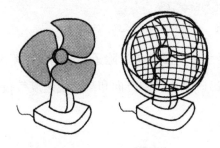

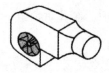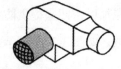

图 3-3-7　轴流风扇的防护措施　　　　**图 3-3-8**　径流通风机的防护措施

（8）啮合齿轮。机械设备的大部分齿轮都是包含在机框内的，由于其密闭性，这些齿轮是安全的。暴露的齿轮应使用固定式防护罩进行全面的保护，如图 3-3-9 所示。

图 3-3-9　啮合齿轮的防护措施

齿轮传动机构必须装置全封闭型的防护装置。机器外部绝不允许有裸露的啮合齿轮，在设计和制造机器时，应尽量将齿轮装入机座内，而不使其外露。防护装置材料可用钢板或铸造箱体，必须坚固牢靠，保证在机器运行过程中不发生振动。要求装置

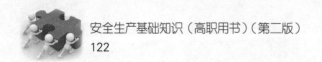
合理，防护罩壳体不应有尖角和锐利部分，外壳与传动机构的外形相符，同时应便于开启，便于机器的维护保养，能方便地打开和关闭。为引起人们的注意，防护罩内壁应涂成红色，最好装电气联锁，使防护装置在开启的情况下机器停止运转。

（9）旋转的有辐轮。当有辐轮附属于一个转动轴时，用手动有辐轮来驱动机械部件是危险的。可以利用一个金属盘片填充有辐轮来提供防护，也可以在手轮上安装一个弹簧离合器，使轴能够自由转动，如图 3-3-10 所示。

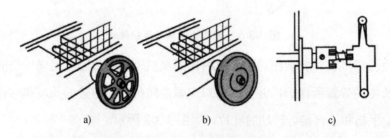

图 3-3-10 旋转有辐轮的防护措施
a）有辐轮 b）使用金属盘片填充的有辐轮 c）使用弹簧离合器的有辐轮

（10）砂轮机。无论是固定式砂轮机，还是手持式砂轮机，除了其磨削区域附近，均应加以密闭来提供防护。在其防护罩上应标出砂轮旋转的方向和最高线速度等技术参数，如图 3-3-11 所示。

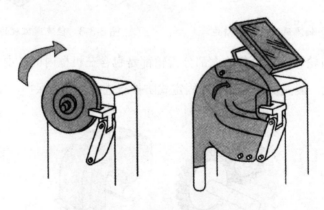

图 3-3-11 砂轮机的防护措施

（11）旋转的刀具。旋转的刀具应该被包含在机器内部（如卷筒裁切机）。在使用手工送料时，应尽可能减少刀刃的暴露，并使用背板进行防护。当加工的材料是可燃物时，产生碎屑的场所应该有适当的防火措施。当需要拆卸刀片时，应使用特殊的卡具和手套来提供防护。

2. 直线运动的危险部位及其防护

（1）切割刀刃。切割纸张、塑料等材料的刀刃极其锋利，具有较高的危险性，应使其暴露部分尽可能少。当需要对刀具进行维护时，需要提供特殊的卡具。

（2）砂带机。砂带机的砂带应该向远离操作者的方向运动，并且具有止逆装置，仅将工作区域暴露出来，靠近操作人员的端部应进行防护，如图 3-3-12 所示。

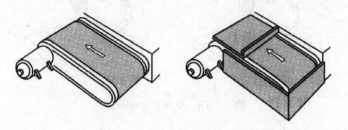

图 3-3-12　砂带机的防护措施

（3）机械工作台和滑枕。具有运动平板或者滑枕的机械设备应该被合理布置，当其动平板（或者滑枕）达到极限位置时，平板（或者滑枕）的端面距离应和固定结构的间距不能小于 500 mm，以免造成挤压，如图 3-3-13 所示。

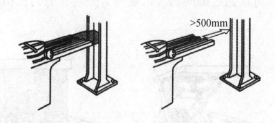

图 3-3-13　运动工作平台的防护措施

（4）配重块。当使用配重块时，应对其全部行程加以封闭，直到地面或者机械的固定配件处，避免形成挤压陷阱，如图 3-3-14 所示。

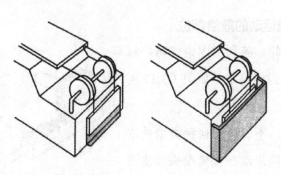

图 3-3-14　配重块的防护措施

（5）带锯机。可调节的防护装置应该装置在带锯机上，仅用于材料切割的部分可以露出，如图 3-3-15 所示。

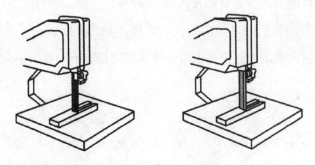

图 3-3-15　带锯机的防护措施

（6）冲压机和铆接机。这些机械设备可能需要操作人员手持工件靠近冲击头，需要为这些机械提供能够感知手指存在的特殊失误防护装置。

（7）剪刀式升降机。在操作过程中，主要的危险在于邻近的工作平台和底座边缘间形成的剪切和挤压陷阱，可利用帘布加以封闭。在维护过程中，主要的危险在于剪刀机构的意外闭合，可以通过障碍物（木块等）来防止剪刀机构的闭合，如图 3-3-16 所示。

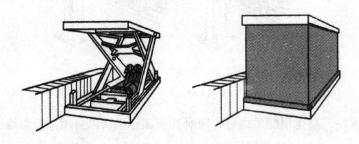

图 3-3-16　剪刀式升降机的防护措施

3. 转动和直线运动的危险部位

（1）齿条和齿轮。应利用固定式防护罩将齿条和齿轮全部封闭起来，如图 3-3-17 所示。

（2）皮带传动。不管使用何种类型的皮带，皮带传动的危险出现在皮带接头及皮带进入到皮带轮的部位。这种驱动还会因摩擦

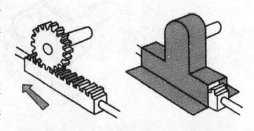

图 3-3-17　齿条和齿轮的防护措施

而生热。采用的防护措施必须能够保证足够的通风，否则，这种驱动会因过热而失效。焊接金属网是一种适用的防护，可能需要一个支撑框架，其安装位置应能保证手指不会触及皮带，如图 3-3-18 所示。

图 3-3-18　皮带传动的防护措施

皮带传动装置防护罩可采用金属骨架的防护网，与皮带的距离不应小于 50 mm，设计应合理，不应影响机器的运行。一般传动机构离地面 2 m 以下，应设防护罩。但在下列 3 种情况下，即使在离地面 2 m 以上也应加以防护：皮带轮中心距之间的距离在 3 m 以上；皮带宽度在 15 cm 以上；皮带回转的速度在 9 m/min 以上。这样，万一皮带断裂，不至于伤人。皮带接头必须牢固可靠，安装皮带应松紧适宜。皮带传动机构的防护可采用将皮带全部遮盖起来的方法或采用防护栏杆防护。

（3）输送链和链轮。危险来自输送链进入到链轮处以及链齿。采取的防护措施应能防止接近链轮的锯齿和输送链进入到链轮部位，如图 3-3-19 所示。

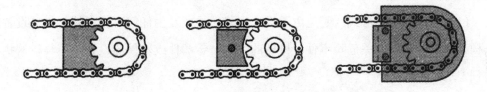

图 3-3-19　输送链和链轮的防护措施

五、实现机械安全的途径与对策措施

机械设备安全应考虑其寿命的各个阶段，包括机械产品的安全和机械使用的安全两个阶段。机械产品的安全是通过设计、制造等环节实现；机械使用的安全主要体现在执行预定功能的正常使用，包括安装、调整、查找故障和维修、拆卸及报废处理等环节。机械设备安全应考虑机器的正常作业状态、非正常状态和一切可能的其他状态。特别指出，决定机械产品安全性的关键是设计阶段采用安全措施，还要通过使用阶段

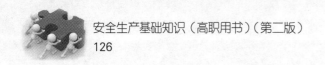

采用安全措施来最大限度减小风险。

实现机械设备安全应遵循以下两个基本途径：选用适当的设计结构，尽可能避免危险或减小风险；通过减少对操作者涉入危险区的需要，限制人们面临危险，避免给操作者带来不必要的体力消耗、精神紧张和疲劳。

消除或减小相关的风险，应按下列等级顺序选择安全技术措施，即"三步法"。

第一步：本质安全设计措施，也称直接安全技术措施，指通过适当选择机器的设计特性和暴露人员与机器的交互作用，消除或减小相关的风险。此步是风险减小过程中的第一步，也是最重要的步骤。

第二步：安全防护或补充保护措施，也称间接安全技术措施。如果仅通过本质安全设计措施不足以减小风险时，可采用用于实现减小风险目标的安全防护或补充保护措施。

第三步：使用信息，也称提示性安全技术措施。如果以上两步技术措施不能实现或不能完全实现时，应使用信息明确警告剩余风险，说明安全使用设备的方法和相关的培训要求等。

1. 采用本质安全技术

本质安全技术是指通过改变机器设计或工作特性，来消除危险或减小与危险相关的风险的保护措施。

（1）合理的结构形式。避免由于设计缺陷而导致发生任何可预见的与机械设备的结构设计不合理的有关危险事件。机械的结构、零部件或软件的设计应该与机械执行的预定功能相匹配。

1）机器零部件形状。在不影响预定使用功能的前提下，可接近的机械部件避免有可能造成伤害的锐边、尖角、粗糙面、凸出部位；对可能造成"陷入"的机器开口或管口端进行折边、倒角或覆盖。

2）运动机械部件相对位置设计。满足安全距离的原则，防止在可涉及的危险部位造成人员受到挤压或剪切伤害。通过加大运动部件之间的最小间距，使得人体的相应部位可以安全进入；或通过减小其间距，使人体的任何部位不能进入，从而避免挤压和剪切危险。

3）足够的稳定性。在机器生命周期的各个阶段内都应考虑机器的稳定性，考虑因素有：机器底座的几何形状、包括载荷在内的质量分布；由于机器部件、机器本身或机器所夹持部件运动引起的振动或重心摆动和产生倾覆力矩的动态力；设备行走或安装地点（如地面条件、斜坡）的支承面特征。

（2）限制机械应力以保证足够的抗破坏能力。组成机械的所有零、构件，通过优化结构设计来达到防止由于应力过大破坏或失效过度变形，或失稳倾覆、垮塌引起故障或引发事故。

1）专业符合性要求。机械设计与制造应满足专业标准或规范符合性要求，包括选择机械的材料性能数据、设计规程、计算方法和试验规则等。

2）足够的抗破坏能力。机械的各组成受力零部件及其连接应保证足够安全系数，使机械应力不超过许用值，在额定最大载荷或工作循环次数下，应满足强度、刚度、抗疲劳性和构件稳定性要求。

3）连接紧固可靠。螺栓连接、焊接、铆接或粘接等连接方式，保证结合部的连接强度、配合精度和密封要求，防止运转状态下连接松动、破坏、紧固失效。

4）防止超载应力。通过在传动链预先采用"薄弱环节"预防超载，例如，采用易熔塞、限压阀、断路器等限制超载应力，保障主要受力件避免破坏。

5）良好的平衡和稳定性。通过材料的均匀性和回转精度，防止在高速旋转时引起振动或回转件的不平衡运动；在正常作业条件下，机械的整体应具有抗倾覆或防风抗滑的稳定性。

（3）使用本质安全的工艺过程和动力源。本质安全工艺过程和本质安全动力源是指这种工艺过程和动力源自身是安全的。

1）爆炸环境中的动力源。应采用全气动或全液压控制操纵机构，或采用"本质安全"电气装置，避免一般电气装置容易出现火花而导致爆炸的危险。

2）采用安全的电源。电气部分应符合有关电气安全标准的要求，防止电击、短路过载和静电的危险。

3）防止与能量形式有关的潜在危险。采用气动、液压、热能等装置的机械，应避免因压力损失、压力降低或真空度降低而导致危险；所有元件（尤其是管子和软管）及其连接密封和防护，不因泄漏或元件失效而导致流体喷射；气体接收器、储气罐或承压容器及元件，在动力源断开时应能自动卸压、提供隔离措施或局部卸压及压力指示措施，以防剩余压力造成危险。

4）改革工艺控制有害因素。消除或降低噪声、振动源（如用焊接代替铆接，用液

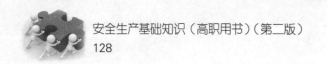

压成形代替锤击成形工艺），控制有害物质的排放（如用颗粒代替粉末、铣代替磨工艺，以降低粉尘）等。

（4）控制系统的安全设计。控制系统的安全设计应符合下列原则和方法。

1）控制系统的设计。应与所有机器电子设备的电磁兼容性相关标准一致，防止由于不合理的设计或控制系统逻辑的恶化、控制系统的零件由于缺陷而失效、动力源的突变或失效等原因，导致意外启动或制动、速度或运动失控；其零部件应能承受在预定使用条件下的各种应力和干扰。

2）软、硬件的安全。软件（包括内部操作或系统软件和应用软件）和硬件（包括传感器、执行器、逻辑运算器等）的选择、设计和安装，应符合安全功能的性能规范的要求；不宜由用户重新编程的应用软件，可在不可重新编程的存储器中使用嵌入式软件；需要用户重新编程时，宜限制访问涉及安全功能的软件（如设置锁或授权人员的密码），不可因软件的设计瑕疵，引起数据丢失或死机。

3）提供多种操作模式及模式转换功能。不仅考虑执行预定功能的正常操作需要的控制模式，还要考虑非正常作业（设定、示教、过程转换、故障查找、清洗或维护的控制模式）的需要。

4）手动控制器的设计和配置应符合安全人机学原则。控制装置和操作位置的定位应使操作者对工作区或危险区直接观察范围最大，以便发现险情及时停机；手动控制器应配置在安全可达的位置，并设置在危险区以外（紧急停止装置、移动控制装置等除外），手动启动装置附近均应配置相应的停止控制装置，还应配备主系统失效时用于减速或停机的紧急停机装置。

5）考虑复杂机器的特定要求。例如，动力中断后的自保护系统或重新启动的原则、定向失效模式、关键件的加倍（或冗余）设置，可重编程序控制系统中安全功能的保护、防止危险的误动作措施，以及采用自动监控、报警系统等措施。

（5）材料和物质的安全性。材料和物质的安全性包括生产过程各个环节所涉及的各类材料（包括组成机器自身的材料、燃料加工原材料、中间或最终产品、添加物、润滑剂、清洗剂，与工作介质或环境介质反应的生成物及废弃物等），应满足以下要求。

1）材料的力学性能承载能力。如抗拉强度、抗剪强度、冲击韧性、屈服极限等，应能满足执行预定功能的载荷（如冲击、振动、交变载荷等）作用的要求。

2）对环境的适应性。在预定的环境条件下工作时，应考虑温度、湿度、日晒、风化、腐蚀等环境影响，材料物质应有抗腐蚀、耐老化、抗磨损的能力，不致因物理性、化学性、生物性的影响而失效。

3）避免材料的毒性。在人员合理暴露的场所，应优先采用无毒和低毒的材料或物质，防止机器自身或在使用过程中产生的气、液、粉尘、蒸气或其他物质造成的风险；材料和物质的毒害物成分、浓度应低于安全卫生标准的规定，对不可避免的毒害物（如粉尘、有毒物、辐射、放射性、腐蚀等）应在设计时考虑采取密闭、排放（或吸收）、隔离、净化等措施，不得危及人员的安全健康或对环境造成污染。

4）防止火灾和爆炸风险。对可燃、爆的液体、气体材料，应设计使其在填充、使用回收或排放时减小风险或无危险；在液压装置和润滑系统中，使用阻燃液体（特别是高温环境中的机械）。

（6）机械的可靠性设计。一是机械设备要尽量少出故障，即设备的可靠性；二是出了故障要容易修复，即设备的维修性。可靠性指标包括机器的无故障性、耐久性、维修性、可用性和经济性等几个方面，人们常用可靠度、故障率、平均寿命（或平均无故障工作时间）、维修度等指标表示。可靠性好则可降低发生事故的频率，从而减少人员暴露于危险。

1）使用可靠性已知的安全相关组件。指在预定使用、环境条件下，在固定的使用期限或操作次数内，能够经受住所有有关的干扰和应力，而且产生失效概率小的组件。需要考虑的环境条件包括冲击、振动、冷、热、潮湿、粉尘、腐蚀或磨蚀材料、静电、电磁场。由此产生的干扰包括失效、控制系统组件的功能暂时或永久失效。

2）关键组件或子系统加倍（或冗余）和多样化设计。当一个组件失效时，另一个组件或其他多个组件能继续执行各自的功能，保证安全功能继续有效。采用多样化的设计或技术，避免共因失效（由单一事件引发的不同产品的失效，这些失效不互为因果）或共模失效（可能由不同原因引起，以相同故障模式为特征的产品失效）。

3）操作的机械化或自动化设计。可通过机器人、搬运装置、传送机构、鼓风设备实现自动化，可通过进料滑道、推杆和手动分度工作台等实现机械化。减少人员在操作点暴露于危险，而限制由这些操作产生的风险。

4）机械设备的维修性设计。设计应考虑机械的维修性，当产品一旦出故障，易发现、易拆卸、易检修、易安装，维修性是产品固有可靠性的指标之一。维修性设计应考虑以下要求：将维护、润滑和维修设定点放在危险区之外；检修人员接近故障部位进行检查、修理、更换零件等维修作业的可达性，即安装场所可达性（有足够的检修活动空间）、设备外部的可达性（考虑封闭设备用于人员进行检修的开口部分的结构及其固定方式）、设备内部的可达性（设备内部各零、组部件之间的合理布局和安装空间）；零、组部件的标准化与互换性，同时必须考虑维修人员的安全。

（7）遵循安全人机工程学的原则。在机械基础设计阶段，对操作者和机器进行功能分配时，应遵循安全人机工程学原则，考虑预定使用机器人—机相互作用的所有要素，以减轻操作者心理、生理压力和紧张程度。

1）操作台和作业位置应考虑人体测量尺寸、力量和姿势、运动幅度、重复动作频率、易用性等，尤其是手持和移动式机器的设计，应考虑到人力的可及范围、控制机构的操纵，以及人的手、臂、腿等的解剖学结构。

2）避免操作者在机器使用过程中的紧张姿势和动作，避免将操作者的工作节奏与自动的连续循环连在一起。

3）当机器和（或）其防护装置的结构特征使得环境照明不足时，应在机器上或其内部提供调整设置区及日常维护区的局部照明。应避免会引起风险的眩光、阴影和频闪效应。若光源的位置在使用中需进行调整，则其位置不应对调整者构成任何危险。

4）手动控制操纵装置的选用、配置和标记应满足以下要求：必须清晰可见、可识别，且作用明确，必要处适当加标志；其布局、行程和操作阻力与所要执行的操作相匹配，能安全地即时操作；按钮的位置、手柄和手轮运动与它们的作用应是恒定的；操作时不会引起附加风险。

5）指示器、刻度盘和视觉显示装置的设计与配置应符合以下要求：信息装置应在人员易于感知的参数和特征范围之内，含义确切、易于理解，显示耐久、清晰；使操作者和机器间的相互作用尽可能清楚、明确，且在操作位置便于察看、识别和理解。

2. 安全防护措施

安全防护措施是指从人的安全需要出发，采用特定技术手段，防止仅通过本质安全设计措施不足以减小或充分限制各种危险的安全措施，包括防护装置、保护装置及其他补充安全保护措施。

安全防护的重点是机械的传动部分及机械的其他运动部分、操作区、高处作业区、移动机械的移动区域，以及某些机器由于特殊危险形式需要特殊防护等。某些安全防护装置还可用于避免多种危险（防止机械伤害，同时也用于降低噪声等级和收集有毒排放物）。采用何种手段防护，应根据对具体机器进行风险评价的结果来决定。

（1）防护装置。通常采用壳、罩、屏、门、盖、栅栏等结构和封闭式装置，用于提供保护的物理屏障，将人与危险隔离，为机器的组成部分。

1）防护装置的功能

①隔离作用。防止人体任何部位进入机械的危险区触及各种运动零部件。

②阻挡作用。防止飞出物打击、高压液体意外喷射，或防止人体灼烫、腐蚀伤害等。

③容纳作用。接受可能由机械抛出、掉落、射出的零件及其破坏后的碎片等。

④其他作用。在有特殊要求的场合，还应对电、高温、火、爆炸物、振动、辐射粉尘、烟雾、噪声等具有特别阻挡、隔绝、密封、吸收或屏蔽作用。

2）采用安全防护装置可能产生的附加危险。安全防护装置可能带来附加危险。在设计时，应注意以下因素带来的附加危险，并采取措施予以避免。

①安全防护装置出现故障、失效而丧失其保护功能，能使人员暴露于危险而增加伤害的风险。

②安全防护装置在减轻操作者精神压力的同时，也使操作者形成心理依赖，放松对危险的警惕性，或由于影响操作等原因使人员废弃这些装置。

③由动力驱动的安全防护装置，其运动零部件或易于下落的重型防护装置可能产生机械伤害的危险。

④安全防护装置的自身结构存在安全隐患，如尖角、锐边、突出部分等危险。

⑤由于安全防护装置与机器运动部分安全距离不符合要求而导致的危险。

3）安全防护装置的一般要求。在人和危险之间构成安全保护屏障是安全防护装置的基本安全功能，为此，安全防护装置必须满足与其保护功能相适应的要求。

①满足安全防护装置的功能要求。应保证在机器的整个可预见的使用寿命期内能良好地执行其功能；便于检查和修理，能够更换失效材料和性能下降的零部件，保证装置的可靠性；其功能除了防止机械性危险外，还应能防止由机械使用过程中产生的其他各种非机械性危险。

②构成元件及安装的抗破坏性。结构体应有足够的强度和刚度，坚固耐用，不易损坏，能有效抵御飞出物的打击危险或外力作用下发生不应有的变形；应与机器的工作环境相适应，结构件无松脱、裂损、腐蚀等危险隐患。

③不应成为新的危险源。可能与使用者接触的各部分不应产生对人员的伤害或阻滞（如避免尖棱利角、加工毛刺、粗糙的边缘等）；防止有害物质（流体、切屑、粉尘、烟气、辐射等）的泄漏和遗散；不增加任何附加危险。

④不应出现漏保护区。不易拆卸（或非专用工具不能拆除）；不易被旁路或避开。

⑤满足安全距离的要求。使人体各部位（特别是手或脚）无法逾越接触危险，同时防止挤压或剪切。

⑥不影响机器的预定使用。不得与机械任何正常可动零部件产生运动抵触；对机器使用期间各种模式的操作产生的干扰最小，不因采用安全防护装置增加操作难度或强度；对观察生产过程的视野障碍最小。

⑦遵循安全人机工程学原则。防护装置的结构尺寸及安装的安全距离应满足人体测量参数的要求，其可移除部分的尺寸和质量应易于装卸；不易用手移动和搬运的应考虑适于由升降设备运送的辅助装置；活动式防护装置或其中可移除部分应便于操作。

⑧满足某些特殊工艺要求。在某些应用场合，如食品、药品、电子及相关工业中，防护装置的设计应使其能排出加工过程中的污物；特别在食品和药品加工机械中使用时，使用的材料和涂层应对所装存物质或材料不产生有毒、污染等卫生方面的危险，安全而且便于清洗。

4）防护装置的类型。防护装置可以单独使用，也可与带或不带防护锁定的联锁装置结合使用。按使用方式可分为以下几种：

①固定式防护装置。保持在所需位置（关闭）不动的防护装置，不用工具不能将其打开或拆除。

②活动式防护装置。通过机械方法（如铁链、滑道等）与机器的构架或邻近的固定元件相连接，并且不用工具就可打开。

③联锁防护装置。防护装置的开闭状态直接与防护的危险状态相联锁，只要防护装置不关闭，被其抑制的危险机器功能就不能执行，只有当防护装置关闭时，被其抑制的危险机器功能才有可能执行；在危险机器功能执行过程中，只要防护装置被打开，

就给出停机指令。

防护装置可以设计为封闭式，将危险区全部封闭，人员从任何地方都无法进入危险区；也可采用距离防护，不完全封闭危险区，凭借安全距离和安全间隙来防止或减少人员进入危险区的机会；还可设计为整个装置可调或装置的某组成部分可调。

机械传动机构常见的防护装置有用金属铸造或金属板焊接的防护箱罩，一般用于齿轮传动或传输距离不大的传动装置的防护；金属骨架和金属网制成的防护网常用于皮带传动装置的防护；栅栏式防护适用于防护范围比较大的场合，或作为移动机械移动范围内临时作业的现场防护，或高处临边作业的防护等。

5）防护装置的安全技术要求。除了满足安全防护装置的一般要求外，还应符合以下要求：

①防护装置应设置在进入危险区的唯一通道上，防护结构体不应出现漏保护区，并满足安全距离的要求，使人不可能越过或绕过防护装置接触危险。

②固定防护装置应采用永久固定（如焊接等）或借助紧固件（如螺钉、螺栓等方式）固定，若不用工具（或专用工具）不可能拆除或打开。

③活动防护装置或防护装置的活动体打开时，尽可能与被防护的机械借助铰链或导链保持连接，防止挪开的防护装置或活动体丢失或难以复原。

④当活动联锁式防护装置出现丧失安全功能的故障时，应使被其抑制的危险机器功能不可能执行或停止执行，装置失效不得导致意外启动。

⑤可调式防护装置的可调或活动部分调整件，在特定操作期间保持固定、自锁状态，不得因为机器振动而移位或脱落。

⑥在要求通过防护装置观察机器运行的场合，宜提供大小合适开口的观察孔或观察窗。

⑦防护装置的开口要求可参考《机械安全　防止上下肢触及危险区的安全距离》（GB/T 23821—2009）。

（2）保护装置。保护装置是防护装置以外的安全防护装置，通过自身的结构功能限制或防止机器的某种危险，消除或减小风险。常见的有联锁装置、双手操作式装置、能动装置、限制装置等。

1）保护装置的种类。按功能不同，保护装置可大致分为以下几类：

①联锁装置。用于防止危险机器功能在特定条件下（通常是指只要防护装置未关

闭）运行的装置。可以是机械、电气或其他类型的装置。

②能动装置。一种附加手动操纵装置，与启动控制一起使用，并且只有连续操作时，才能使机器执行预定功能。

③保持—运行控制装置。一种手动控制装置，只有当手对操纵器作用时，机器才能启动并保持机器功能。

④双手操纵装置。至少需要双手同时操作，以便在启动和维持机器某种运行的同时，针对存在的危险，强制操作者在机器运转期间，双手没有机会进入机器的危险区，以此为操作者提供保护的一种装置。

⑤敏感保护设备。用于探测人体或人体局部，并向控制系统发出正确信号以降低被探测人员风险的设备。

⑥有源光电保护装置。通过光电发射和接收元件完成感应功能的装置，可探测特定区域内由于不透光物体出现引起的该装置内光线的中断。

⑦机械抑制装置。在机构中引入的能靠其自身强度，防止危险运动的机械障碍（如楔、轴、撑杆、销）的装置。

⑧限制装置。防止机器或危险机器状态超过设计限度（如空间限度、压力限度、载荷力矩限度等）的装置。

⑨有限运动控制装置（也称行程限制装置）。与机器控制系统一起作用的，使机器元件做有限运动的控制装置。

保护装置种类很多，防护装置和保护装置经常通过联锁成为组合的安全防护装置，如联锁防护装置、带防护锁的联锁防护装置和可控防护装置等。

2）保护装置的技术特征

①保护装置零部件的可靠性应作为其安全功能的基础，在规定的使用寿命期限内，不会因零部件失效使安全装置丧失主要安全功能。

②保护装置应能在危险事件即将发生时，停止危险过程。

③重新启动的功能，即当保护装置动作第一次停机后，只有重新启动，机器才能开始工作。

④光电式、感应式保护装置应具有自检功能，当出现故障时，应使危险的机器功能不能执行或停止执行，并触发报警器。

⑤保护装置必须与控制系统一起操作并与其形成一个整体，保护装置的性能水平

应与之相适应。

⑥保护装置的设计应采用"定向失效模式"的部件或系统、考虑关键件的加倍冗余，必要时还应考虑采用自动监控。

（3）安全防护装置的选择

1）必须装设安全防护装置的机械部位

①旋转机械的传动外露部分。如传动带、砂轮、电锯、皮带轮和飞轮等，都要设防护装置。一般有防护网、防护栏杆、可动式或固定式防护罩和其他专用装置。必要时，可移动式防护罩还应有联锁装置，当打开防护罩时，危险部分立即停止运动。

②冲压设备的施压部分要安设如挡手板、拨手器联锁电钮、安全开关、光电控制等防护装置。当人体某一部分进入危险区之前，使滑块停止运动。

③起重运输设备都应有信号装置、制动器、卷扬限制器、行程限制器、自动联锁装置、缓冲器，以及梯子、平台、栏杆等。

④加工过热和过冷的部件时，为避免操作者触及过热或过冷部件，在不影响操作和设备功能的情况下，必须配置防接触屏蔽装置。

⑤生产、使用、储存或运输中存在有易燃易爆的生产设施（如锅炉、压力容器、可燃气体燃烧设备以及其他燃料燃烧设备），都要根据其不同性质配置安全阀、水位计、温度计、防爆阀、自动报警装置、截止阀、限压装置、点火或稳定火焰装置等安全防护装置。

⑥自动生产线和复杂的生产设备及重要的安全系统，都应设自动监控装置、开车预警信号装置、联锁装置、减缓运行装置、防逆转等起强制作用的安全防护装置。

⑦产生粉尘、有害气体、有害蒸气或者发生辐射的生产设备，应安设自动加料及卸料装置、净化和排放装置、监测装置、报警装置、联锁装置、屏蔽等。

⑧进行检修的机械、电气设备，都要挂上警告或危险牌。

2）安全防护装置的选择原则。选择安全防护装置的形式应考虑所涉及的机械危险和其他非机械危险，根据运动件的性质和人员进入危险区的需要来决定。对特定机器安全防护应根据对该机器的风险评价结果进行选择，如图3-3-20所示。

①机械正常运行期间操作者不需要进入危险区的场合，优先考虑选用固定式防护装置，包括进料、取料装置，辅助工作台，适当高度的栅栏，通道防护装置等。

②机械正常运转时需要进入危险区的场合，当需要进入危险区的次数较多，经常

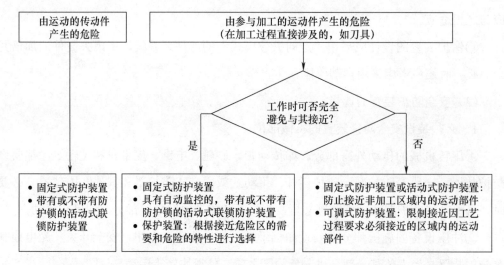

图 3-3-20 防止由运动件产生危险的安全防护装置的选择

开启固定防护装置会带来作业不便时，可考虑采用联锁装置、自动停机装置、可调防护装置、自动关闭防护装置、双手操纵装置、可控防护装置等。

3）对非运行状态的其他作业期间（如机器的设定、示教、过程转换、查找故障、清理或维修等）需进入危险区的场合，需要移开或拆除防护装置，或人为抑制安全装置功能时，可采用手动控制模式、止—动操纵装置或双手操纵装置、点动—有限的运动操纵装置等。有些情况下，可能需要几个安全防护装置联合使用。

（4）补充保护措施。补充保护措施也称附加预防措施，是指在设计机器时，除了通过设计减小风险，采用安全防护措施和提供各种使用信息外，还应另外采取的有关安全措施。

1）实现急停功能的组件和元件。根据风险评估结果，确定机器是否需要装备一个或多个急停装置，使已有或即将发生的危险状态得以避开，应满足以下要求：

①急停装置容易识别、清晰可见。急停器件为红色掌揿或蘑菇式开关、拉杆操作开关等，附近衬托色为黄色。

②急停装置应能迅速停止危险运动或危险过程而不产生附加风险，急停功能不应削弱安全装置或与安全功能有关装置的效能。

③急停装置应设有防止意外操作的措施，通常与操作控制站隔开以避免相互混淆，可设置在操作者无危险随手可及之处，也可设置在可碎玻璃壳内。

④急停装置被启动后应保持接合状态，在用手动重调之前应不可能恢复电路。

2）被困人员逃生和救援的措施。被困人员逃生和救援的措施包括并不仅限于以下情况：

①操作者陷入危险的设施中的逃生通道和躲避空间。

②设备机械急停后，提供人工移动某些元件或反向移动某些元件的措施。

③下降装置的锚定点。

④受困人员的呼救通信方式。

3）隔离和能量耗散的措施。可以采取以下技术措施手段，并通过安全工作程序验证措施是否已达到预期效果。

①将机器（或指定的机器部件）与所有动力供应隔离（脱开、分离）。

②将所有隔离单元锁定（或采用其他方式固定）在隔离位置。

③耗散能量如果不可能或不可行，应抑制（遏制）任何可增大危险的储存能量。

4）提供方便且安全搬运机器及其重型零部件的装置。无法移动或无法手搬运的机器及其零部件，应配备以下利用提升机构搬运的附属装置：

①带吊索、吊钩、吊环螺栓或用于固定螺纹孔的标准提升设备。

②采用带起重吊钩的自动抓取设备。

③通过叉车搬运的机器的叉臂定位装置。

④集成到机器内的提升和装载机构和设备。

⑤对操作中可通过手动拆除的机器部件，应提供安全移除和更换的方法。

5）安全进入机器的措施。操作及与安装、维护相关的所有常规作业尽可能由人员在地面完成。如果无法实现应提供安全进入机内的设施，并确保不会使操作者接近机器的危险区。

①步行区应尽量采用防滑材料。

②在大型自动化设备中，应特别提供如通道、输送带过桥或跨越点等安全进入的途径。

③进入位于一定高度的机器位置，应提供如楼梯、阶梯及平台的护栏或梯子的安全护笼等防止跌落的措施，必要时，还应提供防止人员从高处跌落的个体防护装备的锚定点。

④只要有可能，进入机内的开口都应朝向安全的位置，其设计应防止因意外打开产生的危险。

⑤提供必要的进入辅助设施（台阶、把手等）。控制装置的设计和位置应防止其被用作进入时的辅助设施。

⑥如果提升货物或人员的机械包含固定高度的停层时，应配备联锁防护装置，既防止在某没有平台的停层发生人员跌落，也用于防止当防护装置打开时提升平台运动。

3. 安全信息的使用

使用信息由文本、文字、标记、信号、符号或图表等组成，以单独或联合使用的形式向使用者传递信息，用以指导使用者安全、合理、正确地使用机器，警示剩余风险和可能需要应对的机械危险事件，也对不按规定要求操作或可合理预见的误用而产生的潜在风险进行警告。使用信息是机器的组成部分之一。

提供信息应涵盖机械使用的全过程，包括运输、装配和安装、试运转、使用以及必要的拆卸、停用和报废。

使用信息的类别有：标志、符号（象形图）、安全色、文字警告等；信号和警告装置；随机文件，如操作手册、说明书等。

（1）信息的使用原则

1）根据风险的大小和危险的性质。可依次采用安全色、安全标志、警告信号，直到警报器。标志、符号和文字信息应容易理解和明确无误，文字信息应采用使用机器的国家语言。在使用上，图形符号和安全标志应优先于文字信息。

2）根据需要信息的时间。提示操作要求的信息应采用简洁形式，长期固定在所需的机器部位附近；显示状态的信息应尽量与工序顺序一致，与机器运行同步出现；警告超载的信息应在负载接近额定值时，提前发出警告信息；危险紧急状态的信息应即时发出，持续的时间应与危险存在的时间一致，持续到操作者干预为止或信号的消失应随危险状态解除而定。

3）根据机器结构和操作的复杂程度。对于简单机器，一般只需提供有关标志和使用操作说明书；对于结构复杂的机器，特别是有一定危险性的大型设备，除了各种安全标志和使用说明书（或操作手册）外，还应配备有关负载安全的图表、运行状态信号，必要时提供报警装置等。

4）根据信息内容和对人视觉的作用采用不同的安全色。为使人们对周围存在的不安全因素环境、设备引起注意和警惕，需要涂以醒目的安全色。需强调的是，安全色的使用不能取代防范事故的其他安全措施。

5）满足安全人机学的原则。采用安全信息的方式和使用方法应与操作人员或暴露人员的能力相符合。只要可能，应使用视觉信号；在可能有人的感觉缺陷的场所，如盲区、色盲区、耳聋区或由于使用个人保护装备而导致出现盲区的地方，应配备可以感知有关安全信息的其他信号（如触摸、振动等信号）。

（2）安全色和安全标志。安全色和安全标志设置在工作场所和特定区域，使人们迅速注意到影响安全和健康的对象和场所，并使特定信息得到迅速理解。主要用于预防事故、防止火灾、传递危险情况信息和紧急疏散等。

1）安全色。安全色是被赋予安全意义具有特殊属性的颜色，包括红、黄、蓝、绿四种。安全色的颜色含义见表 3-3-1。

表 3-3-1　　　　　　　　　　安全色的颜色含义

颜色	颜色含义	
	人员安全	机械／过程状况
红	危险／禁止	紧急
黄	注意、警告	异常
蓝	执行	强制性
绿	安全	正常

安全色有时采用组合或对比色的方式，常用的安全色及其相关的对比色是红色—白色、黄色—黑色、蓝色—白色、绿色—白色。

①红色。红色表示禁止、停止、危险或提示消防设备、设施的信息。红色用于各种禁止标志、交通禁令标志、消防设备标志；机械的停止按钮、刹车及停车装置的操纵手柄；机械设备的裸露部位（飞轮、齿轮、皮带轮的轮辐、轮毂等）；仪表刻度盘上极限位置的刻度、危险信号旗等。

②黄色。黄色表示注意、警告的信息。黄色用于如警告标志、皮带轮及其防护罩的内壁、砂轮机罩的内壁、防护栏杆、警告信号旗等。

③蓝色。蓝色表示必须遵守规定的指令性信息。蓝色用于道路交通标志和标线中警告标志等。

④绿色。绿色表示安全的提示性信息。绿色用于如机器的启动按钮、安全信号旗

以及指示方向的提示标志，如安全通道、紧急出口、可动火区、避险处等。

⑤红色与白色相间隔的条纹。比单独使用红色更加醒目，表示禁止通行、禁止跨越的信息。主要用于交通运输等方面所使用的防护栏杆及隔离墩、液化石油气汽车槽车的条纹、固定禁止标志的标志杆上的色带。

⑥黄色与黑色相间隔的条纹。比单独使用黄色更醒目，表示特别注意的信息。应用于各种机械在工作或移动时容易碰撞的部位（如移动式起重机的外伸腿、起重臂端部、起重吊钩和配重等）、剪板机的压紧装置、冲床的滑块等有暂时或永久性危险的场所或设备、固定警告标志的标志杆上的色带等。

⑦蓝色与白色相间隔的条纹。比单独使用蓝色更醒目，表示方向、指令的安全标记，主要用于交通上的指示性导向标等。

⑧绿色与白色相间隔的条纹。比单独使用绿色更醒目，表示指示安全环境的安全标记。

2）安全标志。安全标志由图形符号、安全色和（或）安全对比色、几何形状（边框）或附以简短的文字组合构成，用于传递与安全及健康有关的特定信息或使某个对象或地点变得醒目。安全标志分为禁止标志、警告标志、指令标志、提示标志四类。

①禁止标志。禁止人们不安全行为的图形标志。安全色为红色，对比色为白色，图形为圆形、黑色，白色衬底，红色边框和斜杠，如图 3-3-21 所示。

禁止堆放　　　　禁止启动　　　　禁止合闸　　　　禁止转动

禁止跨越　　　　禁止攀登　　　　禁止触摸　　　　禁止戴手套

图 3-3-21　机械工业常用的禁止标志

②警告标志。提醒人们对周围环境引起注意，以避免可能发生危险的图形标志。安全色为黄色，对比色为黑色，图形为三角形、黑色，黄色衬底，黑色边框，如图 3-3-22 所示。

当心触电　　　当心电缆　　　当心自动启动　　　当心机械伤人

当心吊物　　　当心碰头　　　当心挤压　　　当心烫伤

图 3-3-22　机械工业常用的警告标志

③指令标志。强制人们必须做出某种动作或采用防范措施的图形标志。安全色为蓝色，对比色为白色，图形为圆形、白色，蓝色衬底，如图 3-3-23 所示。

必须戴防护眼镜　　必须戴防尘口罩　　必须戴护耳器　　必须戴安全帽

必须系安全带　　必须戴防护手套　　必须加锁　　必须接地

图 3-3-23　机械工业常用的指令标志

④提示标志。提供某种信息（标明安全设施或场所等）的图形标志。安全色为绿色，对比色为白色，白色图形，正方形边框，绿色衬底，如图 3-3-24 所示。

仅靠安全标志本身不能够传递安全所需的全部信息时，可以用辅助标志给出附加的文字信息，注意只能与安全标志同时使用。基本形式是矩形边框，可横写或竖写。

紧急出口   避险处   可动火区   击碎板面

图 3-3-24　机械工业常用的提示标志

横写时，文字辅助标志写在标志的下方，可以和标志连在一起，也可以分开。禁止标志、指令标志为白色字，衬底色为标志的颜色；警告标志为黑色字，衬底色为白色。竖写时，文字辅助标志写在标志杆的上部。禁止标志、警告标志、指令标志、提示标志均为白色衬底，黑色字。标志杆下部色带的颜色应与标志的颜色相一致。

3）安全标志应满足的要求

①标志牌的设置位置。应设在与安全有关的醒目地方和明亮环境中，并使人们看到后有足够的时间来注意它所表示的内容。不宜设在门、窗、架或可移动的物体上，标志牌前不得放置妨碍认读的障碍物。

②多个安全标志在一起设置。应按警告、禁止、指令、提示类型的顺序，先左后右、先上后下排列。机械设备易发生危险的相应部位，必须有安全标志。

③标志检查与维修。标志在整个机械寿命内应保持连接牢固、字迹清楚、色彩久不褪色、耐环境条件（如液体、气体、气候、盐雾、温度、光）引起的损坏、耐磨损并尺寸稳定；至少每半年检查一次，发现变形、破损、褪色不符合要求时，应及时修整或更换，以保证安全色正确、醒目。

（3）信号和警告装置。信号的功能是提醒注意、显示运行状态、警告可能发生故障或出现险情（包括人身伤害或设备事故风险）先兆，要求人们做出排除或控制险情反应的信号。险情信号的基本属性是使信号接收区内的任何人都能察觉、辨认信号并做出反应。

1）信号和警告装置的类别。包括听觉信号、视觉信号以及视听组合信号。

①听觉信号。通过发于声源的音调、频率和间歇变化传送的信息。听觉信号利用人的听觉反应快的特点，可不受照明和物体障碍限制，强迫人们注意，听觉信号的特性应与相关的环境特性相匹配。

险情听觉信号根据险情的紧急程度及其可能对人群造成的伤害，分为以下三类：

a. 紧急听觉信号。标示险情开始的信号，必要时，还包括标示险情持续和终止的信号。

b. 紧急撤离听觉信号。标示险情开始或正在发生且有可能造成伤害的紧急情况的信号，此信号指示人们按已确定的方式立即离开危险区。

c. 警告听觉信号。标示即将发生或正在发生，需采取适当措施消除或控制危险的险情信号。

②视觉信号。借助装置的视亮度、对比度、颜色、形状、尺寸或排列传送的信息。特点是占空间小、视距远、简单明了。险情视觉信号的特征为应确保在信号接收区内的任何地方、在所有可能的照明条件下清晰可见，可采用亮度高于背景的稳定光和闪烁光，以从一般照明或其他视觉信号中辨别出来。根据险情对人危害的紧急程度和可能后果，视觉信号分为两类。

a. 警告视觉信号。指明危险情形即将发生，要求采取适当措施消除或控制险情的视觉信号。

b. 紧急视觉信号。指明危险情形已经开始或正在发生，要求采取应急措施的视觉信号。

③视听组合信号。其特点是光、声信号共同作用。当险情信号为紧急信号时，险情视觉信号与险情听觉信号应配合使用同时出现，用以加强危险和紧急状态的警告功能。视听信号特征分类见表 3-3-2。

表 3-3-2　　　　　　　　视听信号特征分类

声	光	含义
扫频声	红色	危险，紧急行动
猝发声，快脉冲	红色	危险，紧急行动
交变声	红色	危险，紧急行动
短声	黄色	注意，警戒
序列声	蓝色	命令，强制性行动
拖延声	绿色	正常状态，警报解除

2）安全要求。设计和应用视听信号应遵循安全人机工程学原则，具体安全要求如下：

①含义明确性。对信号最首要的要求是具有某些典型模式和赋予一个特定的特征使信号含义明确，确保无歧义地识别传递。

②可察觉性。信号必须清晰可鉴，听觉信号应明显超过有效掩蔽阈值，在接收区内的任何位置都不应低于 65 dB（A）。紧急视觉信号应使用闪烁信号灯，以吸引注意并产生紧迫感，警告视觉信号的亮度应至少是背景亮度的 5 倍，紧急视觉信号亮度应至少是背景亮度的 10 倍，即后者的亮度应至少 2 倍于前者，频闪效应会削弱闪光信号的可察觉性。听觉信号和视觉信号宜同时使用时，声光的同步可提高信号的可察觉性。

③可分辨性。险情信号应与所用的其他所有信号明显相区分。听觉险情信号应使其从接收区内所有其他声音中清晰地突显；视觉险情信号中，警告视觉信号应为黄色或橙黄色，紧急视觉信号应为红色；不管移动信号源的移动速度或方向如何变化，险情信号都应确保在各种不利环境下得以识别。

④有效性。险情信号应定期复查，且无论有任何其他相关变化（如启用某种新信号、背景噪声发生变化等），都应复查信号的有效性。

⑤设置位置。险情信号宜设置于紧邻潜在危险源的适当位置，视觉险情信号应在作业地点的可听可视范围之内，使人员能及时察觉、正确理解险情性质并采取应急措施。

⑥优先级要求。任何险情信号应优先于其他所有视听信号，紧急信号应优先于所有警告信号，紧急撤离信号应优先于其他所有险情信号。

注意防止过多的视听信号引起感官疲劳或显示频繁导致敏感度降低而丧失应有的作用。

（4）随机文件及使用说明书。主要是指操作手册、使用说明书或其他文字说明（如保修单等）。

使用说明书是交付机械产品的必备组成部分，内容应简明、准确、易于阅读和理解；能指导使用者正确使用机器，避免可能带来的伤害，警告可合理预见到的误用的风险以及警告剩余风险。使用说明书不应用来掩盖设计上的缺陷。说明书应包括安装、搬运、储存使用、维修和安全卫生等有关规定，应在各个环节对剩余风险提出通知和警告，并给出对策建议。

六、机械制造场所安全技术

机械工厂包括各类机械制造业，电信、邮电器材制造业，仪表制造业，造船、机车车辆制造业，汽车、拖拉机制造业，飞机工业等工厂。其范围很广，生产性质、工艺要求均不相同，出现很多现代专业化工厂、联合厂房、多层厂房，涌现不少成熟的新材料和新的施工工艺，但也带来很多安全新课题。

生产场所是机械设备和各种物料集中的场所，又是人员进行作业活动的地点。多种形式的危险并存，机械危险与其他非机械危险交织在一起。由于工作环境或机器设备工具的不完善和设备设施布局不科学，工艺过程、劳动组织或技术操作方法上的缺陷等原因，而引起伤亡事故或发生职业病。因此，生产场所职业安全卫生问题受到普遍重视。

1. 总平面布置

（1）总平面布置应结合当地气象条件，使车间厂房具有良好的朝向、采光和自然通风条件。保证作业场地和作业环境的气象条件符合防寒、防风、防暑、防湿的要求。

（2）在符合生产流程、操作要求和使用功能的前提下，应采用联合、集中、多层布置。按生产流程做到工序衔接紧密，物料传送路线短，操作检修方便，符合安全卫生要求。

（3）多层厂房应将运输量、荷载、噪声较大及有振动、有腐蚀溶液和用水量较多的工序布置在厂房的底层，以便于运输、减轻楼板荷重、排除地面污水；将工艺生产过程中排出有粉尘、毒气和腐蚀性气体或火灾危险性较大的工序布置在顶层，以便合理使用空间、进行三废处理、加强环境保护。联合厂房应将散发烟尘、高温或排出有害介质的车间布置在靠外墙处。

（4）产生危险和有害因素的车间、装置和设备设施与控制室、变配电室、仓库、办公室、休息室、试验室等公用设施的距离应符合防火、防爆、防尘、防毒、防振、防触电、防辐射、防噪声的规定，防火距离、消防通道、消防给水及有关设施应符合有关标准规定。

（5）散发热量、腐蚀性、尘毒危害较严重及使用易燃易爆物料或气体、电磁电离辐射危害严重的工序，布置在靠外墙和厂房的下风向，与其他生产工序隔开，不同危害生产工序之间亦应相互隔离。危害相同的生产工序宜集中（或相邻）布置。对于影响严重的局部工段，可采用排烟排气罩机械送、排风，或者采取密闭措施。

（6）厂区运输网应根据生产流程，充分考虑人和物的合理流向和物料输送的需要，结合进出厂（场）物品的特征、运输量、装卸方式合理布局。道路的布置应满足生产运输、安装、检修、消防安全和施工的要求，应有利于功能分区；满足防火、防爆、防尘、防毒和防触电等安全卫生要求；并考虑紧急情况下便于撤离，保证消防车、急救车顺利通往可能出现事故的地点。

2. 通道

通道包括厂区主干道和车间安全通道。厂区主干道是指汽车通行的道路，是保证厂内车辆行驶、人员流动以及消防灭火、救灾的主要通道；车间安全通道是指为了保证职工通行和安全运送材料、工件而设置的通道。所有通道应充分考虑人和物的合理流向和物料输送的需要，并考虑紧急情况下便于撤离。

（1）合理组织人流和物流。运输线路的布置应避免运输繁忙的货流与人流交叉、铁路与道路平面交叉、进出厂主要货流与企业外部交通干线的平面交叉，保证物流安全顺畅，路径短捷不折返。

（2）主要生产区、仓库区、动力区的道路应环形布置。厂区尽端式道路应有便捷的消防车回转场地。厂区道路在弯道、交叉路口的视距范围内，不得有妨碍驾驶员视线的障碍物。道路上部管架和栈桥等，在干道上的净高不得小于 5 m。

（3）车间通道一般分为纵向主要通道、横向主要通道和机床之间的次要通道。每个加工车间都应有一条纵向主要通道，通道宽度应根据车间内的运输方式和经常搬运工件的尺寸确定，工件尺寸越大，通道应越宽，一般可参见表 3-3-3 确定。车间横向主要通道根据需要设置，其宽度不应小于 2 000 mm；机床之间的次要通道宽度一般不应小于 1 000 mm。人行道、车行道的布置和间隔距离都不应妨碍人员工作和造成危害。

表 3-3-3　　　　　　　　　加工车间通道尺寸

运输方式	通道宽度 /m				
	冷加工	铸造	锻造	热处理	焊接
人工运输	1	1.5	2~3	1.5~2.5	2~3
电瓶车单向行驶	1.8	2			
电瓶车对开	3		3~5	3~4	3~5

续表

运输方式	通道宽度/m				
	冷加工	铸造	锻造	热处理	焊接
叉车或汽车行驶	3.5	3.5	—	—	—
手工造型人行道	—	0.8~1.5	—	—	—
机器造型人行道	—	1.5~2	—	—	—
铁路进厂房入口宽度应为 5.5					

当为消防通道时，应满足现行国家标准《建筑设计防火规范》（GB 50016—2014）的规定。

（4）主要人流与货流通道的出入口分开设置；货流出入口应位于主要货流方向，应靠近仓库、堆场，并与外部运输线路方便连接；车间厂房出入口的位置和数量应根据生产规模、总体规划、用地面积及平面布置等因素综合确定，并确保出入口的数量不少于 2 个。厂房大门净宽度应比最大运输件宽度大 600 mm，比净高度大 300 mm；车辆出入频繁的大门宜设置防撞措施。对于特大的设备可设专门安装洞口。

（5）除厂房四周应设消防通道外，在厂房内部也需设置纵横贯通的消防通道。对于大面积的联合厂房，人员数量多，设备集中，消防安全措施不可忽视。可将厂房划分为几个消防区段，每区段应设一套消防设施，或者设置自动报警设施。厂房内应合理设置足够数量的灭火器和紧急报警装置，安全疏散口应能满足人员紧急疏散和消防车出入的要求。

（6）工厂铁路专用线设计应符合现行国家标准的规定，不宜与人行主干道交叉；当必须交叉时，应设置看守道口、护栏、限速标志、警铃等安全设施或安装无人看守道口智能报警系统。繁忙线路应设置立体交叉。

3. 设备布置及安全防护措施

车间的机床设备布置应合理，应按工艺流程布置，力求物流线路最短。设备、工机具、辅助设施的布置，机器之间、机器与固定建筑物之间的距离，除应考虑放置与产品品种、批量相适应的毛坯、工件和有关工位器具及维修所需要场地等外，还必须有足够安全活动的空间便于操作和维护，避免危害因素的相互影响和干扰。

（1）机床设备安全距离。各设备之间、管线之间，以及设备、管线与厂房、建

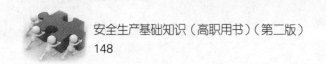

（构）筑物的墙壁之间的距离，应符合有关设计和建筑规范要求。机床间的最小距离及机床至墙壁和柱之间的最小距离不应小于表 3-3-4 的规定。

表 3-3-4　　　　　　　机床布置的最小安全距离　　　　（单位：m）

项目	小型机床	中型机床	大型机床	特大型机床
机床操作面间距	1.1	1.3	1.5	1.8
机床后面、侧面离墙柱间距	0.8	1.0	1.0	1.0
机床操作面离墙柱间距	1.3	1.5	1.8	2.0

注：1. 安全距离从机床活动机件达到的极限位置算起。
　　2. 机床与墙柱间的距离首先要考虑对基础的影响。

（2）作业现场生产设备应布局合理，各种安全防护装置及设施齐全，符合有关设备的安全卫生规程要求。

1）带有机械传动装置的设备及联动生产线，对运动传动部件（如皮带轮、皮带飞轮、齿轮、联轴器、导轨、齿杆、传动轴）产生的危险的防护，应采用固定式防护装置或活动式联锁防护装置，并应符合现行国家标准的规定。

2）机床应设防止切屑、磨屑和冷却液飞溅或零件、工件意外甩出伤人的防护挡板，重型机床高于 500 mm 的操作平台周围应设高度不低于 1 050 mm 的防护栏杆。

3）产生危害物质排放的设备，应根据其特点和操作、维修要求，采取整体密闭、局部密闭或设置在密闭室内。密闭后应设排风装置，不能密闭时，应设吸风罩。如产生大量油雾的螺纹磨床、齿轮磨床、冷镦机，应设排油雾装置；砂轮加工，刃具、铸铁件、木材、电碳和绝缘材料的磨切削，金属表面除锈及抛光铸件和泥芯的清整打磨等作业点，应根据操作和设备特点设置排风罩；可能突然产生大量有害气体或爆炸危险的工作场所，应设浓度探测和事故报警及事故排风装置。

4）生产线辊道、带式运输机等运输设备，在人员横跨处应设带栏杆的人行走桥平台或走台，坑池边和升降口有跌落危险处，必须设栏杆或盖板；需登高检查和维修的设备处宜设钢梯；当采用钢直梯时，钢直梯 3 m 以上部分应设安全护笼。

（3）具有潜在危险的设备应根据有关标准和规定进行防护。

1）有高压、高温、高速、高电压或深冷等试验台和装置的各类试验站，必须配备各种信号、报警装置和安全防护设施。

2）高噪声设备宜相对集中，并应布置在厂房的端头，尽可能设置隔声窗或隔声走廊等；人员多、强噪声源比较分散的大车间，可设置隔声屏障或带有生产工艺孔洞的隔墙，或根据实际条件采用隔声、吸声、消声等降噪减噪措施。

3）高振设备设施宜相对集中布置，采取减振降噪等措施。高振动的设备应避开对防振要求较高的仪器、设备，保持有足够防振间距。对振动、爆炸敏感的设备，应进行隔离或设置屏蔽、防护墙、减振设施等。

4）输送有毒、有害、易燃、易爆、高温、高压和有腐蚀性气体或液体的管道、管件、阀门及其材质、连接等，必须分别具有密封、耐压、防腐蚀、防静电等措施。

5）加热设备及反应釜等的作业孔、操作器、观察孔等应有防护设施，作业区热辐射强度不应超过有关规定；设置必要的提示、标志和警告信号。

（4）所有车间应配置必要的消防器材。室内消火栓、灭火器等消防设施和器材配备示意图或清单，灭火器材应定置存放，不应挪动和破坏，应定期检查，保证在检验有效期内。消防器材前方不准堆放物品和杂物，用过的灭火器不应放回原处。

4. 采光照明

采光照明设计应考虑影响视觉功效的人类工效学参数，必须满足对工作环境的要求，保障工作人员能够看清周围的路径和发现险情的视觉安全；使工作人员在长时间或视觉难度高的作业中，快速、准确地完成视觉作业，感到视觉舒适安宁；作业场所的光线必须充足，光环境的特性参数应符合相关标准规定。

（1）天然采光。应优先利用天然光，辅助以人工光，采取有效措施节约能源。避免由于工作区域内的直射阳光引起过度的照度对比和热的不舒适感，可利用百叶板或遮阳板避免直射阳光落在工作者身上或其视野范围的表面上。房间的采光系数和采光窗洞口面积与地面面积之比应符合建筑采光设计标准的规定。

（2）照明方式。按下列要求确定照明方式：

1）工作场所通常设置一般照明，即照亮整个场所的均匀照明。

2）同场所内不同区域有不同照度要求时，应分区设置一般照明或局部照明（如机床的床头灯）。

3）对于部分作业面照度要求较高，只采用一般照明不合理，宜采用由一般照明与局部照明组成的混合照明。

（3）照明种类。按下列要求确定照明种类：

1）工作场所均应设置正常照明，即在正常情况下使用的室内外照明。

2）工作场所下列情况应设置应急照明，即因正常照明的电源失效而启用的应急照明，包括备用照明、安全照明、疏散照明。

①正常照明因故障熄灭后，需确保正常工作或活动继续进行的场所，应设置备用照明。例如，可能会造成爆炸、火灾和人身伤亡等严重事故的场所，停止工作将造成很大影响或经济损失的场所，或发生火灾为保证正常进行消防救援的场所等。

②正常照明因故障熄灭后，需确保处于潜在危险之中的人员安全的场所，应设置安全照明。

③正常照明因故障熄灭后，需确保人员安全疏散的出口和通道，应设置疏散照明。

3）如果需要，还应考虑其他照明。例如，非工作时间，在车间、营业厅、展厅等大面积场所提供值班照明；为防范需要，在重要厂区、库区等有警戒任务的场所，根据警戒范围要求设置警卫照明等。

（4）光照度。作业空间应有符合标准规定的足够的尽可能均匀的光照度。应急照明的照度标准值应符合下列规定：

1）备用照明的照度值除另有规定外，不低于该场所一般照明照度标准值的10%。

2）安全照明的照度标准值除另有规定外，不低于该场所一般照明照度标准值的10%。

3）疏散照明的地面平均水平照度值除另有规定外，水平疏散通道不应低于 1 lx，垂直疏散区域不应低于 5 lx。

（5）避免眩光、频闪和阴影。视野内过高亮度或极端对比引起的直接眩光和由特定表面反射产生的反射眩光，可引起不舒适感觉或降低观察细部或目标的能力，闪烁会分散精力并可能引发头疼等生理反应，频闪效应有可能改变对旋转式或往复式机械运动的运动知觉而造成危险，应限制避免眩光、闪烁或频闪。机床朝向应考虑采光的方向性，窗口不宜为视觉背景，注意减少或避免阳光直射作业区，防止遮挡工作面或产生不利的阴影。

5. 物资堆放

生产物料、产品和剩余物料的堆放、布置和间隔距离，都不应妨碍人员工作和造成危害。

（1）生产物料、半成品及成品应严格按指定区域归类堆放，排列有序；工位器具、工具、模具、夹具应放在指定的部位，确保安全稳妥，分类存放上架或装盘；生产过程中的余料和生产过程产生的废品、废料等物料，按规定堆放在划定区域内；推车等简易搬运工具应明确规定放置地点。沿人行通道两边不得有突出或锐边物品。堆放物品的场地要用黄色或白色划出明显的界限或架设围栏，堆放物品的场所应悬挂标牌，写明放置物品的名称和要求。

（2）易燃、易爆物质的库房应按消防规范的有关要求，配置足够的消防设施和消防器材，单独储存在专用仓库、专用场地或专用储存室（柜）内，并设专人管理。物料、半成品及成品间有互相影响或本身产生有毒有害物质的，应隔离堆放，并设有相关的防护措施。

（3）合理地做好毛坯、原材料、辅助材料和工艺装备的投产批次和数量，限量存储。白班存放为每班加工量的 1.5 倍，夜班存放为加工量的 2.5 倍，大件不得超过当班定额。高处作业区堆放生产物料和工具应严格控制数量。

（4）各类物资的堆放应安全牢固，做到按类存放，重不压轻，大不压小，使货堆保持最大的稳定性。针对性地采取不同措施加以支撑、楔顶、垫稳、归类摆放，不得混码、互相挤压悬空摆放，防止滚落、侧倒、塌垛。不得挤压电气线路和其他管线，不得阻塞通道。

（5）成垛堆放生产物料、产品和剩余物料应堆垛稳固。当直接存放在地面上时，堆垛高度不应超过 1.4 m，且高与底边长之比不应大于 3，垛的基础要牢固，不得产生下沉、歪斜或倾塌，垛之间的距离应便于搬移或机械化装卸作业。

6. 作业场所地面要求

（1）作业场地的地面应平整、坚固、无坑凹，且能承受工作时规定的荷重。

（2）地面应经常保持清洁。在工作地周围地面上，不允许存放与生产无关的物料。垃圾或废料、油污、废水应及时清理，做到"工完、料尽、场地清"。

（3）地面平整，无障碍物和绊脚物，避免凸出的管线等障碍；坑、沟、池应设置可靠的盖板或护栏，夜间有照明。

（4）容易发生危险事故的场地应设置醒目的安全标志。安全标志及涂安全色应符合标准的规定。

1）标注在落地电柜箱、消防器材的前面，不得用其他物品遮挡的禁止阻塞线。

2）标注在突出悬挂物及机械可移动范围内，避免碰撞的安全提示线。

3）标注在高出地面的设备安装平台边缘的安全警戒线。

4）标注在楼梯第一级台阶和人行通道高差 300 mm 以上的边缘处的防止踏空线。

5）标注在凸出于地面或人行横道上、高差 300 mm 以上的管线或其他障碍物上的防止绊跤线。

1. 电击包括哪两种类型？电伤主要有哪些形式？

2. 雷电的危害形式有哪些？

3. 预防直接接触电击的措施主要有哪两大类？

4. 爆炸危险环境的防爆电气线路敷设有哪些要求？

5. 按物质的燃烧特点，火灾分为哪几类？举例说明。

6. 粉尘爆炸具有哪些特点？

7. 灭火剂分为哪几类？其灭火原理是什么？

8. 机械设备的危险部位有哪些？各危险部位可能造成的伤害形式是什么？

9. 机械安全防护装置有哪几种类型？

第四章
典型领域安全生产技术

学习目标

了解危险化学品的概念、分类及危害，熟悉其安全技术说明和安全标签；了解建筑施工安全专业知识；了解城镇燃气安全基础知识及事故特点，掌握城镇燃气使用安全技术。

事故案例1：化工

江苏某化工有限公司"3·21"特别重大爆炸事故

一、事故简介

2019年3月21日14时48分许，位于江苏省盐城市响水县生态化工园区的某化工有限公司发生特别重大爆炸事故，造成78人死亡、76人重伤、640人住院治疗，直接经济损失19.863 507亿元。

该公司成立于2007年4月5日，主要负责人由其控股公司某集团委派，重大管理决策需该集团批准。企业占地面积14.7万平方米，注册资本9 000万元，员工195人，主要产品为间苯二胺、邻苯二胺、对苯二胺、间羟基苯甲酸、3，4-二氨基甲苯、对甲苯胺、均三甲基苯胺等，主要用于生产农药、染料、医药等。

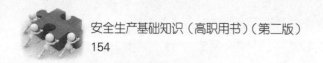

二、事故原因

1.直接原因

事故直接原因是：该公司旧固废库内长期违法储存的硝化废料持续积热升温导致自燃，燃烧引发硝化废料爆炸。

起火位置为公司旧固废库中部偏北堆放硝化废料部位。经对该公司硝化废料取样进行燃烧试验，表明硝化废料在产生明火之前有白烟出现，燃烧过程中伴有固体颗粒燃烧物溅射，同时产生大量白色和黑色的烟雾，火焰呈黄红色。经与事故现场监控视频比对，事故初始阶段燃烧特征与硝化废料的燃烧特征相吻合，认定最初起火物质为旧固废库内堆放的硝化废料。

起火原因：事故调查组通过调查逐一排除了其他起火原因，认定为硝化废料分解自燃起火。

经对样品进行热安全性分析，硝化废料具有自分解特性，分解时释放热量，且分解速率随温度升高而加快。试验数据表明，绝热条件下，硝化废料的储存时间越长，越容易发生自燃。该公司旧固废库内储存的硝化废料，最长储存时间超过 7 年。在堆垛紧密、通风不良的情况下，长期堆积的硝化废料内部因热量累积，温度不断升高，当上升至自燃温度时发生自燃，火势迅速蔓延至整个堆垛，堆垛表面快速燃烧，内部温度快速升高，硝化废料剧烈分解发生爆炸，同时殉爆库房内的所有硝化废料，共计约 600 吨袋（1 吨袋可装约 1 t 货物）。

2.间接原因

该公司无视国家环境保护和安全生产法律法规，长期违法违规储存、处置硝化废料，企业管理混乱，是事故发生的主要原因。

一是刻意瞒报硝化废料。据公司法定代表人陶某某、总经理张某某（企业实际控制人）、负责环保的副总经理杨某等供述，硝化废料在 2018 年 10 月复产之前不贴"硝化粗品"标签，复产后为应付环保检查，张某某和杨某要求贴上"硝化粗品"标签，在旧固废库硝化废料堆垛前摆放"硝化半成品"牌子，"其实还是公司产生的危险废物"。

二是长期违法储存硝化废料。该公司苯二胺项目硝化工段投产以来，没有按照《国家危险废物名录》《危险废物鉴别标准》对硝化废料进行鉴别、认定，没有按危险废物要求进行管理，而是将大量的硝化废料长期存放于不具备储存条件的煤棚、固废仓库等场所，超时储存问题严重，最长储存时间甚至超过7年，严重违反《中华人民共和国安全生产法》第三十六条、《中华人民共和国固体废物污染环境防治法》第五十八条，以及《关于进一步加强危险废物和医疗废物监管工作的意见》中关于储存危险废物不得超过1年的有关规定。

三是违法处置固体废物。违反《中华人民共和国环境保护法》第四十二条第四款、《中华人民共和国固体废物污染环境防治法》第五十八条和《中华人民共和国环境影响评价法》第二十七条，多次违法掩埋、转移固体废物，偷排含硝化废料的废水。2014年以来，8次因违法处置固体废物被响水县环保局累计罚款95万元，其中，2014年10月因违法将固体废物埋入厂区内5处地点，受到行政处罚；2016年7月因将危险废物储存在其他公司仓库造成环境污染，再次受到行政处罚。曾因非法偷运、偷埋危险废物124.18 t，被追究刑事责任。

四是固废和废液焚烧项目长期违法运行。违反《中华人民共和国环境保护法》第四十一条有关"三同时"的规定、《建设项目竣工环境保护验收管理办法》第十条。2016年8月，固废和废液焚烧项目建成投入使用，未按响水县环保局对该项目环评批复核定的范围，以调试、试生产名义长期违法焚烧硝化废料，每个月焚烧25天以上。至事故发生时固废和废液焚烧项目仍未通过响水县环保局验收。

五是安全生产严重违法违规。在实际控制人犯罪判刑不具备担任主要负责人法定资质的情况下，让硝化车间主任挂名法定代表人，严重不诚信。违反《中华人民共和国安全生产法》第二十四条、第二十五条，实际负责人未经考核合格，技术团队仅了解硝化废料着火、爆炸的危险特性，对大量硝化废料长期储存引发爆炸的严重后果认知不够，不具备相应管理能力。安全生产管理混乱，在2017年因安全生产违法违规，3次受到响水县原安监局行政处罚。违反《中华人民共和国安全生产法》第四十三条，公司内部安全检查弄虚作假，未实际检查就提前填写检查结果，3月21日下午爆炸事故已经发生，但重大危险源日常检查表中显示当晚7时30分检查结果为正常。

六是违法未批先建问题突出。违反《中华人民共和国城乡规划法》第四十条、《中华人民共和国建筑法》第七条，2010—2017年，在未取得规划许可、施工许可的情况下，擅自在厂区内开工建设包括固废仓库在内的6批工程。

 **事故案例2：建筑**

江西某发电厂"11·24"冷却塔施工平台坍塌特别重大事故

一、事故简介

2016年11月24日，江西某发电厂三期扩建工程发生冷却塔施工平台坍塌特别重大事故，造成73人死亡、2人受伤，直接经济损失1.019 72亿元。

江西某发电厂三期扩建工程建设规模为2×1 000 MW发电机组，总投资额为76.7亿元，属江西省电力建设重点工程。其中，建筑和安装部分主要包括7号、8号机组建筑安装工程，电厂成套设备以外的辅助设施建筑安装工程，7号、8号冷却塔和烟囱工程等，共分为A、B、C、D标段。

事发7号冷却塔属于江西某发电厂三期扩建工程D标段，是三期扩建工程中两座逆流式双曲线自然通风冷却塔的其中一座，采用钢筋混凝土结构。两座冷却塔布置在主厂房北侧，整体呈东西向布置，塔中心间距197.1米。7号冷却塔位于东侧，设计塔高165米，塔底直径132.5米，喉部高度132米，喉部直径75.19米，筒壁厚度0.23~1.1米。

2016年11月24日6时许，混凝土班组、钢筋班组先后完成第52节混凝土浇筑和第53节钢筋绑扎作业，离开作业面。5个木工班组共70人先后上施工平台，分布在筒壁四周施工平台上拆除第50节模板并安装第53节模板。此外，与施工平台连接的平桥上有2名平桥操作人员和1名施工升降机操作人员，在7号冷却塔底部中央竖井、水池底板处有19名工人正在作业。7时33分，7号冷却塔第50~52节筒壁混凝土从后期浇筑完成部位（西偏南15°~16°，距平桥前桥端部偏南弧线距离约28米处）开始坍塌，沿圆周方向向两侧连续倾塌坠落，施工平台及平桥上的作业人员随同筒壁混凝土及模架体系一起坠落，在筒壁坍塌过程中，平桥晃动、倾斜后整体向东倒塌，事故持续时间24秒。

二、事故原因

1. 直接原因

经调查认定，事故的直接原因是施工单位在7号冷却塔第50节筒壁混凝土强度不足的情况下，违规拆除第 50 节模板，致使第 50 节筒壁混凝土失去模板支护，不足以承受上部荷载，从底部最薄弱处开始坍塌，造成第 50 节及以上筒壁混凝土和模架体系连续倾塌坠落。坠落物冲击与筒壁内侧连接的平桥附着拉索，导致平桥也整体倒塌。具体分析如下：

（1）混凝土强度情况。7 号冷却塔第 50 节模板拆除时，第 50、51、52 节筒壁混凝土实际小时龄期分别为 29~33 小时、14~18 小时、2~5 小时。

根据市气象局提供的气象资料，2016 年 11 月 21 日至 11 月 24 日期间，当地气温骤降，分别为 17~21 ℃、6~17 ℃、4~6 ℃和 4~5 ℃，且为阴有小雨天气，这种气象条件延迟了混凝土强度发展。

事故调查组委托检测单位进行了同条件混凝土性能模拟试验，采用第 49~52 节筒壁混凝土实际使用的材料，按照混凝土设计配合比的材料用量，模拟事发时当地的小时温湿度，拌制的混凝土入模温度为 8.7~14.9 ℃。试验结果表明，第 50 节模板拆除时，第 50 节筒壁混凝土抗压强度为 0.89~2.35 MPa；第 51 节筒壁混凝土抗压强度小于 0.29 MPa；第 52 节筒壁混凝土无抗压强度。而按照国家标准中强制性条文，拆除第 50 节模板时，第 51 节筒壁混凝土强度应该达到 6 MPa 以上。

对 7 号冷却塔拆模施工过程的受力计算分析表明，在未拆除模板前，第 50 节筒壁根部能够承担上部荷载作用，当第 50 节筒壁 5 个区段分别开始拆模后，随着拆除模板数量的增加，第 50 节筒壁混凝土所承受的弯矩迅速增大，直至超过混凝土与钢筋界面粘结破坏的临界值。

（2）平桥倒塌情况。经察看事故监控视频及问询现场目击证人，认定 7 号冷却塔第 50~52 节筒壁混凝土和模架体系首先倒塌后，平桥才缓慢倒塌。经计算分析，平桥附着拉索在混凝土和模架体系等坠落物冲击下发生断裂，同时，巨大的冲击张力迅速转换为反弹力反方向作用在塔身上，致使塔身下部主弦杆应力剧增，瞬间超过抗拉强度，塔身在最薄弱部位首先断裂，并导致平桥整体倒塌。

（3）人为破坏等因素排除情况。经调查组现场勘查、计算分析，排除了人为破坏、地震、设计缺陷、地基沉降、模架体系缺陷等因素引起事故发生的可能。

2. 间接原因

（1）经调查，在 7 号冷却塔施工过程中，施工单位为完成工期目标，施工进度不断加快，导致拆模前混凝土养护时间减少，混凝土强度发展不足；在气温骤降的情况

下，没有采取相应的技术措施加快混凝土强度发展速度；筒壁工程施工方案存在严重缺陷，未制定针对性的拆模作业管理控制措施；对试块送检、拆模的管理失控，在实际施工过程中，劳务作业队伍自行决定拆模。

（2）相关参建单位安全生产管理机制不健全，现场施工管理混乱，安全技术措施存在严重漏洞，拆模等关键工序管理失控。

事故案例3：燃气

某燃气有限公司"12·27"爆炸事故

一、事故简介

2017年12月27日17点31分，某市东和小镇二期4号楼4单元发生燃气爆炸事故，造成7人不同程度燃气中毒、受伤，4号楼部分门窗、室内设施、物品、电梯、陶粒墙体及车辆、车库不同程度受损，事故直接经济损失335余万元。

该市某燃气有限公司成立于2013年12月17日，隶属于某燃气集团，公司现有员工35人，建有L-CNG加气站一座、LNG储配站一座，14个燃气配套小区，民用户5 500余户，已通气用户近800户，工商业用户24户，城市中压管网约22 km，年销气量约400万 m^3。

2017年12月27日14时许，该燃气有限公司操作人员张某、配合人员王某两人到东和小镇二期4号楼4单元，为502室和802室用户进行开栓通气作业。该单元西侧302室北阳台处楼外燃气管道进户管与室内燃气管道处于断开状态，因该单元西侧之前没有住户用气，故该单元西侧楼外进户燃气管阀门始终处于关闭状态。张某、王某两人在不了解管道连接状态的情况下，直接打开楼外的进户燃气管阀门，然后依次到802室、502室开启住户燃气阀门进行通气作业。发现燃气未通，两人怀疑可能是室内燃气立管堵塞，于是于16时许离开现场回单位向主管领导孙某某汇报情况，研究解决办法。

2017年12月27日17时31分，东和小镇二期4号楼4单元发生燃气爆炸并引燃

302室内存放的物品，造成7人不同程度燃气中毒、受伤，4号楼部分门窗、室内设施、物品、电梯、陶粒墙体及车辆、车库不同程度受损。

二、事故原因

1. 直接原因

经事故调查组综合分析认定，事故直接原因是：为居民用户送气人员现场操作错误。表现为：某燃气有限公司作业人员张某、王某在作业前未按规定对新启用的室内燃气管道进行逐户检查，未发现4号楼4单元西侧302室燃气进户管道与室内燃气管道处于断开状态，直接开启进户管道阀门，且在通气未成功后忘关闭阀门，导致燃气泄漏至302室内，并扩散至楼梯间，燃气浓度达到爆炸极限，遇楼梯间弱电装置打火，引发爆炸事故。

2. 间接原因

（1）建设、施工、监理单位对新建小区燃气工程竣工验收流于形式，未对4单元西侧室内、室外燃气管道进行整体气密性检测。

（2）负责东和小镇二期燃气工程施工的某建设集团公司对施工现场管理混乱，对两个分别负责室内、室外燃气管道铺设作业的施工班组缺乏统一管理，工作协调不到位，导致室内、室外燃气管道未连接。

（3）某燃气有限公司对职工安全教育培训不到位，致使职工思想麻痹、安全意识淡薄、责任心不强。

（4）某设计院有关监理人员履职不到位，未发现室内、室外燃气管道未连接等问题。

第一节　危险化学品安全技术

化学品是指单个化学元素或多种化学元素组成的纯净物或混合物，无论是天然的还是合成的，都属于化学品。

一、化学品的危害

化学品的危害主要包括燃爆危害、健康危害和环境危害。燃爆危害是指化学品引起燃烧、爆炸的危害程度。健康危害是指接触化学品后对人体产生危害的大小。环境危害是指化学品对环境影响的程度。

1. 燃爆危害

危险化学品中的爆炸品、压缩气体、液化气体、易燃液体、易燃固体、自燃固体、遇湿易燃物品、氧化剂和有机过氧化物等都属于易燃易爆危险品。而这些物品在生产或使用的过程中往往处于温度、压力的非常态条件，因此，若在生产、储存、运输、经营和使用时管理不当、失去控制，则很容易引起火灾、爆炸事故，导致燃爆危害。而一旦发生燃烧或爆炸，其后果可能是巨大的人员伤亡和财产损失。

2. 健康危害

有许多化学品都具有毒性。有毒化学品可经呼吸道、消化道和皮肤进入人体内。有毒化学品侵入人体后，与人体组织发生物理化学或生物化学作用，破坏人体的正常生理机能，引起某些器官和系统发生功能性或器质性的病变，这种病变称为中毒。

中毒按发生的时间和过程分为急性、亚急性和慢性中毒。毒物一次短时间内大量进入人体后可引起急性中毒，小量毒物长期进入人体所引起的中毒称为慢性中毒，介于两者之间者称为亚急性中毒。

化学品对人体的毒害作用是随着侵入人体剂量（或"吸入浓度 × 时间"）的增加而加强的。但是，不同化学结构的化学品在相同剂量条件下对人体毒害作用的结果往往截然不同。这是因为化学品的不同化学结构（化学性质）对人体组织产生生物化学作用不同。化学结构不同，毒害反应也不同。

通常，不同有毒化学品的剂量与毒害反应之间的关系，以"毒性"表示，并以毒性分级来表达其强弱程度。按 LD_{50}（用于动物实验的半数致死剂量）或 LC_{50}（用于动物实验的半数致死浓度）可将各种有毒化学品分为剧毒、高毒、中等毒、低毒和微毒五级，称为化学品的急性毒性分级。

接触毒物不同，中毒后出现的症状也不一样。以呼吸系统为例，在工业生产中，呼吸道最易接触毒物，特别是刺激性毒物，一旦吸入，轻者引起呼吸道炎症，重者发生化学性肺炎或肺水肿。常见引起呼吸系统损害的毒物有氯气、氨、二氧化硫、光气、氮氧化物以及某些酸类、酯类、磷化物等。

3. 环境危害

化学品主要通过以下三种途径进入生态环境：一是在化学品生产、加工和储存过程中作为化学污染物以废水、废气和废渣等形式排放到环境中；二是在化学品生产、储存和运输过程中发生着火、爆炸、泄漏等突发性化学事故，致使大量有害化学品外泄进入环境中；三是在石油、煤炭等燃料燃烧以及化学农药和家庭装饰材料等使用过程中，直接排入或者使用后作为废弃物进入环境中。

进入环境中的有害化学品会对人体健康和生态环境造成潜在的或严重的危害。例如，某些工业废水常含有一定量的氮和磷，进入水体后会使封闭性湖泊、海湾富营养化，造成浮游藻类大量繁殖、水体透明度下降、溶解氧浓度降低，从而威胁鱼类生存，导致水质发臭甚至出现"赤潮"。

此外，联合国国际化学品安全规划署已明确指出 DDT、艾氏剂、狄氏剂、异狄氏剂、氯丹、六氯苯、七氯、灭蚁灵、毒杀芬九种农药和多氯联苯、二噁英和苯并呋喃三种工业化学品为持久性有机污染物。它们在环境中化学性质稳定，容易蓄积在鱼类、鸟类和其他生物体内，并通过食物链进入人体内，其中有些物质还具有致癌、致畸和致突变性，会对人类和环境构成严重威胁。

二、危险化学品安全基础知识

危险化学品是指具有爆炸、易燃、毒害、腐蚀、放射性等性质，在生产、经营、储存、运输、使用和废弃物处置过程中，容易造成人身伤亡和财产损毁而需要特别防护的化学品。

1. 化学品危险性分类

《全球化学品统一分类和标签制度》（GHS）是在联合国有关机构的协调下，经过多年的国际磋商努力，以世界各国现行的主要化学品分类制度为基础，创建的一套科学的、统一标准化的化学品分类标签制度。

GHS 定义了化学品的物理危险性、健康危害性和环境危害性，建立了危险（害）性分类标准，规定了如何根据可提供的最佳数据进行化学品危险性分类，并规范了化学品标签和安全技术说明书中，包括象形图、信号词、危险说明和防范说明等标签要素的内容。该制度的实施意味着世界各国所有现行的化学品分类和标签制度都必须根据 GHS 做出相应的变化，以便实现全球化学品分类和标签的有效协调统一。

GHS 分类制度国际标准是动态的，在执行过程中随着经验的积累每 2 年修订更新一次。2019 年 3 月 18 日，联合国危险货物运输和全球化学品统一分类和标签制度专家委员会公布了《关于对联合国 GHS 紫皮书（第 7 修订版）的修正案》，《联合国 GHS 紫皮书（第 8 修订版）》于 2019 年 7 月正式发布。

我国《化学品分类和标签规范》系列标准（GB 30000.2~29—2013）按 GHS 的要求将化学品的理化危险性分为 16 类，健康危险性分为 10 类，环境危险性分为 2 类，见表 4-1-1。GB 30000.1 作为 GB 30000 系列标准的第 1 部分，并未同步发布，2020 年 3 月工信部公示了新的《化学品分类和标签规范第 1 部分：通则》（GB 30000.1）报批稿。

表 4-1-1　　　　　　　　　　　　　　化学品危险性分类

危险和危害种类		类别						
理化危险	1. 爆炸物	不稳定爆炸物	1.1	1.2	1.3	1.4	1.5	1.6
	2. 易燃气体	1	2	化学不稳定气体				
				A	B			
	3. 气溶胶	1	2	3				
	4. 氧化性气体	1						

危险和危害种类		类别						
理化危险	5. 加压气体	压缩气体	液化气体	冷冻液化气体	溶解气体			
	6. 易燃液体	1	2	3	4			
	7. 易燃固体	1	2					
	8. 自反应物质和混合物	A	B	C	D	E	F	G
	9. 自燃液体	1						
	10. 自燃固体	1						
	11. 自热物质和混合物	1	2					
	12. 遇水放出易燃气体的物质和混合物	1	2	3				
	13. 氧化性液体	1	2	3				
	14. 氧化性固体	1	2	3				
	15. 有机过氧化物	A	B	C	D	E	F	G
	16. 金属腐蚀物	1						
健康危险	1. 急性毒性	1	2	3	4	5		
	2. 皮肤腐蚀／刺激	1A	1B	1C	2	3		
	3. 严重眼损伤／眼刺激	1	2A	2B				
	4. 呼吸道或皮肤致敏	呼吸道致敏物		皮肤致敏物				
		1A	1B	1A	1B			
	5. 生殖细胞致突变性	1A	1B	2				
	6. 致癌性	1A	1B	2				
	7. 生殖毒性	1A	1B	2	附加类别			
	8. 特异性靶器官毒性（一次接触）	1	2	3				

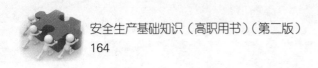

续表

危险和危害种类		类别						
健康危险	9. 特异性靶器官毒性（反复接触）	1	2					
	10. 吸入危害	1						
环境危险	1. 对水生环境的危害	急性 1	急性 2	急性 3	长期 1	长期 2	长期 3	长期 4
	2. 对臭氧层的危害	1						

2.《危险化学品目录》和《危险化学品分类信息表》

《危险化学品目录》是落实《危险化学品安全管理条例》的重要基础性文件，是企业落实危险化学品安全管理主体责任，以及相关部门实施监督管理的重要依据。《危险化学品目录》根据《化学品分类和标签规范》系列国家标准，从化学品 28 类 95 个危险类别中，选取了其中危险性较大的 81 个类别作为危险化学品的确定原则。如表 4-1-1 阴影背景所列。

为有效实施《危险化学品目录》，原国家安全监管总局组织编制了《危险化学品目录（2015 版）实施指南（试行）》，在其中还发布了《危险化学品分类信息表》。《危险化学品目录》的内容包括序号、品名、别名、CAS（Chemical Abstracts Society）编号（美国化学文摘社为一种化学物质指定的唯一索引编号）和备注（是否为剧毒化学品）。《危险化学品分类信息表》比《危险化学品目录》增加了英文品名和危险性类别。

《危险化学品目录》可以查看到危险化学品的管理范围，通过《危险化学品分类信息表》可以进一步掌握危险化学品所具有的全部危险性类别。因此，二者是危险化学品安全生产管理的依据。

3. 危险货物分类和品名编号

危险货物也称危险物品或危险品，是指具有爆炸、易燃、毒害、感染、腐蚀、放射性等危险特性，在运输、储存、生产、经营、使用和处置中，容易造成人身伤亡、财产损毁或环境污染而需要特别防护的物质和物品。危险货物中包括了危险化学品。

《危险货物分类和品名编号》（GB 6944—2012）对应联合国《关于危险货物运输的建议书：规章范本（第 16 修订版）第 2 部分：分类》，把危险货物分为 9 类。危险货物的品名编号采用联合国编号。

（1）第 1 类：爆炸品。包括爆炸性物质、爆炸性物品，以及为产生爆炸或烟火实际效果而制造的上述两项中未提及的物质或物品。

1.1 项为具有整体爆炸危险的物质和物品，如高氯酸。

1.2 项为有进射危险，但无整体爆炸危险的物质和物品。

1.3 项为具有燃烧危险并有局部爆炸危险或局部进射危险，或者两种危险都有但无整体爆炸危险的物质和物品，如二亚硝基苯。本项包括可产生大量辐射热的物质和物品，以及相继燃烧产生局部爆炸或进射效应或两种效应兼而有之的物质和物品。

1.4 项为不呈现重大危险的物质和物品，如四唑并 -1- 乙酸。本项包括运输中万一点燃或引发时仅出现小危险的物质和物品，其影响主要限于包装件本身，并预计射出的碎片不大、射程也不远，外部火烧不会引起包装件内全部内装物的瞬间爆炸。

1.5 项为有整体爆炸危险的非常不敏感物质。本项包括有整体爆炸危险性但非常不敏感以致在正常运输条件下引发或由燃烧转为爆炸的可能性很小的物质。

1.6 项为无整体爆炸危险的极端不敏感物质。本项包括仅含有极端不敏感起爆物质并且其意外引发爆炸或传播的概率可忽略不计的物品（注：该项物品的危险仅限于单个物品的爆炸）。例如，叠氮钠、黑索金、硝化甘油、三硝基苯酚、TNT 和火药等均属于爆炸品。

爆炸品危险性标志如图 4-1-1 所示。

（符号：黑色；底色：橙红色）

　　a）　　　　　　b）　　　　　　c）　　　　　　d）

图 4-1-1　爆炸品危险性标志

a）1.1 项、1.2 项和 1.3 项　b）1.4 项　c）1.5 项　d）1.6 项

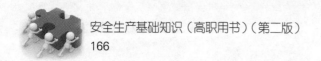
（2）第 2 类：气体。本类气体指在 50 ℃时蒸气压力大于 300 kPa 的物质，或 20 ℃时在 101.3 kPa 标准压力下完全是气态的物质。

本类包括压缩气体、液化气体、溶解气体和冷冻液化气体、一种或多种气体与一种或多种其他类别物质的蒸气的混合物、充有气体的物品和烟雾剂。

根据气体在运输中的主要危险性，本类分为 3 项。

2.1 项为易燃气体。本项包括在 20 ℃和 101.3 kPa 条件下与空气的混合物按体积分数占 13% 或更少时可点燃的气体；或不论易燃下限如何，与空气混合，燃烧范围的体积分数至少为 12% 的气体。例如，乙炔、丙烷、氢气、液化石油气、天然气、甲烷等均为易燃气体。

2.2 项为非易燃无毒气体。在 20 ℃压力不低于 280 kPa 条件下运输或以冷冻液体状态运输的气体，并且是窒息性气体（会稀释或取代通常在空气中的氧气的气体）；或氧化性气体（通过提供氧气比空气更能引起或促进其他材料燃烧的气体）；或不属于其他项别的气体。例如，压缩空气、氧气、氮气、氩气和二氧化碳等均属于非易燃无毒气体。

2.3 项为毒性气体。本项包括已知对人类具有毒性或腐蚀性强到对健康造成危害的气体；或半数致死浓度 LC_{50} 值不大于 5 000 mL/m^3，因而推定对人类具有毒性或腐蚀性的气体。例如，光气、氯气、液氨和水煤气等均属于毒性气体。

具有两个项别以上危险性的气体和气体混合物，其危险性先后顺序为 2.3 项优先于其他项，2.1 项优先于 2.2 项。

气体危险性标志如图 4-1-2 所示。

（符号：黑色；底色：正红色）　（符号：黑色；底色：绿色）　　（符号：黑色；底色：白色）
　　　　a）　　　　　　　　　　b）　　　　　　　　　　　　c）

图 4-1-2　气体危险性标志

a）2.1 项　易燃气体　b）2.2 项　非易燃无毒气体　c）2.3 项　有毒气体

（3）第 3 类：易燃液体。本类包括以下内容。

1）易燃液体。在其闪点温度（其闭杯试验闪点不高于 60.5 ℃，或其开杯试验闪点不高于 65.6 ℃）时放出易燃蒸气的液体或液体混合物，或是在溶液或悬浮液中含有固体的液体；本项还包括在温度等于或高于其闪点的条件下提交运输的液体；或以液态在高温条件下运输或提交运输，并在温度等于或低于最高运输温度下放出易燃蒸气的物质。例如，油漆、香蕉水、汽油、煤油、乙醇、甲醇、丙酮、甲苯、二甲苯、溶剂油、苯、乙酸乙酯、乙酸丁酯等。

2）液态退敏爆炸品。本类物质在常温下易挥发，其蒸气与空气混合能形成爆炸性混合物。例如，乙醚、乙醛、苯、乙醇、丁醇和氯苯等。

易燃液体危险性标志如图 4-1-3 所示。

（符号：黑色；底色：正红色）

图 4-1-3　易燃液体危险性标志

（4）第 4 类：易燃固体、易于自燃的物质、遇水放出易燃气体的物质。

4.1 项为易燃固体。本项包括容易燃烧或摩擦可能引燃或助燃的固体，可能发生强烈放热反应的自反应物质，不充分稀释可能发生爆炸的固态退敏爆炸品。例如，红磷、硫黄、铝粉、硝化棉等均属于易燃固体。

4.2 项为易于自燃的物质。本项包括发火物质和自热物质。例如，白磷、三乙基铝等均属于易于自燃的物质。

4.3 项为遇水放出易燃气体的物质。与水相互作用易变成自燃物质或能放出危险数量的易燃气体的物质，如金属钠、镁粉、镁铝粉、镁合金粉等。

易燃固体、易于自燃的物质、遇水放出易燃气体的物质危险性标志如图 4-1-4 所示。

（5）第 5 类：氧化性物质和有机过氧化物。

5.1 项为氧化性物质。本身不一定可燃，但通常因放出氧或起氧化反应可能引起或促使其他物质燃烧的物质，如过氧化氢、过氧化钠、高锰酸钾等。

5.2 项为有机过氧化物。分子组成中含有过氧基的有机物质，该物质为热不稳定物质，可能发生放热的自加速分解。该类物质还可能具有以下一种或数种性质：发生爆炸性分解、迅速燃烧、对碰撞或摩擦敏感、与其他物质起危险反应、损害眼睛。例如，过氧化苯甲酰、过氧化甲乙酮等均属于有机过氧化物。

（符号：黑色；底色：白色红条）　（符号：黑色；底色：上白下红）　（符号：黑色；底色：蓝色）
　　　　a)　　　　　　　　　　　　b)　　　　　　　　　　　　c)

图 4-1-4　易燃固体、易于自燃的物质、遇水放出易燃气体的物质危险性标志

a) 4.1 项　易燃固体　b) 4.2 项　易于自燃的物质　c) 4.3 项　遇水放出易燃气体的物质

氧化性物质和有机过氧化物危险性标志如图 4-1-5 所示。

（符号：黑色；底色：柠檬黄色）　　　　　　　（符号：黑色；底色：红色和柠檬黄色）
　　　　a)　　　　　　　　　　　　　　　　　　　　　b)

图 4-1-5　氧化性物质和有机过氧化物危险性标志

a) 5.1 项　氧化性物质　b) 5.2 项　有机过氧化物

（6）第 6 类：毒性物质和感染性物质。

6.1 项为毒性物质。经吞食、吸入或皮肤接触后可能造成死亡或严重受伤或健康损害的物质，如氰化钠、氰化钾、砒霜、硫酸铜、部分农药等。

毒性物质的毒性分为急性口服毒性、皮肤接触毒性和吸入毒性。分别用口服毒性半数致死量 LD_{50}、皮肤接触毒性半数致死量 LD_{50}、吸入毒性半数致死浓度 LC_{50} 衡量。

经口摄取半数致死量：固体 $LD_{50} \leqslant 200$ mg/kg，液体 $LD_{50} \leqslant 500$ mg/kg；经皮肤接触 24 h 半数致死量 $LD_{50} \leqslant 1\ 000$ mg/kg；粉尘、烟雾吸入半数致死浓度 $LC_{50} \leqslant 10$ mg/L 的固体或液体。例如，氰化钠、氰化钾和砷酸盐等均属于毒性物质。

6.2 项为感染性物质。含有病原体的物质，包括生物制品、诊断样品、基因突变的微生物体和其他媒介，如病毒蛋白等。

毒性物质和感染性物质危险性标志如图 4-1-6 所示。

（符号：黑色；底色：白色）
a）

（符号：黑色；底色：白色）
b）

图 4-1-6　毒性物质和感染性物质危险性标志

a）6.1 项　有毒物质　b）6.2 项　感染性物质

（7）第 7 类：放射性物质。放射性物质是指含有放射性核素且其放射性活度浓度和总活度都分别超过《放射性物质安全运输规程》（GB 11806—2004）规定的限值的物质。

放射性物质危险性标志如图 4-1-7 所示。

（符号：黑色；底色：白色，附一条红竖条）
a）

（符号：黑色；底色：上黄下白，附两条红竖条）
b）

（符号：黑色；底色：上黄下白，附三条红竖条）
c）

（符号：黑色；底色：白色）
d）

图 4-1-7　放射性物质危险性标志

a）Ⅰ级　b）Ⅱ级　c）Ⅲ级　d）裂变性物质

（8）第8类：腐蚀性物质。腐蚀性物质是指通过化学作用使生物组织接触时会造成严重损伤或在渗漏时会严重损害甚至毁坏其他货物或运载工具的物质。

腐蚀性物质包含与完好皮肤组织接触不超过 4 h，在 14 d 的观察期中发现引起皮肤全厚度损毁；或在温度 55 ℃时，对 S235JR+CR 型或类似型号钢或无覆盖层铝的表面均匀年腐蚀率超过 6.25 mm/a 的物质。

例如，盐酸、硫酸、硝酸、磷酸、氢氟酸、氨水、次氯酸钠溶液、甲醛溶液、氢氧化钠、氢氧化钾等均属于腐蚀性物质。腐蚀性物质危险性标志如图 4-1-8 所示。

（9）第9类：杂项危险物质和物品。即具有其他类别未包括的危险的物质和物品，包括危害环境物质、高温物质、经过基因修改的微生物或组织。此类危险性标志如图 4-1-9 所示。

（符号：黑色；底色：上白下黑）

图 4-1-8　腐蚀性物质危险性标志

（符号：黑色；底色：白色）

图 4-1-9　杂项危险物质和物品危险性标志

4. 危险化学品的主要危险特性

（1）燃烧性。爆炸品、压缩气体和液化气体中的可燃性气体、易燃液体、易燃固体、自燃物品、遇湿易燃物品、有机过氧化物等，在条件具备时均可能发生燃烧。

（2）爆炸性。爆炸品、压缩气体和液化气体、易燃液体、易燃固体、自燃物品、遇湿易燃物品、氧化剂和有机过氧化物等危险化学品均可能由于其化学活性或易燃性引发爆炸事故。

（3）毒害性。许多危险化学品可通过一种或多种途径进入人体或动物体内，当其在人体累积到一定量时，便会扰乱或破坏肌体的正常生理功能，引起暂时性或持久性的病理改变，甚至危及生命。

（4）腐蚀性。强酸、强碱等物质能对人体组织、金属等物品造成损坏，接触人的皮肤、眼睛或肺部、食道等时，会引起表皮组织坏死而造成灼伤。内部器官被灼伤后可引起炎症，甚至造成死亡。

（5）放射性。放射性危险化学品通过放出的射线可阻碍和伤害人体细胞活动机能并导致细胞死亡。

5. 化学品安全技术说明书和安全标签的内容及要求

（1）化学品安全技术说明书。化学品安全技术说明书国际上称作化学品安全信息卡，简称 CSDS（Chemical Safety Data Sheet）或 MSDS（Material Safety Data Sheet），是一份关于化学品燃爆、毒性和环境危害以及安全使用、泄漏应急处置、主要理化参数、法律法规等方面信息的综合性文件。

作为最基础的技术文件，化学品安全技术说明书的主要用途是传递安全信息，其主要作用体现在以下方面：

1）化学品安全技术说明书是化学品安全生产、安全流通、安全使用的指导性文件。

2）化学品安全技术说明书是应急作业人员进行应急作业时的技术指南。

3）化学品安全技术说明书为危险化学品生产、处置、储存和使用各环节制定安全操作规程提供技术信息。

4）化学品安全技术说明书为危害控制和预防措施的设计提供技术依据。

5）化学品安全技术说明书是企业安全教育的主要内容。

根据国家标准《化学品安全技术说明书　内容和项目顺序》（GB/T 16483—2008）要求，化学品安全技术说明书包括 16 大项近 70 个小项的安全信息内容，具体项目如下。

1）化学品及企业标识。主要标明化学品名称，生产企业名称、地址、邮编、电话、应急电话、传真和电子邮件地址等信息。

2）危险性概述。简要概述该化学品最重要的危害和效应，主要包括危险类别、侵入途径、健康危害、环境危害、燃爆危险等信息。

3）成分／组成信息。标明该化学品是纯化学品还是混合物。纯化学品应给出其化学品名称、通用名和商品名、分子式、相对分子质量、浓度以及化学文摘索引登记号（CAS 号）。混合物应给出每种组分及其比例，尤其要给出危害性组分的浓度或浓度范围。

4）急救措施。主要指现场作业人员受到意外伤害时，所需采取的自救或互救的简要处理方法，包括眼睛接触、皮肤接触、吸入、食入的急救措施。

5）消防措施。说明合适的灭火剂及灭火方法和因安全原因禁止使用的灭火剂，以及消防员的特殊防护用品，并提供有关火灾时化学品的性能、燃烧分解产物以及应采取的预防措施等资料。

6）泄漏应急处理。指化学品泄漏后现场可采用的简单有效的应急措施、注意事项和消除方法，包括应急行动、应急人员防护、环保措施、消除方法等内容。

7）操作处置与储存。主要指化学品操作处理和安全储存方面的信息资料，包括操作处置作业中的安全注意事项、安全储存条件和注意事项。

8）接触控制／个体防护。主要指为保护作业人员免受化学品危害而采用的防护方法和手段，包括最高容许浓度、工程控制、呼吸系统防护、眼睛防护、身体防护、手防护、其他防护要求。

9）理化特性。主要描述化学品的外观及理化性质等方面的信息。

10）稳定性和反应活性。主要叙述化学品的稳定性和反应活性方面的信息。

11）毒理学资料。主要提供化学品的毒性、刺激性、致癌性等信息。

12）生态学信息。主要叙述化学品的环境生态效应和行为，包括迁移性、降解性、生物累积性和生态毒性等。

13）废弃处置。提供化学品和可能装有有害化学品残余的污染包装的安全处置方法及要求。

14）运输信息。主要是指国内、国际化学品包装与运输的要求及运输规定的分类和编号，包括危险货物编号、包装类别、包装标志、包装方法、UN 编号及运输注意事项等。

15）法规信息。主要是化学品管理方面的法律条款和标准。

16）其他信息。主要提供其他对安全有重要意义的信息，包括参考文献、填表时间、填表部门、填表人、数据审核单位等。

化学品安全技术说明书的内容，从制作之日算起，每 5 年更新一次，要不断补充信息资料，若发现新的危害性，在有关信息发布后的半年内，生产企业必须对技术说明书的内容进行修订。

（2）危险化学品安全标签。危险化学品安全标签是用文字、图形符号和编码的组合形式表示化学品所具有的危险性和安全注意事项。如图 4-1-10 所示是危险化学品安全标签的样例。

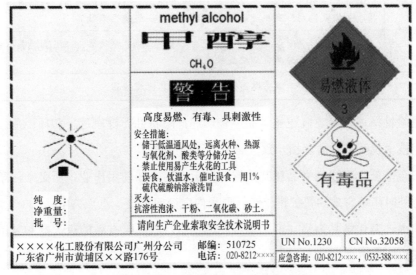

图 4-1-10　危险化学品安全标签样例

1）内容。《化学品安全标签编写规定》（GB 15258—2009）规定了危险化学品安全标签的内容、格式和制作等事项，具体内容如下：

①名称。用中英文分别标明危险化学品的通用名称。名称要求醒目清晰，位于标签的正上方。

②分子式。可用元素符号和数字表示分子中各原子数，居名称的下方。若是混合物此项可略。

③化学成分及组成。标出化学品的主要成分和含有的有害组分、含量或浓度。

④编号。应标明联合国危险货物运输编号和中国危险货物运输编号，分别用 UN No. 和 CN No. 表示。

⑤标志。采用联合国《关于危险货物运输的建议书》和《化学品分类和危险性公示　通则》（GB 13690—2009）规定的符号。每种化学品最多可选用两个标志。标志符号居标签右边。

⑥警示词。根据化学品的危险程度，分别用"危险""警告""注意"进行危害程度的警示。当某种化学品具有两种及两种以上的危险性时，用危险性最大的警示词。警示词一般位于化学品名称下方，要求醒目、清晰。警示词应用的一般原则见表 4-1-2。

表 4-1-2　　　　　　警示词与化学品危险性类别的对应关系

警示词	化学品危险性类别
危险	爆炸品、易燃气体、有毒气体、低闪点液体、一级自燃物品、一级遇湿易燃物品、一级氧化剂、有机过氧化物、剧毒品、一级酸性腐蚀品
警告	不燃气体、中闪点液体、一级易燃固体、二级自燃物品、二级遇湿易燃物品、二级氧化剂、有毒品、二级酸性腐蚀品
注意	高闪点液体、二级易燃固体、有害品、其他腐蚀品

⑦危险性概述。简要概述化学品燃烧爆炸危险特性、健康危害和环境危害。说明要与安全技术说明书的内容相一致。居于警示词下方。

⑧安全措施。表述化学品在其处置、搬运、储存和使用作业中所必须注意的事项和发生意外时简单有效的救护措施等，要求内容简明扼要、重点突出。

⑨灭火。若化学品为易（可）燃或助燃物质，应提示有效的灭火剂和禁用的灭火剂以及灭火注意事项。

⑩批号。注明生产日期和生产班次。

⑪提示向生产销售企业索取安全技术说明书。

⑫生产企业名称、地址、邮编、电话。

⑬应急咨询电话。填写化学品生产企业的应急咨询电话和国家化学事故应急咨询电话。

2）注意事项。在使用危险化学品安全标签时，应注意以下事项：

①安全标签应由生产企业在货物出厂前粘贴、挂拴、印刷。出厂后若要改换包装，则由改换包装单位重新粘贴、挂拴、印刷标签。

②安全标签应粘贴、挂挂、印刷在危险化学品容器或包装的明显位置，粘贴、挂拴、印刷应牢固，以保证在运输、储存期间不会脱落。

③盛装危险化学品的容器或包装，在经过处理并确认其危险性完全消除之后，方可撕下标签，否则不能撕下相应的标签。

④当某种化学品有新的信息发布时，标签应及时修订、更改。在正常情况下，标签的更新时间应与安全技术说明书相同，不得超过 5 年。

第二节 建筑施工安全技术

一、我国建筑施工安全概述

建筑业事故的特点是由建筑施工的特点决定的。

1. 建筑业自身特点对安全生产的影响

建筑业之所以成为一个危险的行业，与建筑业本身固有特点有关。建筑业面临的对安全生产不利的客观因素主要有以下几个方面：

（1）建设工程是一个庞大的人机工程，在项目建设过程中，施工人员与各种施工机具和施工材料为了完成一定的任务，既各自发挥自己的作用，又必须相互联系，相互配合。这一系统的安全性和可靠性不仅取决于施工人员的行为，还取决于各种施工机具、材料以及建筑产品（统称为物）的状态。一般说来，施工人员的不安全行为和物的不安全状态是导致意外伤害事故造成损害的直接原因。而建设工程中的人、物以及施工环境中存在的导致事故的风险因素非常多，如果不能及时发现并且排除，将很容易导致安全事故。

（2）与制造企业生产方式和生产规律不同，建设项目的施工具有单件性的特点。单件性是指没有两个完全相同的建设项目，不同的建设项目所面临的事故风险的多少和种类都是不同的，同一个建设项目在不同的建设阶段所面临的风险也不同。建筑业从业人员在完成每一件建筑产品（房屋、桥梁、隧道等设施）的过程中，每一天所面对的都是一个几乎全新的物理工作环境。在完成一个建筑产品之后，又不得不转移到新的地区参与下一个建设项目的施工。

（3）项目施工还具有离散性的特点。离散性是指建筑业的主要制造者——现场施工工人，在从事生产的过程中，分散于施工现场的各个部位，尽管有各种规章和计划，但他们面对具体的生产问题时，仍旧不得不依靠自己的判断和决定。因此，尽管部分施工人员已经积累了许多工作经验，还是必须不断适应一直在变化的人—机—环系统，

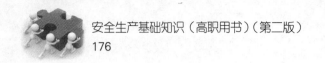

并且对自己的施工行为作出决定，从而增加了建筑业生产过程中由于工作人员采取不安全行为或者工作环境的不安全因素导致事故的风险。

（4）建筑施工大多在露天的环境中进行，所进行的活动必然受到施工现场的地理条件、气候、气象条件的影响。在现场气温极高或者极低的条件下，在现场照明不足的条件下（如夜间施工），在下雨或者刮大风等条件下施工时，容易导致工人疲劳、注意力不集中而造成事故。

（5）建设工程往往有多方参与，管理层次比较多，管理关系复杂。仅现场施工就涉及业主、总承包商、分包商、供应商、监理工程师等各方。安全管理要做到协调管理、统一指挥需要先进的管理方法和能力，而目前很多项目的管理仍未能做到这点。虽然分包合同条款中对于各自安全责任作了明确规定，但安全责任主要由总承包商承担。

（6）目前世界各国的建筑业仍属于劳动密集型产业，技术含量相对偏低，建筑工人的文化素质较差。尤其是在发展中国家和地区，大量的没有经过全面职业培训和严格安全教育的劳动力涌向建设项目成为施工人员。一旦管理措施不当，这些工人往往成为建筑安全事故的肇事者和受害者，不仅为自己和他人的家庭带来巨大的痛苦和损失，还给建设项目本身和全社会造成许多不利的影响。

2. 建筑施工生产安全事故情况

伴随着我国建筑业的蓬勃发展，建筑施工安全生产问题日益严重。由于行业特点、工人素质、管理水平、文化观念、社会发展水平等因素的影响，我国建筑施工伤亡事故频发，令很多工人失去生命。面对严峻的建筑施工安全生产形势，党和政府高度重视，在广大建筑施工企业和各级政府主管部门的不断努力下，安全生产形势总体趋于好转。如图4-2-1所示是我国2008—2018年房屋和市政工程领域总体事故统计。从图4-2-1可以看出，11年间我国建筑施工事故总量呈逐年下降的趋势，其中，从2008年的最高纪录下降直到2015年的最低纪录；但从图4-2-1也可以明显发现，2012年以后事故下降趋势趋于平缓，事故下降区间变小且略有反弹，尤其是2016年、2017年和2018年事故起数和死亡人数连续增长，保持了多年的事故呈连续下降的态势被打破。

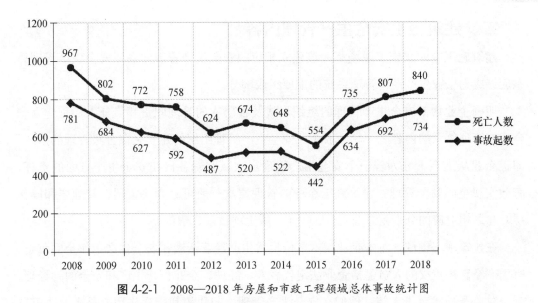

图 4-2-1 2008—2018 年房屋和市政工程领域总体事故统计图

3. 建筑施工生产安全事故主要类型

根据住房和城乡建设部 2018 年房屋市政工程生产安全事故数据分析，在总体事故类型中高处坠落事故 383 起，占总数的 52.2%；物体打击事故 112 起，占总数的 15.2%；起重伤害事故 55 起，占总数的 7.5%；坍塌事故 54 起，占总数的 7.3%；机械伤害事故 43 起，占总数的 5.9%；车辆伤害、触电、中毒和窒息、火灾和爆炸及其他类型事故 87 起，占总数的 11.9%，如图 4-2-2 所示。

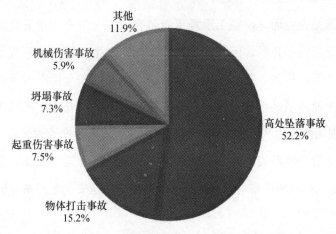

图 4-2-2 2018 年房屋和市政工程事故类型情况

由数据可以看出，高处坠落、物体打击、起重伤害、坍塌事故、机械伤害事故是建筑施工领域发生最多的事故类型。

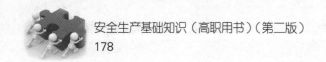

二、建筑施工安全生产管理内容

建筑施工企业和施工现场都应该建立相应的安全生产管理体系，安全生产管理体系应该成为企业生产经营管理系统的重要组成部分。

明确企业内部安全生产管理的组织形式及各层次的管理职责和责任人，是建立安全生产管理体系的内容之一。一般企业安全生产管理组织的建立采取分级管理的形式，即把企业从上至下分为若干个安全生产管理层次，明确各自在安全生产方面的责任，有效实现全面安全管理。建筑施工企业的管理层次一般可分为决策层、管理层和操作层，与之相对应的分别是总公司（公司）、施工项目部、班组。

在建筑施工领域，对本企业或本单位日常生产经营活动和安全生产工作全面负责、有生产经营决策权的人员包括企业法定代表人、经理、企业分管生产和安全的副经理、安全总监及技术负责人等，他们在安全生产管理中起决策和指挥作用，是企业决策层安全生产管理的主要负责人。

项目经理是企业安全生产管理层的重要角色，更是施工现场承担安全生产的第一责任人，对施工现场安全生产管理负总责，是施工现场安全生产管理的决策人物。

操作层是安全生产的基础环节。在建筑施工企业专职从事安全生产管理工作的人员包括企业安全生产管理机构的负责人及其工作人员、施工现场专职安全生产管理人员，是企业操作层的安全生产管理负责人。

对于建筑施工企业而言，施工现场承担着企业安全生产的重要任务，企业安全生产管理主要在施工现场开展，因此，完善的企业安全生产管理体系应是包括施工现场在内的安全生产管理体系。施工现场不仅应建立完善的安全生产管理体系，还应成为企业安全生产管理体系是否完善的重要评价依据。企业的安全生产管理体系运转的目的是确保施工现场安全生产体系的正常运转；企业的安全生产管理体系正常运转的标志是施工现场安全生产体系的正常运转，还包括对分包单位施工现场安全生产管理的要求。企业的安全生产管理体系中的安全生产管理要求都是安全生产条件所确定的内容。

三、施工现场安全知识

1. 施工现场安全规定

施工现场是建筑行业生产产品的场所，为了保证施工过程中施工人员的安全和健康，应建立施工现场安全规定。

（1）悬挂标牌与安全标志。施工现场的入口处应当设置"一图五牌"，即工程总平面布置图和工程概况牌、管理人员及监督电话牌、安全生产规定牌、消防保卫牌、文明施工管理制度牌，以接受群众监督。在场区有高处坠落、触电、物体打击等危险部分应悬挂安全标志牌。

（2）施工现场四周用硬质材料进行围挡封闭，在市区内其高度不得低于 1.8 m。场内的地坪应当做硬化处理，道路应当坚实畅通。施工现场应当保持排水系统畅通，不得随意排放。各种设施和材料的存放应当符合安全规定和施工总平面图的要求。

（3）施工现场的孔、洞、口、沟、坎、井以及建筑物临边，应当设置围挡、盖板和警示标志，夜间应设置警示灯。

（4）施工现场的各类脚手架（包括操作平台及模板支撑）应当按照标准进行设计，采取符合规定的工具和器具，按专项安全施工组织设计搭设，并用绿色密目式安全网全封闭。

（5）施工现场的用电线路、用电设施的安装和使用应当符合临时用电规范和安全操作规程，并按照施工组织设计进行架设，严禁任意拉线接电。

（6）施工单位应采取措施控制污染，做好施工现场的环境保护工作。

（7）施工现场应设置必要的生活设施，并符合国家卫生有关规定要求。应当做到生活区与施工区、加工区的分离。

（8）进入施工现场必须佩戴安全帽，攀登与独立悬空作业必须佩挂安全带。

2. 施工过程中的安全操作知识

施工现场有两类人员，一类是管理人员，包括项目经理、施工员、技术员、质监员、安全员等；另一类是操作人员，包括瓦工、木工、钢筋工等各工种。施工管理人员是指挥、指导、管理施工的人员，在任何情况下不应为了抢进度而忽视安全规定，指挥工人冒险作业。操作人员应通过三级安全教育、安全技术交底和每日的班前活动，掌握保护自己生命安全和健康的知识和技能，杜绝冒险蛮干，做到不伤害自己、不伤害别人，也不被别人伤害。各类人员除了做到不违章指挥、不违章作业以外，还应熟悉以下建筑施工安全的特点。

（1）安全防护措施和设施需要不断地补充和完善。随着建筑物从基础到主体结构的施工，不安全因素和安全隐患也在不断地变化和增加，这就需要及时地针对变化了的情况和新出现的隐患采取措施进行防护，确保安全生产。

（2）在有限的空间交叉作业，危险因素多。在施工现场的有限空间里集中了大量的机械、设施、材料和人。随着在建工程进度的不断变化，机械与人、人与人之间的交叉作业就会越来越频繁，因此，受到伤害的机会是很多的，这就需要建筑工人增强安全意识，掌握安全生产方面的法律、法规、规范、标准知识，杜绝违章施工、冒险作业。

3. 施工现场安全措施

（1）安全目标管理。安全目标管理的主要内容如下。

1）控制伤亡事故指标。

2）施工现场安全达标。在施工期间内都必须达到住房和城乡建设部《建筑施工安全检查标准》（JGJ 59—2011）的合格以上要求。

3）文明施工。要制定施工现场全工期内总体和分阶段的目标，并要进行责任分解，落实到人，制定考评办法，奖优罚劣。

（2）文明施工。根据《建筑施工安全检查标准》（JGJ 59—2011）的规定，在工程施工期间，施工现场都能做到地坪硬化、场区绿化、五小设施（办公室、宿舍、食堂、厕所、浴室）卫生化、材料堆放标准化等文明施工的标准。

（3）安全技术交底。任何一项分部分项工程在施工前，工程技术人员都应根据施工组织设计的要求，编写有针对性的安全技术交底书，由施工员对班组工人进行交底。接受交底的工人听过交底后，应在交底书上签字。

（4）安全标志。在危险处如起重机械、临时用电设施、脚手架、出入通道口、楼梯口、电梯井口、孔洞口、桥梁口、隧道口、基坑边沿、爆破物及有害危险气体和液体存放处等，都必须按《安全色》（GB 2893—2008）、《安全标志及其使用导则》（GB 2894—2008）和《工作场所职业病危害警示标识》（GBZ 158—2003）的规定悬挂醒目的安全标志牌。

（5）季节性施工。建筑施工是露天作业，受到天气变化的影响很大，因此，在施工中要针对季节的变化制定相应施工措施，主要包括雨季施工和冬季施工。高温天气应采取防暑降温措施。

（6）尘毒防治。建筑施工中主要有水泥粉尘、电焊锰尘及油漆涂料等有毒气体的危害。随着工艺的改革，有些尘毒危害已经消除，如实施商品混凝土标准以后，水泥污染正在消除。施工单位应向作业人员提供安全防护用具和安全防护服装，并书面告知危险岗位的操作规程和违章操作的危害。作业人员应当遵守安全施工的强制性标准、规章制度和操作规程。

4. 建筑施工安全"三宝"（安全帽、安全带、安全网）的正确使用

（1）安全帽。安全帽被广大建筑工人称为安全"三宝"之一，是建筑工人保护头部，防止和减轻头部伤害，保证生命安全的重要的个人防护用品。

凡进入施工现场的人员都必须正确戴好安全帽。作业中不得将安全帽脱下，搁置一旁，或当坐垫使用。施工现场发生的物体打击事故表明，凡是正确戴好安全帽，就会减轻或避免事故的后果；如果未正确戴好安全帽，就会失去它保护头部的防护作用，使人受到严重伤害。

要正确地使用安全帽，必须做到以下 4 点。

1）帽衬顶端与帽壳内顶必须保持 25~50 mm 的空间，有了这个空间，才能构成一个能量吸收系统，才能使冲击分布在头盖骨的整个面积上，减轻对头部的伤害。

2）必须系好下颌带，戴安全帽如果不系下颌带，一旦发生高处坠落，安全帽将被甩离头部，造成严重后果。

3）安全帽必须戴正、戴稳，如果帽子歪戴着，一旦头部受到打击，就不能减轻对头部的伤害。

4）安全帽在使用过程中会逐渐损坏，要定期和不定期进行检查，如果发现开裂、下凹、老化、裂痕和磨损等情况，就要及时更换，确保使用安全。

（2）安全带。安全带是防止高处作业人员发生坠落或发生坠落后将作业人员安全悬挂的个人防护装备，被建筑工人誉为"救命带"。

安全带可分为围杆作业安全带、区域限制安全带和坠落悬挂安全带。建筑、安装施工中大多使用的是坠落悬挂安全带。

坠落悬挂安全带使用时应高挂低用，注意防止摆动、碰撞。若安全带低挂高用，一旦发生坠落，将增加冲击力，带来危险。新使用的安全带必须有产品检验合格证，无证明不准使用。

（3）安全网。安全网是用来防止人员、物体坠落，或用来避免、减轻坠落及物体打击伤害的网具。根据安装形式和使用目的不同，安全网可分为平网和立网两类。安装平面垂直于水平面，主要用来接住坠落的人和物的安全网称为平网。安装平面不垂直于水平面，主要用来防止人或物坠落的安全网称为立网。

第三节　城镇燃气安全技术

一、城镇燃气安全基础知识

通常把城镇燃气种类划分为天然气、人工煤气、液化石油气、沼气。近年来也将掺混气和工业企业的生产余气（称为工业余气）列入城镇燃气。

1. 城镇燃气的种类

（1）天然气。天然气一般可分为以下五种：

1）从气井开采出来的气田气称为纯气田天然气。

2）伴随石油一起开采出来的石油气称为石油伴生气，也称油井气。

3）含石油轻质馏分的凝析气田气。

4）在开采煤矿时从井下煤层抽出的煤矿矿井气，或称煤田气。

5）煤成气等。

纯气田天然气（简称天然气）的组分以甲烷为主，还含有少量的乙烷、丙烷等烃类及二氧化碳、硫化氢、氮和微量的氦、氖、氩等气体。天然气所含组分不同，其热值的高低也有差异。

（2）人工煤气。作为居民生活、工业企业生产和商业用气的人工煤气主要是指以煤或油为原料，经制气及净化处理后通过城镇燃气管网为用户提供的气体燃料。

根据煤和油的原料组分、原料的性质，以及制气的加工方式不同，人工煤气一般可分为固体燃料干馏煤气、固体燃料气化煤气、油制气和高炉煤气 4 种。

（3）液化石油气。液化石油气是开采和炼制石油过程中，作为副产品而获得的一部分碳氢化合物。液化石油气习惯上又称为 C_3、C_4，即只用短的碳原子（C）数表示。

液化石油气除以瓶装供应外，还可采用汽化的方法使其由液态转化为气态，并通过管道供应用户。为了避免汽化后的液化石油气在有压力输送状态下转换为液态影响正常的输送，常在气态液化石油气中掺混一定量的空气输送给用户使用。按照国家规定，液化石油气与空气的混合气作主气源时，液化石油气的体积分数应高于其爆炸上限的 2 倍，且混合气的露点温度应低于管道外壁温度 5 ℃。硫化氢含量不应大于 20 mg/m³。

（4）沼气。沼气主要成分为甲烷，约占 60%，二氧化碳约为 35%，此外，还含有少量的氢、一氧化碳等气体，是一种低成本的清洁能源，其发生源和分布极为广泛。以沼气的发生源不同可分为天然沼气和人工沼气两大类。天然沼气是自然界中的有机质自然形成的沼气。人工沼气也被称作生物气，是一种再生能源。

（5）掺混气。天然气、人工煤气、液化石油气等燃气常作为单一气源为城镇供气，但也常为调节供气量和调整燃气热值而将不同类别的燃气或燃气与空气混合配制成混合气，作为城镇的供气气源，这种混合燃气称为掺混气。

（6）工业余气。石油化工与化肥工业企业在生产过程中常排出一些工业余气，由于生产工艺需要，一般设火炬将余气燃烧，有很高的热能利用价值。这些工业余气含有大量的可燃成分，经过收集、加工也可以作为城镇燃气的来源。工业余气的利用可提高能源利用率，避免资源浪费，同时减轻了大气环境污染。

2. 燃气使用安全常识

（1）燃气安全常识。我国城市燃气主要有天然气、人工煤气和液化石油气三大气源。

1）天然气。天然气无色、无味、无毒且无腐蚀性，但若含有较多硫化氢，则对人体有毒害作用，另外，如果天然气燃烧不好，也可能产生一氧化碳等有毒气体。天然气主要成分是烷烃，燃烧产物主要是二氧化碳和水，因此，天然气是一种清洁且较为安全的能源。

天然气在空气中的爆炸极限为 5%~15%，密度是空气的 1/2，比空气轻，虽有易燃、易爆的特点，但泄漏极易扩散，不易积存，因此产生爆燃或爆炸的概率很小。另外，天然气输配过程中采用加臭工艺，微量泄漏也可以及时发觉，并且 IC 卡表的超流量关闭功能也在一定程度上为用气安全提供了保障。天然气主要有以下优点：

①绿色环保。天然气几乎不含硫、粉尘和其他有害物质，燃烧时产生的二氧化碳也少于其他化石燃料，温室效应较低，因而能从根本上改善环境质量。

②经济实惠。天然气与人工煤气虽然同比热值价格相当，但天然气清洁干净，不仅能改善空气质量，还能延长灶具使用寿命，有利于用户减少维修费用支出。

③安全可靠。天然气无毒，易散发，轻于空气，不宜积聚成爆炸气体，是较为安全的燃气。

④改善生活。家庭使用安全、可靠的天然气，可以极大改善家居环境，提高生活质量。

2）人工煤气。人工煤气主要是烷烃、一氧化碳和氢气，其一氧化碳含量较大。由于一氧化碳无色、无臭、无味，且具有毒性，较高浓度时会与血液中的血红蛋白结合，而导致人体缺氧窒息死亡，因此，人工煤气供家庭使用时要加入一定的加臭剂以便在发生泄漏时易于察觉。

煤气是易燃、易爆的气体，煤气爆炸往往产生严重的破坏和人身伤亡事故。不仅工厂中的煤气设施、煤气管道有发生爆炸的可能，用户家庭也同样有这种可能。发生煤气爆炸的原因很多，例如，用户不按煤气供应部门的规定和要求使用，用明火去试验有无漏气现象；发现漏气时，自行拆卸修理，往往发生烧伤、炸伤或爆炸等事故；因煤气泄漏未及时发现、处理、遇明火爆炸；气源断绝时，管道内剩余少量残气，勉强反复点火，因空气混入而引起爆炸，炸毁气表。因此，家庭防止煤气爆炸的首要问题是防止煤气泄漏。

3）液化石油气。液化石油气主要供居民生活，主要有管道输送和瓶装供气两种方式。前者主要集中在大中城市，后者更多是在乡镇农村。因此，安全使用知识是非常必要和迫切的。

①易燃易爆。液化石油气在空气中达到一定浓度，即使在寒冷地区，遇到静电或金属撞击时的细小火花都能迅速引起燃烧，其在空气中的爆炸极限为 2%~10%。

②气液态体积比值大、易挥发。液化石油气在常温常压下，液态液化气迅速汽化为 250~350 倍体积的液化气气体。

③液态比水轻。液化石油气像油类一样，浮于水面，约相当于水密度的一半。

④气态比空气重。液化石油气为空气密度的 1.5~2 倍，所以一旦泄漏，极易沉积在低洼处，引发燃烧爆炸事故。

⑤体积膨胀系数大。液化石油气的体积是同温度水的 10~16 倍，并且随温度升高而不断膨胀，每升高 1 ℃，体积膨胀 0.3%~0.4%，气压增加 0.2~0.3 MPa。

⑥沸点低。一般沸点在 0 ℃以下，在我国，即使是南方冬季最冷的气温条件下，也能自然汽化。

⑦闪点低。低于 28 ℃形成挥发性混合气体的最低燃烧温度叫闪点，闪点易发生的燃烧只出现瞬间火苗或闪光，闪点是火灾的先兆。

⑧腐蚀性。主要体现在少量的硫化物，对钢材设备有微量的腐蚀性，对橡胶有溶化作用。

⑨可嗅性。为易于察觉泄漏，在液化石油气中添加了加臭剂。

⑩毒害性和窒息性。液化石油气有低毒性，当在空气中的浓度超过 1% 时就会使人呕吐，感到头痛；达到 10% 时，2 min 就能使人麻醉，人体吸入高浓度的液化石油气时，会发生窒息死亡。

（2）安全标志

1）安全色。安全色是传递安全信息含义的颜色，包括红、蓝、黄、绿四种颜色，表示禁止、指令、警告、提示等意义，见表 4-3-1。根据《安全色》（GB 2893—2008）的规定，安全色适用于公共场所、生产经营单位和交通运输、建筑、仓储等行业以及消防等领域所使用的信号和标志的表面色，不适用于灯光信号和航海、内河航运以及其他目的而使用的颜色。正确使用安全色，可以使人员能够对威胁安全和健康的物体和环境迅速做出反应；迅速发现或分辨安全标志，及时得到提醒，以防止事故、危害发生。

表 4-3-1　　　　　　　　　　安全色表征含义

安全色	安全色表征	安全色使用
红色	禁止、停止、危险以及消防设备	各种禁止标志；交通禁令标志；消防设备标志；机械的停止按钮、刹车及停车装置的操纵手柄；机器转动部件的裸露部分，如飞轮、齿轮、带轮等轮辐部分；指示器上各种表头的极限位置的刻度；各种危险信号旗等
蓝色	指令、必须遵守	各种指令标志；交通指示车辆和行人行驶方向的各种标线等标志
黄色	提醒、警告	各种警告标志；道路交通标志和标线；警戒标记，如危险机器和坑池周围的警戒线等；各种飞轮、带轮及防护罩的内壁；警告信号旗等
绿色	允许、安全	各种提示标志；车间厂房内的安全通道、行人和车辆的通行标志、急救站和救护站等；消防疏散通道和其他安全防护设备标志；机器启动按钮及安全信号旗等

2）安全线

①维持秩序、保证安全而画的或拉起的禁止越过的线。工业企业中用以划分安全区域与危险区域的分界线，如厂房内安全通道的标示线、铁路站台上的安全线等。

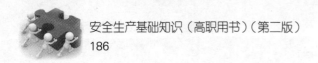
②江河等堤岸上画的是警戒水位的线。

3）安全标志。安全标志是用以表达特定安全信息的标志，由图形符号、安全色、几何形状（边框）或文字构成。根据《安全标志及其使用导则》（GB 2894—2008）规定，安全标志适用于公共场所、工业企业、建筑工地和其他有必要提醒人们注意安全的场所。燃气企业常用安全标志如图 4-3-1 所示。

图 4-3-1　燃气企业常用安全标志

二、城镇燃气事故特点

随着我国燃气事业的快速发展和供气规模的日益扩大，尤其以西气东输为标志的一系列燃气工程的竣工和投产运行，燃气使用在我国得到了快速普及。然而，燃气在生产、存储、运输及使用过程中的安全事故也不可避免地时有发生。燃气储存着巨大能量，是潜伏的危险因素，尤其是燃气泄漏可能导致火灾、爆炸，对人民生命财产构成严重威胁，带来巨大损失。燃气事故应是人民密切关注的重点和焦点。

1. 燃气事故类型

（1）人员伤亡事故。在日常生活或生产经营活动中，所发生的与燃气相关的人身伤亡或急性中毒事故。

（2）交通事故。在机动车辆的行驶过程中，由于与燃气相关的交通意外所造成的人身伤亡或车辆损坏事故。

（3）泄漏事故。在日常生活和生产过程中发生一定规模的燃气泄漏，虽没有发展为火灾、爆炸或中毒窒息事故，但造成了严重的财产损失或环境污染。

（4）火灾事故。由于各种原因发生火灾，并造成人身伤亡、财产损失事故。

（5）爆炸事故。发生化学反应的爆炸或物理性的爆炸事故。

（6）设备损坏事故。在生产经营活动中，发生设备、装置或管道损毁等事故。

（7）其他伤害。在日常生活或生产经营活动中，发生的与燃气相关的其他伤害。

2. 燃气事故特点

（1）普遍性。城镇燃气管道及设施布置范围广，任何有燃气管道或设施的地方都可能发生事故。

某些行业的事故多发生在生产场所，如矿山、危险化学品生产厂等，但城镇燃气事故没有这一特点。不论在生产、生活场所，只要有燃气设施的地方，都是可能的事故点。

（2）突发性。城镇燃气事故一般都具有突发性，往往在人们毫无察觉时发生燃气的泄漏，可能引起火灾或爆炸。设备及管道的损坏，包括外力破坏，一般都在没有先兆的情况下发生。

（3）不可预见性。有些事故是可以根据环境等因素做出预测的，例如，在恶劣的天气里，航空及公路交通事故可能会较多发生。但城镇燃气事故一般与气候等原因无关，任何季节、任何天气情况下，都有可能发生。因此，无法预知事故，以提前做好准备。

（4）影响范围大。燃气事故一旦发生，影响范围就比较大，不但影响生产、输送、使用场所，周围的一定区域都会受到事故影响。例如，在居民楼中，一户发生燃气爆

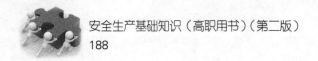

炸，可能会使整栋楼都受到影响。一些居民楼燃气爆炸事故造成楼体受损，有的不得不在爆炸事故后整体拆除。

（5）后果严重。一般燃气事故都会造成人员伤亡和财产损失，有些事故后果还比较严重。即使不是伤亡多人，对于单一的受害者，损失也是很严重的。

（6）既可形成主灾害，也可成为其他灾害的次生灾害。燃气事故本身可以形成主灾害；在地震、山体滑坡、地层变化、洪水等情况下，燃气设施的破坏可能会引起二次破坏。在以往的多次地震中，燃气管道断裂、泄漏以后引发的大火，不仅会造成比地震本身的破坏更严重的损害，而且给灾后的救援工作带来困难，使救援人员无法进入现场。

第四节　办公场所安全技术

一、办公场所安全状况概述

办公场所作为安全风险较低的区域，人们通常认为不会发生安全事故，从而忽视了办公场所的健康安全环境问题。但低风险不代表没有风险，不代表不会发生事故。国内外的实践证明，事故多发于关注度较低的管理死角和薄弱环节，由于疏于管理，危险源不受监管，一旦具备事故发生的条件，事故发生在所难免。

在办公场所内，工作环境相对稳定，人员的各方面素质较高，安全环境较好，对办公室安全不够重视。所发生的事故具有损失小、概率低，容易被忽视等特点。

据不完全统计，我国每年发生在办公场所的事故近 76 000 余起，其中以骨折、脱臼、扭伤、劳损以及擦伤等伤害居多。而导致伤残的因素主要包括滑倒、坠落（如楼梯踏空）、腰肌劳损或者用力过度、与物体碰撞、夹伤或被剐倒。

二、办公场所安全隐患常见类型

按照安全学原理，办公场所安全隐患可按照物资设备方面、人员行为习惯方面、办公环境方面进行分类。

1. 物资设备方面

（1）工作区环境隐患。工作区环境隐患主要有门窗、天花板、地、墙的破损，办公室光线、空气、温度、噪声等对人的影响，空间过小，地面打滑等。

（2）办公家具与设备隐患。办公家具与设备隐患有办公家具破损、有突出的棱角，办公家具摆放不当，办公家具中堆放东西太多太高，办公家具不符合人体力学，办公设备过期使用，设备接线松开、绝缘不好或拖线太长，办公设备电荷过大，消防设施失灵等。

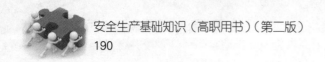

2. 人员行为习惯方面

由于办公场所工作人员安全意识不强或行为习惯不良，也会带来一些安全隐患。主要有站在转椅上举放物品，乱扔烟头，没有关上的抽屉柜门造成挡道，离开办公室不锁门，下班回家不关电源，下班最后离开人员不关门窗等。

3. 办公环境方面

办公场所的环境直接影响工作人员的生理、心理以及行为习惯。办公场所若存在有毒有害物质，将直接影响工作人员的身体健康，甚至可能诱发重大疾病；办公场所若存在不良的平面布置及物品摆放形式、不良的家具设计、不良的照明等则是诱发办公人员不安全行为的主要因素。因此，需要合理地进行办公场所设计并进行有效的管理，才能避免由于环境因素而诱发安全事故。

三、办公场所事故防范措施

1. 思想意识方面

办公场所的管理单位要充分吸取国内外办公场所安全事故的经验教训，组织员工细致开展办公场所的危险（危害）因素辨识和控制工作，确保办公人员熟悉、了解办公场所风险及相应的防范措施，预防类似事故在本单位发生，从而提升自身安全思想意识。

2. 教育培训方面

办公场所的管理单位需制定《办公区域安全管理规范》，并组织办公室员工进行学习、培训，切实提高办公室员工的安全意识和安全技能；督促员工按照标准规范的要求，正确、合理布置办公场所及用电设备；养成正确的办公安全习惯。

3. 日常管理方面

（1）办公场所的管理单位需建立完善的办公区域安全卫生责任制、安全管理制度，使办公室安全管理无死角、无遗漏。

（2）办公场所的管理单位要定期开展办公区域隐患排查工作，及时消除、整改各类安全隐患，确保办公区域安全无事故。

（3）单位应当保证足额的办公场所安全管理经费，并由相关部门监督使用。

（4）办公场所的管理单位要定期、不定期地组织相关培训，增强员工的安全思想意识，掌握必要的安全知识，杜绝产生惰性心理，因怕麻烦图省事而引发事故。

本 章 习 题

● 1. 化学品的主要危害是什么？

● 2. 危险化学品的分类方法有哪些？

● 3. 建筑施工中有哪些主要危险源？

● 4. 简述建筑施工安全中"三宝"的正确使用方法。

● 5. 简述天然气与人工煤气的区别。

● 6. 简述液化石油气的特点。

● 7. 办公场所常见的安全隐患有哪些？并适当举例。

第五章
职业病危害防治

学习目标

  了解职业病的概念及分类；掌握职业健康监护的要求、职业危害的管理、职业病危害概念及其分类；掌握职业病危害防治的措施，职业病个体防护的要求，个体防护装备的配发、选用要求。

事故案例

朝阳区某农副产品市场有限公司"6·13"污水井内中毒和窒息事故

一、事故简介

  2019年5月，北京某农副产品市场有限公司生活区污水井通往墙外污水井的管道发生堵塞。6月13日9时许，该农副产品市场有限公司维修班班长王某某带领维修工刘某某在生活区污水井处使用竹坯子对管道入口进行疏通。9时40分，两人未能疏通管道，随后到市场生活区院外污水井管道出口处疏通。9时51分，刘某某打开生活区院外污水井井盖，王某某安排刘某某下井并使用竹坯子对管道进行疏通，刘某某在作业过程中晕倒在井内。

  10时，站在地面污水井口的王某某见刘某某晕倒后立即下井施救，王某某下到井底后晕倒。10时5分，闻讯赶来的市场管理员张某某、保安芦某某下井进行施救，在施救过程中均晕倒在井内，现场人员拨打了"119"消防救援电话和"120"急救电话。10时20分，"119"消防人员到达现场后将4人从污水井内救至地面。王某某、芦某某被送往北京朝阳中西医结合急诊抢救中心救治；刘某某、张某某被送往首都医科大学附属北京朝阳医院救治。6月14日12时许，王某某经抢救无效死亡。6月21日，刘某某、张某某经治疗后出院。6月24日，芦某某经治疗后出院。

事故造成1人死亡，3人受伤，直接经济损失约230万元。

二、事故原因

1. 直接原因

王某某违章指挥、施救人员盲目施救，是造成事故发生及事故扩大的直接原因。事故调查组依据事故调查情况和技术检测结果综合认定：王某某在未检测污水井内氧含量及有毒有害气体浓度、未进行强制通风、未佩戴个人防护用品的情况下，安排作业人员刘某某进入有限空间内作业。违反了北京市地方标准《地下有限空间作业安全技术规范第1部分：通则》（DB11/852.1—2012）6.5.1、7.1.1的有关规定（本规定目前已被DB11/T852—2019代替，实施日期：2020-04-01），属违章指挥。

刘某某进入污水井内作业时，吸入井内混合性有毒有害气体，导致其中毒受伤。王某某、张某某、芦某某在未采取有效安全防护措施的情况下盲目施救，造成王某某死亡，张某某、芦某某受伤，事故后果扩大。

2. 间接原因

（1）北京某农副产品市场有限公司总经理杜某某，作为本单位主要负责人，全面负责本单位的安全生产工作，未严格履行安全生产法定职责，没有及时发现并消除本单位从业人员违章指挥、盲目施救的生产安全事故隐患，是导致事故发生的间接原因。

（2）北京某农副产品市场有限公司未按法定要求对从业人员进行安全生产教育和培训，未向从业人员告知有限空间作业的危险因素、防范措施和事故应急措施，致使本单位从业人员违章指挥、盲目施救，是导致事故发生的间接原因。

三、事故责任分析及处理建议

根据《中华人民共和国安全生产法》等有关法律法规的规定，调查组依据事故调查核实的情况和事故原因分析，认定下列人员及单位应承担相应的责任，并提出如下处理建议：

王某某违章指挥、盲目施救导致事故发生及事故扩大，对事故发生负有直接责任。

鉴于王某某已死亡，故不再追究其责任。

北京某农副产品市场有限公司总经理杜某某作为本单位主要负责人，全面负责本单位的安全生产工作，未严格履行安全生产法定职责，没有及时发现并消除本单位从业人员违章指挥、盲目施救的生产安全事故隐患，导致事故发生。其行为违反了《中华人民共和国安全生产法》第十八条第（五）项的规定，对事故发生负有管理责任。依据《中华人民共和国安全生产法》第九十二条第（一）项的规定，建议由朝阳区应急管理局给予杜某某处上一年年收入百分之三十罚款的行政处罚。

北京某农副产品市场有限公司未按法定要求对从业人员进行安全生产教育和培训，未向从业人员告知作业场所存在的危险因素、防范措施和事故应急措施，致使本单位从业人员违章指挥、盲目施救，导致事故发生。其行为违反了《中华人民共和国安全生产法》第二十五条第一款的规定，对事故发生负有主要管理责任。依据《中华人民共和国安全生产法》第一百零九条第一项的规定，建议由朝阳区应急管理局给予北京某农副产品市场有限公司罚款的行政处罚。

第一节　职业危害管理

一、基本概念

1. 职业病

根据《中华人民共和国职业病防治法》，职业病是指企业、事业单位和个体经济组织等用人单位的劳动者在职业活动中，因接触粉尘、放射性物质和其他有毒、有害因素而引起的疾病。

《职业病分类和目录》由国务院卫生行政部门会同国务院劳动保障行政部门制定、调整并公布，将职业病分为 10 类 132 种，见表 5-1-1。

表 5-1-1　　　　　　　　　　　职业病分类及部分举例

职业病分类		部分举例
第一类	职业性尘肺病及其他呼吸系统疾病	尘肺病：煤工尘肺、水泥尘肺、电焊工尘肺等 其他呼吸系统疾病：过敏性肺炎、棉尘病、哮喘等
第二类	职业性皮肤病	接触性皮炎、光接触性皮炎、电光性皮炎、化学性皮肤灼伤等
第三类	职业性眼病	化学性眼部灼伤、电光性眼炎等
第四类	职业性耳鼻喉口腔疾病	噪声聋、爆震聋等
第五类	职业性化学中毒	氯气中毒、二氧化硫中毒、氨中毒、氮氧化合物中毒、一氧化碳中毒、硫化氢中毒、苯中毒、汽油中毒等
第六类	物理因素所致职业病	中暑、减压病、高原病、航空病、手臂振动病、冻伤等
第七类	职业性放射性疾病	放射性皮肤疾病、放射性骨损伤等
第八类	职业性传染病	炭疽、森林脑炎、布鲁氏菌病等
第九类	职业性肿瘤	苯所致白血病、焦炉逸散物所致肺癌等
第十类	其他职业病	金属烟热、滑囊炎（限于井下工人）等

2. 职业病危害

职业病危害是指对从事职业活动的劳动者可能导致职业病的各种危害。职业病危害因素包括在职业活动中存在的各种有害的化学、物理、生物因素，以及在作业过程中产生的其他职业有害因素。

《职业病危害因素分类目录》由国务院卫生行政部门制定、调整并公布，将职业病危害因素分为粉尘、化学因素、物理因素、放射性因素、生物因素和其他因素，共6大类459种。

3. 职业禁忌

职业禁忌是指劳动者从事特定职业或者接触特定职业病危害因素时，比一般职业人群更易于遭受职业病危害和罹患职业病或者可能导致原有自身疾病病情加重，或者在从事作业过程中诱发可能导致对他人生命健康构成危险的疾病的个人特殊生理或者病理状态。

《职业禁忌证界定导则》（GBZ/T 260—2014）明确规定，具有下列条件之一者，即可判定为职业禁忌证。

（1）某些疾病、特殊病理或生理状态导致接触特定职业病危害因素时更易吸收（从而增加了内剂量）或对特定职业病危害因素易感，较易发生该种职业病危害因素所致职业病。

（2）某些疾病、特殊病理或生理状态下接触特定职业病危害因素能使劳动者原有疾病病情加重。

（3）某些疾病、特殊病理或生理状态下接触特定职业病危害因素后能诱发潜在疾病的发生。

（4）某些疾病、特殊病理或生理状态下接触特定职业病危害因素会影响子代健康。

（5）某些疾病、特殊病理或生理状态下进入特殊作业岗位会对他人生命健康构成危险。

（6）依据毒物性质和职业病危害因素分类情况，结合以上判定条件进行职业禁忌证的判定。

二、职业病危害项目申报

根据《中华人民共和国职业病防治法》，用人单位工作场所存在职业病目录所列

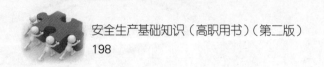
职业病的危害因素的，应当及时、如实向所在地卫生行政部门申报危害项目，接受监督。

用人单位通过"职业病危害项目申报系统"进行电子数据申报，根据《职业病危害项目申报办法》，用人单位有下列情形之一的，应当按照本条规定向原申报机关申报变更职业病危害项目内容。

（1）进行新建、改建、扩建、技术改造或者技术引进建设项目的，自建设项目竣工验收之日起 30 日内进行申报。

（2）因技术、工艺、设备或者材料等发生变化导致原申报的职业病危害因素及其相关内容发生重大变化的，自发生变化之日起 15 日内进行申报。

（3）用人单位工作场所、名称、法定代表人或者主要负责人发生变化的，自发生变化之日起 15 日内进行申报。

（4）经过职业病危害因素检测、评价，发现原申报内容发生变化的，自收到有关检测、评价结果之日起 15 日内进行申报。

用人单位终止生产经营活动的，应当自生产经营活动终止之日起 15 日内向原申报机关报告并办理注销手续。

三、用人单位职业病危害管理

1. 组织机构与制度

（1）组织机构与管理人员。职业卫生管理机构是指用人单位内部从事本单位职业卫生管理的专设机构，如职业卫生管理委员会、职业卫生管理领导小组等。

根据《工作场所职业卫生监督管理规定》，职业病危害严重的用人单位，应当设置或者指定职业卫生管理机构或者组织，配备专职职业卫生管理人员。其他存在职业病危害的用人单位，劳动者超过 100 人的，应当设置或者指定职业卫生管理机构或者组织，配备专职职业卫生管理人员；劳动者在 100 人以下的，应当配备专职或者兼职的职业卫生管理人员，负责本单位的职业病防治工作。

（2）职责要求。用人单位的主要负责人对本单位的职业病防治工作全面负责。主要负责人的责任包括以下几点。

1）设置或指定职业卫生管理机构或组织，配备专职或兼职的职业卫生管理人员负责本单位的职业病防治工作。

2）制订职业病危害防治计划和实施方案。

3）建立、健全职业卫生管理制度和操作规程。

4）建立、健全职业卫生档案和劳动者职业健康监护档案。

5）建立、健全工作场所职业病危害因素监测及评价制度。

6）制定职业病危害事故应急救援预案。

7）保证职业病防治所需的资金投入。

职业卫生管理人员应协助主要负责人贯彻落实本单位的职业病防治工作。

主要负责人和职业卫生管理人员应当具备与本单位生产经营活动相适应的职业卫生知识和管理能力，并接受职业卫生专门的培训。

（3）管理制度。产生职业病危害因素的用人单位应当建立如下职业病危害管理制度和操作规程。

1）职业病危害防治责任制度。

2）职业病危害警示与告知制度。

3）职业病危害项目申报制度。

4）职业病防治宣传教育培训制度。

5）职业病防护设施维护检修制度。

6）职业病防护用品管理制度。

7）职业病危害监测及评价管理制度。

8）建设项目职业卫生"三同时"管理制度。

9）劳动者职业健康监护及其档案管理制度。

10）职业病危害事故处置与报告制度。

11）职业病危害应急救援与管理制度。

12）岗位职业卫生操作规程。

13）法律、法规、规章规定的其他职业病防治制度。

2. 职业危害告知

产生职业病危害因素的用人单位依法必须履行职业病危害告知义务，告知方法及要求如下。

（1）签订劳动合同时的告知。用人单位与劳动者订立劳动合同时，应当将工作过程中可能产生的职业病危害及其后果、职业病防护措施和待遇等如实告知劳动者，并

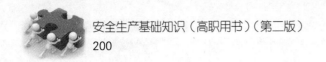
在劳动合同中写明。

（2）健康检查结果告知。从事接触职业病危害因素作业的劳动者应当在上岗前、在岗期间、离岗时进行职业健康检查，用人单位应当将检查结果书面如实告知劳动者。

（3）公告栏和告知卡。用人单位应当在办公区域、工作场所入口处等醒目位置设置公告栏。设置在办公区域的公告栏主要公布本单位的职业卫生管理制度和操作规程等；设置在工作场所的公告栏主要公布存在的职业病危害因素及岗位、健康危害、接触限值、应急救援措施，以及工作场所职业病危害因素检测结果、检测日期、检测机构名称等。

公告栏中公告内容发生变动后应及时更新，职业病危害因素检测结果应在收到检测报告之日起7日内更新。生产工艺发生变更时，应在工艺变更完成后7日内补充完善相应的公告内容与警示标识。

公告栏应使用坚固材料制成，尺寸大小应满足内容需要，高度应适合劳动者阅读，内容应字迹清楚、颜色醒目，不应设在门窗或可移动的物体上，其前面不得放置妨碍认读的障碍物。

告知卡应当标明职业病危害因素名称、理化特性、健康危害、接触限值、防护措施、应急处理及急救电话、职业病危害因素检测结果及检测时间等。

告知卡和警示标识应至少每半年检查1次，发现有破损、变形、变色、图形符号脱落、亮度老化等影响使用的问题时应及时修整或更换。

3. 职业病危害培训

用人单位的主要负责人和职业卫生管理人员应当接受职业卫生培训，遵守职业病防治法律法规，依法组织本单位的职业病防治工作。

用人单位应当对劳动者进行上岗前的职业卫生培训和在岗期间的定期职业卫生培训，普及职业卫生知识，督促劳动者遵守职业病防治法律、法规、规章和操作规程，指导劳动者正确使用职业病防护设备和防护用品。

劳动者应当学习和掌握相关的职业卫生知识，增强职业病防范意识，遵守职业病防治法律、法规、规章和操作规程，正确使用、维护职业病防护设备和个人使用的职业病防护用品，发现职业病危害事故隐患应当及时报告。

劳动者不履行前款规定义务的，用人单位应当对其进行教育。

4. 材料和设备管理

（1）优先采用有利于职业病防治和保护劳动者健康的新技术、新工艺和新材料。

（2）不生产、经营、进口和使用国家明令禁止使用的可能产生职业病危害的设备和材料。

（3）生产经营单位原材料供应商的活动必须符合安全健康要求，不采用有危害的技术、工艺和材料，不隐瞒其危害。

（4）可能产生职业病危害的设备有中文说明书；使用、生产、经营可能产生职业病危害的化学品，要有中文说明书；使用放射性同位素和含有放射性物质、材料的，要有中文说明书。

（5）不将职业病危害的作业转嫁给不具备职业病防护条件的单位和个人；不接受不具备防护条件的有职业病危害的作业；有毒物品的包装上有警示标识和中文警示说明。

5. 作业场所管理

（1）职业病危害因素的强度或者浓度应符合国家职业卫生标准要求，生产布局合理，有害作业与无害作业分开。

（2）产生职业病危害的用人单位应当在醒目位置设置公告栏，公布有关职业病防治的规章制度、操作规程、职业病危害事故应急救援措施和工作场所职业病危害因素检测结果。

（3）在可能发生急性职业损伤的有毒、有害工作场所，用人单位应当设置报警装置，配置现场急救用品、冲洗设备、应急撤离通道和必要的泄险区。

（4）在可能突然泄漏或者逸出大量有害物质的密闭或半密闭工作场所，用人单位还应当安装事故通风装置以及与事故排风系统相联锁的泄漏报警装置。

（5）产生职业病危害因素的用人单位应在工作场所中设置的可以提醒劳动者对职业病危害产生警觉并采取相应防护措施的图形标志（见图5-1-1）、警示线、警示语句和文字说明，以及组合使用的标志等。

6. 职业病危害因素日常监测与年度检测

（1）存在职业病危害的用人单位应识别存在各类职业病危害因素的场所，明确各场所接触的职业病危害因素及其等级、接触人员等，并形成清单。

（2）存在职业病危害的用人单位应当实施由专人负责的工作场所职业病危害因素日常监测，确保监测系统处于正常工作状态。

图 5-1-1　职业病危害警示标志

（3）存在职业病危害因素的用人单位应当每年至少委托具备资质的职业卫生技术服务机构，对其存在职业病危害因素的工作场所进行 1 次全面检测。

（4）职业病危害严重的用人单位除每年至少进行 1 次职业病危害因素检测外，还应当委托具有相应资质的职业卫生技术服务机构，每 3 年至少进行 1 次职业病危害现状评价。

7. 职业病防护用品

（1）用人单位应当为劳动者提供符合国家职业卫生标准的职业病防护用品，并督促、指导劳动者按照使用规则正确佩戴、使用，不得发放钱物替代发放职业病防护用品。

（2）用人单位应当对职业病防护用品进行经常性的维护、保养，确保防护用品有效，不得使用不符合国家职业卫生标准或者已经失效的职业病防护用品。

8. 职业卫生档案

职业卫生档案是用人单位在职业病危害防治和职业卫生管理活动中形成的，能够准确、完整反映本单位职业卫生工作全过程的文字、图纸、照片、报表、音像资料、电子文档等文件材料。用人单位应依法建立本单位的职业卫生档案，并设专人进行管理。职业卫生档案包括以下几种。

（1）建设项目职业卫生"三同时"档案。

（2）职业卫生管理档案。

（3）职业卫生宣传培训档案。

（4）职业病危害因素监测与检测评价档案。

（5）用人单位职业健康监护管理档案。

（6）劳动者个人职业健康监护档案。

9. 职业病危害事故的应急救援

（1）可能发生急性职业病危害的场所应建立、健全职业病危害应急救援预案，应急救援设施应完好；定期进行职业病危害事故应急救援预案演练。

（2）发生职业病危害事故时，根据《中华人民共和国职业病防治法》第三十七条的规定，用人单位应当立即采取应急救援和控制措施，并及时报告所在地卫生行政部门和有关部门。卫生行政部门应当组织好医疗救治工作。对遭受或者可能遭受急性职业病危害的劳动者，用人单位应当及时组织救治，进行健康检查和医学观察，所需费用由用人单位承担。

四、职业健康监护

依据《职业健康监护技术规范》，职业健康监护是指以预防职业病为目的，根据劳动者的职业史，通过定期或不定期的健康检查和健康相关资料的收集，连续性地监测劳动者的健康状况，分析劳动者的健康变化与接触的职业病危害因素的关系，并及时将健康检查资料和分析结果报告给用人单位和劳动者本人，以便及时采取干预措施，保护劳动者健康。职业健康监护主要包括职业健康检查、离岗后健康检查、应急健康检查和职业健康监护档案管理等内容。

健康检查是指根据国家法规的规定，医疗机构对接触职业病危害因素的劳动者进行的医学检查，目的是尽早发现个体与职业病危害因素有关的健康损害、职业病或职业禁忌证，以便及时采取防治措施。

1. 职业健康监护的目的

（1）早期发现职业病、职业健康损害和职业禁忌证。

（2）跟踪观察职业病及职业健康损害的发生、发展规律及分布情况。

（3）评价职业健康损害与作业环境中职业病危害因素的关系及危害程度。

（4）识别新的职业病危害因素和高危人群。

（5）进行目标干预，包括改善作业环境条件，改革生产工艺，采用有效的防护设施和个人防护用品，对职业病患者及疑似职业病和有职业禁忌人员的处理与安置等。

（6）评价预防和干预措施的效果。

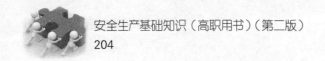

（7）为制定或修订卫生政策和职业病防治对策服务。

2. 职业健康监护的目标疾病

为有效地开展职业健康监护，每个健康监护项目应根据劳动者所接触（或拟从事接触）的职业病危害因素的种类和所从事的工作性质，规定监护的目标疾病。确定职业健康监护目标疾病应遵循以下原则。

（1）目标疾病如果是职业禁忌证，应确定监护的职业病危害因素和所规定的职业禁忌证的必然联系及相关程度。

（2）目标疾病如果是职业病，应是国家《职业病分类和目录》中规定的疾病，应和监护的职业病危害因素有明确的因果关系，并要有一定的发病率。

（3）有确定的监护手段和医学检查方法，能够做到早期发现目标疾病。

（4）早期发现后采取干预措施能对目标疾病的转归产生有利的影响。

3. 职业健康监护人群的界定原则

（1）接触需要开展强制性健康监护的职业病危害因素的人群，都应接受职业健康监护。

（2）在岗期间定期健康检查为推荐性职业病危害因素，原则上可以根据用人单位的安排接受健康监护。

（3）虽不是直接从事接触需要开展职业健康监护的职业病危害因素作业，但在工作环境中受到与直接接触人员同样的或几乎同样的接触，应视同职业性接触，需和直接接触人员一样接受健康监护。

（4）根据不同职业病危害因素暴露和发病的特点及剂量—效应关系，主要根据工作场所有害因素的浓度或强度以及个体累计暴露的时间长度和工种，确定需要开展健康监护的人群。

（5）离岗后职业健康检查的时间主要根据有害因素致病的流行病学及临床特点、劳动者从事该作业的时间长短、工作场所有害因素的浓度等因素综合考虑确定。

4. 职业健康监护种类

职业健康检查是指医疗卫生机构按照国家有关规定，对从事接触职业病危害作业的劳动者进行的健康检查，包括上岗前职业健康检查、在岗期间职业健康检查和离岗时职业健康检查。

（1）上岗前职业健康检查。上岗前健康检查的主要目的是发现有无职业禁忌证，建立接触职业病危害因素人员的基础健康档案。上岗前健康检查均为强制性职业健康检查，应在开始从事有害作业前完成。

下列劳动者上岗前应进行职业健康检查：

1）拟从事接触职业病危害作业的新录用的劳动者，包括转岗到该作业岗位的劳动者。

2）拟从事有特殊健康要求作业的劳动者，如高处作业、电工作业、职业机动车驾驶作业等。

（2）在岗期间职业健康检查。长期从事规定的需要开展健康监护的职业病危害因素作业的劳动者，应进行在岗期间的定期健康检查。定期健康检查的目的主要是早期发现职业病病人或疑似职业病病人或劳动者的其他健康异常改变；及时发现有职业禁忌的劳动者；通过动态观察劳动者群体健康变化，评价工作场所职业病危害因素的控制效果。

用人单位应当按照国家职业卫生标准的规定和要求，确定接触职业病危害的劳动者的检查项目和检查周期。用人单位发生分立、合并、解散、破产等情形时，应当对劳动者进行职业健康检查，并依照国家有关规定妥善安置职业病病人；其职业健康监护档案应当依照国家有关规定实施移交保管。

（3）离岗前职业健康检查。对准备脱离所从事的职业病危害作业或者岗位的劳动者，用人单位应当在劳动者离岗前30日内组织劳动者进行离岗时的职业健康检查，离岗前90日内的在岗期间的职业健康检查可以视为离岗时的职业健康检查。用人单位对未进行离岗时职业健康检查的劳动者，不得解除或者终止与其订立的劳动合同。

（4）离岗后健康检查。下列情况的劳动者需进行离岗后的职业健康检查：

1）劳动者接触的职业病危害因素具有慢性健康影响，所致职业病或职业肿瘤常有较长的潜伏期，故脱离接触后仍有可能发生职业病。

2）离岗后健康检查时间的长短应根据有害因素致病的流行病学及临床特点、劳动者从事该作业的时间长短、工作场所有害因素的浓度等因素综合考虑确定。

（5）应急健康检查。出现下列情况之一的，用人单位应当立即组织有关劳动者进行应急职业健康检查：

1）接触职业病危害因素的劳动者在作业过程中出现与所接触职业病危害因素相关的不适症状的。

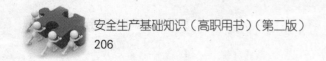
2）劳动者受到急性职业中毒危害或者出现职业中毒症状的。

5. 职业健康监护周期

职业健康监护周期根据职业病危害因素的性质、工作场所有害因素浓度或强度、目标疾病的潜伏期和防护措施等因素决定。《职业健康监护技术规范》（GBZ 188—2014）对接触 58 种有害化学因素、6 种粉尘、6 种有害物理因素、2 种有害生物因素以及 9 类特殊作业人员的职业健康监护周期进行了规定。分类举例如下：

（1）接触有害化学因素的作业人员职业健康监护周期举例。接触磷及其无机化合物作业人员的职业健康监护周期：在岗期间，每半年进行 1 次肝功能检查，每 1 年进行 1 次健康检查。

（2）接触粉尘的作业人员职业健康监护周期举例。接触棉尘（包括亚麻、软大麻、黄麻粉尘）作业的职业健康监护周期：劳动者在开始工作的第 6~12 个月，应进行 1 次健康检查；在生产性粉尘作业分级 I 级环境作业的劳动者，4~5 年 1 次；生产性粉尘作业分级 II 级以上，2~3 年 1 次；棉尘病观察对象医学观察时间为半年，观察期满仍不能诊断为棉尘病者，2~3 年 1 次。

（3）接触有害物理因素的作业人员职业健康监护周期举例。噪声环境的作业者职业健康监护周期：作业场所噪声 8 h 等效声级 ≥ 85 dB，1 年 1 次；作业场所噪声 8 h 等效声级 ≥ 80 dB，< 85 dB，2 年 1 次。

（4）接触有害生物因素的作业人员职业健康监护周期举例。接触布鲁氏菌属的作业人员职业健康监护周期：1 年 1 次。

（5）从事特殊作业的作业人员职业健康监护周期举例。电工作业人员的职业健康监护周期：2 年 1 次。

6. 职业健康监护档案的建立与管理

职业健康监护档案是健康监护全过程的客观记录资料，是系统地观察劳动者健康状况的变化，评价个体和群体健康损害的依据，其特征是资料的完整性、连续性。用人单位应当依国家规定建立劳动者个人职业健康监护档案和用人单位职业健康监护管理档案，并妥善保存。

（1）劳动者个人职业健康监护档案内容：

1）劳动者基本信息，如姓名、性别、年龄等。

2）劳动者职业史、既往史和职业病危害因素接触史。

3）相应工作场所职业病危害因素监测结果。

4）历次职业健康检查结果及处理情况。

5）职业病诊疗等健康资料。

（2）用人单位职业健康监护管理档案内容：

1）职业健康监护委托书。

2）职业健康检查结果报告和评价报告。

3）职业病报告卡。

4）用人单位对职业病患者、患有职业禁忌证者和已出现职业相关健康损害劳动者的处理和安置记录。

5）用人单位在职业健康监护中提供的其他资料和职业健康检查机构记录整理的相关资料。

6）卫生行政部门要求的其他资料。

（3）职业健康监护档案的管理。用人单位应设置专人管理职业健康监护档案，并按规定妥善保存。

职业卫生行政执法人员、劳动者或者其近亲属、劳动者委托的代理人有权查阅、复印劳动者的职业健康监护档案；劳动者离开用人单位时，有权索取本人职业健康监护档案复印件，用人单位应如实、无偿提供，并在所提供的复印件上签章。

用人单位发生分立、合并、解散、破产等情形时，应当对劳动者进行职业健康检查，并依照国家有关规定妥善安置职业病患者，其职业健康监护档案应当依照国家有关规定实施移交保管。

第二节　职业危害因素控制技术

一、职业病危害控制基本要求

1. 有害作业与无害作业分开

向大气排放有害物质的用人单位应设在当地夏季最小频率风向被保护对象的上风侧，并应符合国家规定的卫生防护距离要求，以避免与周边地区产生相互影响。

生产区宜选在大气污染物扩散条件好的地段，布置在当地全年最小频率风向的上风侧；产生并散发化学和生物等有害物质的车间宜位于相邻车间当地全年最小频率风向的上风侧；非生产区布置在当地全年最小频率风向的下风侧；辅助生产区布置在两者之间。

具有或能产生危险有害因素的车间、装置和设备设施与控制室、变配电室、仓库、办公室、休息室、实验室等公用设施的距离应符合防火、防爆、防尘、防毒、防振、防辐射、防触电和防噪声等规定。

生产布局应按照《工业企业设计卫生标准》（GBZ 1—2010）的规定，尽量考虑机械化、自动化和远端操作，加强密闭，避免直接操作，并应结合生产工艺采取相应的防护措施。例如，将噪声声级高的车间与低的车间分开，热加工车间与冷加工车间分开，产生粉尘的车间与产生毒物的车间分开。车间内生产工艺设备布局应重点考虑达到防尘、防毒、防暑、防寒、防噪声与振动、防电离辐射、防非电离辐射等要求。

产生粉尘、毒物的工作场所，其发生源的布置应符合下列要求：逸散不同有毒物质的生产过程布置在同一建筑物内时，毒性大的作业与毒性小的作业应隔开，无毒作业和有毒作业应隔开；粉尘、毒物的发生源应布置在工作地点自然通风的下风侧，若布置在多层建筑物内时，逸散有害气体的生产过程应布置在建筑物的上层，若必须布置在下层时，应采取有效措施防止污染上层的空气。

有害作业与无害作业的分开方式可以采取有毒作业密闭化、管道化，或者将有毒作业局限在某个独立的操作间，并采取通风净化的方式将有毒气体排出，如采取水幕、实体墙、栅栏、围挡、密闭空间、屏蔽、绿化带、警戒线、隔离设施设备或容器等。

2. 工作场所与生活场所分开

用人单位在平面布置厂房或车间时，应重点考虑在满足主体工程需要的前提下，将污染危害严重的设施远离非污染设施，并在产生职业病危害的车间与其他车间及生活区之间设置一定的卫生防护绿化带，将工作场所与生活场所分开。

厂房为多层建筑物竖向布置时，放散热和有害气体的生产作业应布置在建筑物的高层；噪声与振动较强的设备应放置在底层；含有挥发性气体、蒸气的废水排放管道不得通过仪表控制室和休息室等生活用室的地面下。

3. 职业病危害防护设施设备

职业病危害防护设施设备是指应用工程技术手段，控制工作场所产生的有毒有害物质，防止发生职业病危害的一切技术措施。用人单位应根据工艺特点、生产条件和工作场所存在的职业病危害因素性质合理选用。常见的职业病危害防护设施设备见表 5-2-1。

表 5-2-1 常见的职业病危害防护设施设备

序号	防护项目	防护设施设备名称
1	防尘	集尘风罩、过滤设备（滤芯）、电除尘器、湿法除尘器、洒水器等
2	防毒	隔离栏杆、防护罩、集毒风罩、过滤设备、排风扇（送风通风排毒）、燃烧净化装置、吸收和吸附净化装置、有毒气体报警器、防毒面具、防化服等
3	防噪声、振动	隔音罩、隔音墙、减振器等
4	防电离辐射	屏蔽网、罩等
5	防生物危害	防护网、杀虫设备等
6	人机工效学	如通过技术设备改造，消除生产过程中的有毒有害源；生产过程中的密闭、机械化、连续化措施及隔离操作和自动控制等
7	防暑降温、防寒、防潮	空调、风扇、暖炉、除湿机等
8	防非电离辐射（高频、微波、视频）	屏蔽网、罩等

4.职业病危害个体防护用品

职业病危害个体防护用品是指劳动者在职业活动中个人随身穿（佩）戴的特殊用品。如果职业病危害隐患没有消除，职业病防护设施达不到防护效果，作为最后一道防线，就应佩戴个人职业病防护用品，以消除或减轻职业病危害因素对劳动者健康的影响。用人单位应根据工作场所职业病危害因素的种类、对人体的影响途径、现场生产条件、职业病危害因素的水平以及个人的生理和健康状况等特点，为劳动者配备适宜的个人职业病防护用品。

5.职业卫生配套设施

职业卫生配套设施是指用人单位根据生产特点、实际需要和使用方便的原则设置的辅助用室，包括车间卫生用室（浴室、更/存衣室、盥洗室，以及在特殊作业、工种或岗位设置的洗衣室）、生活室（休息室、就餐场所、厕所）、妇女卫生室。辅助用室的设置应符合相应的卫生标准要求。

6.急救用品、冲洗设备

现场急救用品包括发生事故时急救人员所用的个人职业病防护用品（如携气式呼吸器、全封闭式化学防护服、防护手套、防护鞋靴等）以及对被救者施救所需的急救用品（如做人工呼吸所需单向阀防护口罩、现场止血用品、防暑降温用品、给氧器，有特殊需求的可配备急救车、防护小药箱等），如图5-2-1所示。

急救用品应根据现场防护的需要以及在专业人员的指导下，考虑生产条件、化学

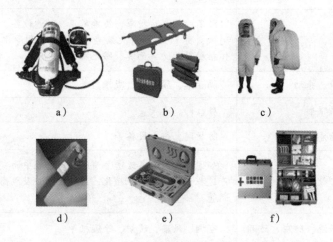

a)   b)   c)

d)   e)   f)

图 5-2-1   现场急救用品

a）正压式呼吸器   b）折叠担架   c）全封闭重型防化服   d）止血带   e）自动苏生器   f）综合急救箱

物质的理化性质和用量进行配置，存放在车间内或临近车间的地方，并在其醒目位置设置警示标识，确保劳动者知晓，能在发生事故时 10 s 内获取。

冲洗设备主要包括冲眼器（见图 5-2-2）、流动水龙头以及冲淋设备。在可能发生皮肤黏膜或眼睛烧灼、具有腐蚀性或刺激性化学物质的工作场所应设置冲洗设备。冲洗设备的设置应取用方便，且不妨碍工作，并在其醒目位置设置警示标识，保证在发生事故时，劳动者能在 10 s 内得到冲洗。冲洗用水应安全并保证是流动水。

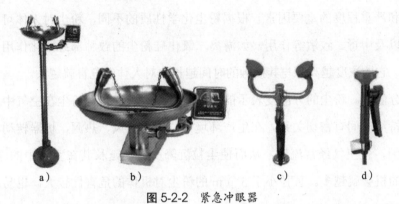

图 5-2-2　紧急冲眼器

a）立式双眼洗眼器　b）壁挂式双眼洗眼器　c）台式双眼洗眼器　d）壁挂式单眼洗眼器

二、生产性粉尘危害控制技术

1. 生产性粉尘的来源和分类

（1）来源。生产性粉尘来源十分广泛，如固体物质的机械加工、粉碎；金属的研磨、切削；矿石的粉碎、筛分、配料或岩石的钻孔、爆破和破碎等；耐火材料、玻璃、水泥和陶瓷等工业中原料加工；皮毛、纺织物等原料处理；化学工业中固体原料加工处理，物质加热时产生的蒸气、有机物质的不完全燃烧所产生的烟。此外，还有粉末状物质在混合、过筛、包装和搬运等操作时产生的粉尘，以及沉积的粉尘二次扬尘等。

（2）分类。根据生产性粉尘的性质可将其分为如下 3 类：

1）无机性粉尘。无机性粉尘包括矿物性粉尘，如硅石、石棉、煤等；金属性粉尘，如铁、锡、铝等及其化合物；人工无机粉尘，如水泥、金刚砂等。

2）有机性粉尘。有机性粉尘包括植物性粉尘，如棉、麻、面粉、木材等；动物性粉尘，如皮毛、丝、骨粉等；人工合成的有机粉尘，如有机染料、农药、合成树脂、炸药和人造纤维等。

3）混合性粉尘。混合性粉尘是上述各种粉尘的混合存在，一般为两种以上粉尘的混合。生产环境中常见的多是混合性粉尘。

2. 生产性粉尘的理化性质

粉尘对人体的危害程度与其理化性质、生物学作用及防尘措施等有密切关系。粉尘理化性质包括粉尘的化学成分、分散度、溶解度、密度、形状、硬度、荷电性和爆炸性等。

（1）粉尘的化学成分。粉尘的化学成分、浓度和接触时间是直接决定粉尘对人体危害性质和严重程度的重要因素。根据粉尘化学性质的不同，粉尘对人体可有致肺部纤维化，以及中毒、致敏等作用，如游离二氧化硅粉尘的致肺部纤维化作用。对于同一种粉尘，它的浓度越高，与其接触的时间越长，对人体的危害就越大。

（2）分散度。粉尘的分散度表示的是粉尘颗粒大小，它与粉尘在空气中呈浮游状态存在的持续时间有密切关系。在生产环境中，由于通风、热源、机器转动以及人员走动等原因，使空气经常流动，从而使尘粒沉降变慢，延长其在空气中的浮游时间，被人吸入的机会就越多。直径小于 5 μm 的粉尘对机体的危害性较大，也易于到达呼吸器官的深部。

（3）溶解度。粉尘的溶解度大小与对人体危害程度的关系因粉尘作用性质不同而异。呈化学毒副作用的粉尘，其溶解度越高，对人体的危害作用越大；呈机械刺激作用的粉尘，其溶解度越高，对人体的危害作用越小。

（4）密度。粉尘颗粒密度的大小与其在空气中的稳定程度有关，尘粒大小相同，密度大者沉降速度快、稳定程度低。在通风除尘设计中，要考虑密度这一因素。

（5）形状与硬度。粉尘颗粒的形状多种多样。质量相同的尘粒因形状不同，在沉降时所受阻力也不同，因此，粉尘的形状能影响其稳定程度。坚硬并外形尖锐的尘粒可能引起呼吸道黏膜机械损伤，如石棉纤维等。

（6）荷电性。高分散度的尘粒通常带有电荷，与作业环境的湿度和温度有关。尘粒带有相异电荷时，可促进凝集、加速沉降。粉尘的这一性质对选择除尘设备有重要意义。

（7）爆炸性。高分散度的煤炭、糖、面粉、硫黄、铝、锌等粉尘具有爆炸性。

3. 生产性粉尘危害治理措施

采用工程技术措施消除和降低粉尘危害，是治本的对策，是防止尘肺发生的根本措施。

（1）改革工艺过程。通过改革工艺流程使生产过程机械化、密闭化、自动化，从而消除和降低粉尘危害。

（2）湿式作业。湿式作业防尘的特点是防尘效果可靠、易于管理、投资较低。该方法已为厂矿广泛应用，如石粉厂的水磨石英、陶瓷厂和玻璃厂的原料水碾、湿法拌料、水力清砂、水爆清砂等。

（3）密闭—抽风—除尘。对不能采取湿式作业的场所应采用该方法。干法粉碎、拌料时容易造成粉尘飞扬，可采取密闭—抽风—除尘的办法。密闭—抽风—除尘系统可分为密闭设备、吸尘罩、通风管（见图5-2-3）、除尘器等几个部分。

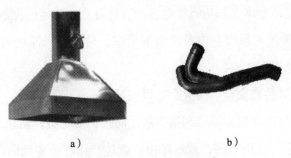

a）　　　　　　　　　　b）

图 5-2-3　吸尘罩和通风管

a）吸尘罩　b）通风管

（4）个体防尘。当防、降尘措施难以使粉尘浓度降至国家规定的标准水平以下时，应佩戴防尘护具并加强个人卫生，注意清洗。

三、生产性毒物危害控制技术

1. 生产性毒物的来源与存在形态

（1）来源。在生产过程中，生产性毒物主要来源于原料、辅助材料、中间产品、夹杂物、半成品、成品、废气、废液及废渣，有时也可能来自加热分解的产物，如聚氯乙烯塑料加热至160~170 ℃时可分解产生氯化氢。

（2）形态。生产性毒物通常以固体、液体、气体的形态存在于生产环境中。

1）气体。在常温常压状态下，扩散于空气中的有毒有害气体，如氯、溴、氨、一氧化碳和甲烷等。

2）蒸气。固体升华、液体蒸发时形成蒸气，如苯蒸气等。

3）雾。悬浮于空气中的液体微粒，如喷洒农药和喷漆时所形成的雾滴，镀铬和蓄电池充电时逸出的铬酸雾和硫酸雾等。

4）烟。直径小于 $0.1~\mu m$ 的悬浮于空气中的固体微粒，如熔铜时产生的氧化锌烟尘，熔镉时产生的氧化镉烟尘，电焊时产生的电焊烟尘等。

5）粉尘。能较长时间悬浮于空气中的固体微粒，直径大多数为 $0.1\sim10~\mu m$。固体物质的机械加工、粉碎、筛分、包装等可引起粉尘飞扬。

悬浮于空气中的粉尘、烟和雾等微粒，统称为气溶胶。生产性毒物进入人体的途径主要是经呼吸道、皮肤和消化道。

2. 生产性毒物危害治理措施

生产过程的密闭化、自动化是解决毒物危害的根本途径。采用无毒、低毒物质代替有毒或高毒物质是从根本上解决毒物危害的首选办法。常用的控制措施如下。

（1）密闭—通风排毒系统。该系统由密闭罩、通风管、净化装置和通风机构成。采用该系统必须注意以下 2 点：

1）整个系统必须注意安全、防火、防爆问题。

2）正确选择气体的净化和回收利用方法，防止二次污染，防止环境污染。

（2）局部排气罩。就地密闭、就地排出、就地净化，是通风防毒工程的一个重要技术准则。排气罩可实现毒源控制，防止毒物扩散。局部排气罩按其结构特点有如下 3 种类型：

1）密闭罩。在工艺条件允许的情况下，尽可能将毒源密闭起来，然后通过通风管将含毒空气吸出，送往净化装置，净化后排放至大气中。

2）开口罩。在生产工艺操作不可能采取密闭罩排气时，可按生产设备和操作特点，设计开口罩排气。根据结构形式的不同，开口罩可分为上吸罩、侧吸罩和下吸罩。

3）通风橱。通风橱是密闭罩与侧吸罩相结合的一种特殊排气罩，如图 5-2-4 所示。可以将产生有害物的操作和设备完全放在通风橱内，通风橱上设有操作小门，以便于操作。为防止通风橱内机械设备的扰动、化学反应或热源的热压、室内横向气流的干扰等原因而引起有害物逸出，必须对通风橱实行排气，使橱内形成负压状态，以防止有害物逸出。

（3）排出气体的净化。无害化排放是通风防毒工程必须遵守的重要准则。有害气体净化方法大致分为洗涤法、吸附法、袋滤法、静电法和燃烧法。

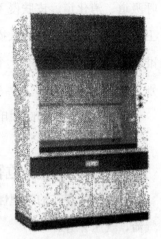

图 5-2-4 通风橱

1）洗涤法。洗涤法也称吸收法，是通过适当比例的液体吸收剂处理气体混合物，完成沉降、降温、聚凝、洗净、中和、吸收和脱水等物理化学反应，以实现气体的净化。洗涤法是一种常用的净化方法，在工业上已经得到广泛的应用。它适用于净化 CO、SO_2、NO_x、HF、SiF_4、HCl、Cl_2、NH_3、Hg 蒸气、酸雾、沥青烟及有机蒸气。

2）吸附法。吸附法是使有害气体与多孔性固体（吸附剂）接触，使有害气体（吸附质）黏附在固体表面上（物理吸附）。当吸附质在气相中的浓度低于吸附剂上的吸附质平衡浓度时，或者有更容易被吸附的物质达到吸附表面时，原来的吸附质会从吸附剂表面上脱离而进入气相，实现有害气体的吸附分离。吸附剂达到饱和吸附状态时，可以解吸、再生、重新使用。吸附法多用于低浓度有害气体的净化，并实现其回收与利用。如机械、仪表、轻工和化工等行业对苯类、醇类、酯类和酮类等有机蒸气的气体净化与回收工程，广泛应用吸附法。

3）袋滤法。袋滤法是粉尘通过过滤介质受阻，而将固体颗粒物分离出来的方法。在袋滤器内，粉尘将经过沉降、聚凝、过滤和清灰等物理过程，实现无害化排放。袋滤法是一种高效净化方法，主要适用于工业气体的除尘净化，如金属氧化物（Fe_2O_3 等）为代表的烟气净化。该方法还可以用于气体净化的前处理及物料回收装置。

4）静电法。粒子在电场作用下带电后，粒子向沉淀极移动，带电粒子碰到集尘极即释放电子而呈中性状态附着在集尘板上，从而被捕捉下来，完成气体净化。以静电除尘器为代表的静电法气体净化设备清灰方法在供电设备清灰和粉尘回收等方面应用较多。

5）燃烧法。燃烧法是将有害气体中的可燃成分与氧结合，进行燃烧，使其转化为 CO_2 和 H_2O，达到气体净化与无害排放的方法。燃烧法适用于有害气体中含有可燃成分的条件，其中直接燃烧法是在一般方法难以处理，且危害性极大，必须采取燃烧处理时采用，如净化沥青烟、炼油厂尾气等。

（4）个体防护。对接触毒物作业的工人进行个体防护有特殊意义。毒物通常通过

呼吸道、消化道、皮肤侵入人体，因此凡是接触毒物的作业都应规定有针对性的个人卫生制度，必要时应列入操作规程，如不准在作业场所吸烟、吃东西，班后洗澡，不准将工作服带回家中等。个体防护制度不仅保护操作者自身，而且可避免家庭成员特别是儿童间接受害。

属于作业场所的防护用品有防护服装、防毒口罩和防毒面具等。

四、物理因素危害控制技术

作业场所存在的物理性职业危害因素有噪声、振动、辐射和异常气象条件（气温、气流、气压）等。

1. 噪声

（1）生产性噪声的特性、种类、来源及其危害。在生产中，由于机器转动、气体排放、工件撞击与摩擦所产生的噪声，称为生产性噪声或工业噪声。生产性噪声可归纳为以下 3 类。

1）空气动力噪声。是由于气体压力变化引起气体扰动，气体与其他物体相互作用所致的噪声。例如，各种风机、空气压缩机、风动工具、喷气发动机和汽轮机等，由于压力脉冲和气体排放发出的噪声。

2）机械性噪声。是由于机械撞击、摩擦或质量不平衡旋转等机械力作用下引起固体部件振动所产生的噪声。例如，各种车床、电锯、电刨、球磨机、砂轮机和织布机等发出的噪声。

3）电磁性噪声。是由于磁场脉冲，磁致伸缩引起电气部件振动所致的噪声。如电磁式振动台和振荡器、大型电动机、发电机和变压器等产生的噪声。

由于长时间接触噪声导致的听阈升高、不能恢复到原有水平的称为永久性听阈位移，临床上称噪声聋。噪声对听觉系统有影响，对非听觉系统如神经系统、心血管系统、内分泌系统、生殖系统及消化系统等都有影响。

（2）噪声的控制措施。控制生产性噪声主要有如下 3 项措施。

1）消除或降低噪声、振动源。如铆接改为焊接、锤击成型改为液压成型等。为防止振动可使用隔绝物质，如用橡胶、软木和砂石等隔绝噪声。

2）消除或减少噪声、振动的传播。如吸声、隔声、隔振、阻尼等。

3）加强个人防护和健康监护。

2. 振动

（1）产生振动的机械。在生产过程中，生产设备、工具产生的振动称为生产性振动。产生振动的机械有锻造机、冲压机、压缩机、振动机、送风机和打夯机等。在生产中手臂振动所造成的危害较为明显和严重，国家已将手臂振动的局部振动病列为职业病。存在手臂振动的生产作业主要有以下几类：

1）操作锤打工具。如操作凿岩机、空气锤、筛选机、风铲、捣固机和铆钉机等。

2）手持转动工具。如操作电钻、风钻、喷砂机、金刚砂抛光机和钻孔机等。

3）使用固定轮转工具。如使用砂轮机、抛光机、球磨机和电锯等。

4）驾驶交通运输车辆与使用农业机械。如驾驶汽车、使用脱粒机等。

（2）振动的控制措施

1）控制振动源。应在设计、制造生产工具和机械时采用减振措施，使振动降低到对人体无害的水平。

2）改革工艺。采用减振和隔振等措施，如用焊接等新工艺代替铆接工艺；采用水力清砂代替风铲清砂；工具的金属部件采用塑料或橡胶材料以减少撞击振动等。

3）其他控制措施。限制作业时间和振动强度；改善作业环境，加强个体防护及健康监护等。

3. 辐射

各种电磁辐射由于其频率、波长、量子能量不同，对人体的危害作用也不同。当量子能量达到 12 eV 以上时，对物体有电离作用，能导致机体的严重损伤，这类电磁辐射称为电离辐射。量子能量小于 12 eV 的不足以引起生物体电离的电磁辐射，称为非电离辐射。现将在作业场所中可能接触的几种电磁辐射简述如下：

（1）非电离辐射的来源与防护

1）非电离辐射的来源及其危害

①射频辐射。射频辐射称为无线电波，量子能量很小。按波长和频率，射频辐射可分成高频电磁场、超高频电磁场及微波 3 个波段。

高频电磁场主要来自高频设备的辐射源，如高频振荡管、电容器、电感线圈及馈线等部件。无屏蔽的高频输出变压器常是工人操作岗位的主要辐射源。

微波加热广泛用于食品、木材、皮革及茶叶等加工，医药与纺织印染等行业；烘

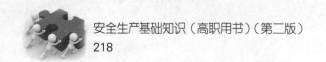

干粮食、处理种子及消灭害虫是微波在农业方面的重要应用；医疗卫生上微波主要用于消毒、灭菌与理疗等。生产场所接触微波辐射多由于设备密闭结构不严，造成微波能量外泄或由各种辐射结构（天线）向空间辐射的微波能量。

一般来说，射频辐射对人体的影响不会导致组织器官的器质性损伤，主要引起功能性改变，并具有可逆性特征，在停止接触数周或数月后往往可恢复。但在大强度长期射频辐射作用下，心血管系统的症候持续时间较长。

②红外线辐射。在生产环境中，加热金属、熔融玻璃及强发光体等可成为红外线辐射源。炼钢工、铸造工、轧钢工、锻钢工、玻璃熔吹工、烧瓷工及焊接工等可受到红外线辐射。红外线辐射对机体的影响主要是皮肤和眼睛。

③紫外线辐射。生产环境中，物体温度达 1 200 ℃以上的辐射电磁波谱中即可出现紫外线。随着物体温度的升高，辐射的紫外线频率增高，波长变短，其强度也增大。常见的辐射源有冶炼炉（高炉、平炉、电炉）、电焊、氧乙炔气焊、氩弧焊和等离子焊接等。

强烈的紫外线辐射作用可引起皮炎，表现为弥漫性红斑，有时可出现小水泡和水肿，并有发痒、烧灼感。在作业场所比较多见的是紫外线对眼睛的损伤，即由电弧光照射所引起的职业病——电光性眼炎。此外在雪地作业、航空航海作业时，受到大量太阳光中紫外线照射，可引起类似电光性眼炎的角膜、结膜损伤，称为太阳光眼炎或雪盲症。

④激光。激光不是天然存在的，而是用人工激活某些活性物质，在特定条件下受激发光。激光也是电磁波，属于非电离辐射，被广泛应用于工业、农业、国防、医疗和科研等领域。在工业生产中主要利用激光辐射能量集中的特点，用于焊接、打孔、切割和热处理等。在农业中激光可应用于育种、杀虫。

激光对人体的危害主要是由它的热效应和光化学效应造成的。激光对皮肤损伤的程度取决于激光强度、频率、肤色深浅、组织水分和角质层厚度等。激光能烧伤皮肤。

2）非电离辐射的控制与防护。高频电磁场的主要防护措施有场源屏蔽、距离防护和合理布局等。对微波辐射的防护，是直接减少源的辐射、屏蔽辐射源，采取个人防护及执行安全规则。对红外线辐射的防护重点是对眼睛的保护，减少红外线暴露和降低炼钢工人等的热负荷，生产操作中应戴有效过滤红外线的防护镜。对紫外线辐射的防护是屏蔽和增大与辐射源的距离，佩戴专用的防护用品。对激光的防护应包括激光器、工作室及个体防护 3 个方面。激光器要有安全设施，在光束可能泄漏处应设置防光封闭罩；工作室围护结构应使用吸光材料，色调要暗，不能裸眼看光；使用适当个体防护用品，并对人员进行安全教育等。

（2）电离辐射来源与防护

1）电离辐射来源。凡能引起物质电离的各种辐射称为电离辐射。其中 α、β 等带电粒子都能直接使物质电离，称为直接电离辐射；γ 光子、中子等非带电粒子，先作用于物质产生高速电子，继而由这些高速电子使物质电离，称为非直接电离辐射。能产生直接或非直接电离辐射的物质或装置称为电离辐射源，如各种天然放射性核素、人工放射性核素和 X 线机等。

2）电离辐射的防护。电离辐射的防护，主要是控制辐射源的质和量。电离辐射的防护分为外照射防护和内照射防护。外照射防护的基本方法有时间防护、距离防护和屏蔽防护，通称"外防护三原则"。内照射防护的基本防护方法有围封隔离、除污保洁和个人防护等综合性防护措施。

4. 异常气象条件

（1）异常气象条件种类

1）高温作业。高温作业是指在高气温或有强烈的热辐射或伴有高气温相结合的异常气象条件下 WBGT（湿球黑球温度）指数超过规定限值（≥ 25 ℃）的作业。生产场所的热源可来自各种熔炉、锅炉、化学反应釜，机械摩擦和转动产生的热以及人体散热；空气湿度的影响主要来自各种敞开液面的水分蒸发或蒸汽放散，如造纸、印染、缫丝、电镀、潮湿的矿井、隧道等相对湿度大于 80% 的高气湿的作业环境。风速、气压和辐射热都会对生产作业场所的环境产生影响。

2）高温强热辐射作业。高温强热辐射作业是指工作地点气温在 30 ℃ 以上或工作地点气温高于夏季室外气温 2 ℃ 以上，并有较强辐射的作业。如冶金工业的炼钢、炼铁车间，机械制造工业的铸造、锻造车间，建材工业的陶瓷、玻璃、搪瓷、砖瓦等窑炉车间，火力电厂的锅炉间等。

3）高温高湿作业。如印染、缫丝、造纸等工业中，液体加热或蒸煮，车间气温可达 35 ℃ 以上，相对湿度达 90% 以上。有的煤矿深井井下气温可达 30 ℃，相对湿度达 95% 以上。

4）其他异常气象条件作业。如冬天在寒冷地区或极地从事野外作业，冷库或地窖

工作的低温作业；潜水作业和潜涵作业等高气压作业；高空、高原低气压环境中进行运输、勘探、筑路及采矿等低气压作业。

（2）异常气象条件防护措施

1）高温作业防护。对于高温作业，首先应合理设计工艺流程，改进生产设备和操作方法，这是改善高温作业条件的根本措施。如轧钢及铸造等生产自动化可使工人远离热源；采用开放或半开放式作业，利用自然通风，尽量在夏季主导风向下风侧对热源隔离等。

2）隔热。隔热是防止热辐射的重要措施，可利用水来进行。

3）通风降温。通风降温方式有自然通风和机械通风两种方式。

4）保健措施。供给饮料和补充营养，暑季供应含盐的清凉饮料是有特殊意义的保健措施。

5）个体防护。使用耐热工作服等。低温的防护，要防寒和保暖，加强个体防护用品使用。

6）异常气压的预防。可通过采取一些措施预防异常气压。例如，技术革新，如采用管柱钻孔法代替沉箱，工人不必在水下高压作业；遵守安全操作规程；保健措施，摄入高热量、高蛋白饮食等。应注意有职业禁忌证者不能从事此类工作。

第三节 个体防护装备

一、个体防护装备分类

依据《个体防护装备选用规范》（GB/T 11651—2008），个体防护装备是指从业人员为防御物理、化学、生物等外界因素伤害所穿戴、配备和使用的各种防护用品的总称。在生产作业场所穿戴、配备和使用的劳动防护用品也称个体防护装备。《个体防护装备配备基本要求》（GB/T 29510—2013）中，将个体防护装备分为头部、眼面部、听力、呼吸、躯干、手部、足部、坠落、皮肤防护9类，并对其使用范围进行了说明。

1. 头部防护装备

头部防护装备有防护帽、工作帽和安全帽之分，如图5-3-1所示。防护帽是避免受冲击、刺穿、挤压、绞碾和脏污等伤害的各种防护装备的总称；工作帽是防御头部脏污、擦伤、长发被绞碾等伤害的防护用品；安全帽是对头部受坠物及其特定因素引起的伤害起防护作用的防护用品。

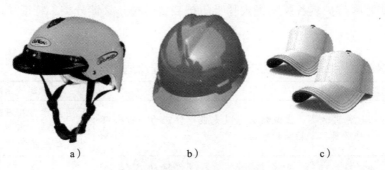

a） b） c）

图 5-3-1 头部防护装备

a）防护帽 b）安全帽 c）工作帽

工作环境不同，配备安全帽的要求也不相同，可参照表5-3-1选用。

表 5-3-1 安全帽选用表

安全帽类型	参考使用范围
普通安全帽	存在坠物危险或对头部可能产生碰撞的场所
阻燃安全帽	存在坠物危险或对头部可能产生碰撞及有明火或具有易燃物质的场所
防静电安全帽	存在坠物危险或对头部可能产生碰撞及不允许有放电发生的场所，多用于精密仪器加工、石油化工、煤矿开采等行业
电绝缘安全帽	存在坠物危险或对头部可能产生碰撞及带电作业场所，如电力水利行业等
抗压安全帽	存在坠物危险或对头部可能产生碰撞及挤压的作业场所，如坑道、矿井等
防寒安全帽	低温作业环境中存在坠物危险或对头部可能产生碰撞的场所，如冷库、林业等
耐高温安全帽	高温作业环境中存在坠物危险或对头部可能产生碰撞的场所，如锻造、炼钢等

2. 眼面部防护装备

眼面部防护装备是指防御电磁辐射、紫外线及有害光线、烟雾、化学物质、金属火花和飞屑、尘粒，抗机械和运动冲击等伤害眼睛、面部和颈部的防护装备。包括防冲击眼护具、焊接眼护具、激光护目镜、炉窑护目镜、微波护目镜、X 射线防护眼镜、化学安全防护眼镜、防尘眼镜等。

3. 听力防护装备

听力防护装备是指保护听觉、使人耳免受噪声过度刺激的防护装备。主要有直接塞入外耳道的耳塞、紧贴头部围住耳郭四周的耳罩和罩住头部隔热、防震、防冲击的头盔。

4. 呼吸防护装备

呼吸防护装备是指防御缺氧空气和空气污染物进入呼吸道的装备。呼吸防护装备分为过滤式呼吸防护装备和隔绝式呼吸防护装备两种。具体分类、特征及适用环境说明见表 5-3-2。

表 5-3-2 呼吸防护装备分类、特征及适用环境

类别	具体名称	特征	参考适用环境
过滤式	自吸过滤式防颗粒物呼吸器	靠佩戴者呼吸克服部件阻力，防御颗粒物的伤害	适用于存在颗粒物空气污染的环境，不适用于防护有害气体或蒸气
	自吸过滤式防毒面具	靠佩戴者呼吸克服部件阻力，防御有毒、有害气体或蒸气、颗粒物等对呼吸系统或眼面部的伤害	适合有毒气体或蒸气的防护，适合毒性颗粒物的防护
	送风过滤式防护装备	靠动力克服部件阻力，防御有毒、有害气体或蒸气、颗粒物等对呼吸系统或眼面部的伤害	适用浓度范围见《呼吸防护用品的选择、使用与维护》（GB/T 18664—2002）

续表

类别	具体名称	特征	参考适用环境
隔绝式	正压式空气呼吸防护装备	使用者任一呼吸循环过程中面罩内压力均大于环境压力	适用于各类颗粒物和有毒有害气体环境,适用浓度范围见《呼吸防护用品的选择、使用与维护》(GB/T 18664—2002)
	负压式空气呼吸防护装备	使用者任一呼吸循环过程中面罩内压力在吸气阶段均小于环境压力	
	自吸式长管呼吸器	靠佩戴者自主呼吸获得新鲜、清洁空气	
	送风式长管呼吸器	用风机或空压机供气为佩戴者输送清洁空气	
	氧气呼吸器	通过压缩氧气或化学生氧剂灌向使用者提供呼吸气源	

5. 躯干防护装备

躯干防护装备又称防护服。防护服的种类比较多,以适用于产生不同职业病危害因素的场所,常见的防护服如一般工作服(没有特殊要求的一般作业场所)、防静电服(静电敏感区域或火灾爆炸危险场所)、高可视性警示服(警察、消防员等从事公共事业的场所)、焊接防护服、X射线防护服、酸碱类化学品防护服、带电作业的屏蔽服等。

6. 手部防护装备

手部防护装备是指保护手和手臂,供作业者劳动时戴用的手套(劳动防护手套),如一般防护手套、防水手套、防寒手套、防毒手套、防静电手套、防高温手套、防X射线手套、防酸碱手套、防油手套、防振手套、防切割手套、绝缘手套等。

7. 足部防护装备

足部防护装备是指保护穿用者小腿及脚部免受物理、化学和生物等外界因素伤害的防护装备。通常称为劳动防护鞋,如防尘鞋、防水鞋、防寒鞋、防静电鞋、防高温鞋、防酸碱鞋、防油鞋、防烫脚鞋、防滑鞋、防刺穿鞋、电绝缘鞋、防振鞋等。

8. 坠落防护装备

坠落防护装备是指防止高处作业人员坠落或高处落物伤害的防护用品。个人劳动防护装备是指安全带。安全带分为如下3种:将人体绑定在固定构造附件,使作业人员的双手可以进行其他操作的围杆作业安全带;限制作业人员的活动范围,避免其达到可能发生坠落区域的区域限制安全带;高处作业人员或登高人员发生坠落时,将作

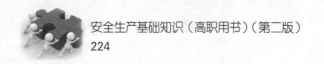
业人员安全悬挂的坠落悬挂安全带。

9. 皮肤防护用品

皮肤防护用品是指用于防止皮肤（主要是面、手等外露部分）免受化学、物理等因素的危害的用品，如防毒、防腐、防射线、防油漆的护肤品等。

二、个体防护装备的配置

《中华人民共和国安全生产法》第四十二条规定，生产经营单位必须为从业人员提供符合国家标准或者行业标准的劳动防护用品，并监督、教育从业人员按照使用规则佩戴、使用。《中华人民共和国职业病防治法》第二十二条第一款规定，用人单位必须采用有效的职业病防护设施，并为劳动者提供个人使用的职业病防护用品。

1. 劳动防护用品选用

生产经营单位选用劳动防护用品时，应根据国家标准、行业标准或地方标准的相关要求，针对生产作业环境、劳动强度以及生产岗位性质，结合劳动防护用品的防护性能，以及穿戴舒适方便不影响工作等因素，综合分析后选用。

2. 劳动防护用品配置

用人单位应当按照有关标准，根据不同工种和劳动条件免费发给职工个人劳动防护用品，并履行如下管理职责：

（1）用人单位应根据工作场所中的职业危害因素及其危害程度，按照法律、法规、标准的规定，为从业人员免费提供符合国家规定的劳动防护用品。不得以货币或其他物品替代应当配备的防护用品。

（2）用人单位应到定点经营单位或生产企业购买劳动防护装备。劳动防护装备必须具有生产许可证、产品合格证。购买的劳动防护用品须经本单位安全管理部门验收，并应按照劳动防护用品的使用要求，在使用前对其防护功能进行必要的检查。

（3）用人单位应教育从业人员，按照劳动防护用品的使用规则和防护要求正确使用劳动防护用品，使从业人员做到"三会"：会检查防护用品的可靠性，会正确使用劳动防护用品，会正确维护保养防护用品。用人单位应定期进行监督检查。

（4）用人单位应按照产品说明书的要求，及时更换、报废过期和失效的防护用品。

（5）用人单位应建立、健全防护用品的购买、验收、保管、发放、使用、更换、报废等管理制度和使用档案，并进行必要的监督检查。

三、个体防护装备验收与检查

1. 采购验收

采购的劳动防护用品须经本单位的安全、职业卫生技术部门或管理人员验收，劳动防护用品应有生产许可证和产品合格证，对相关劳动防护装备作外观检查，必要时应进行试验验收。

2. 使用前检查

从业人员每次使用劳动防护用品前应对其进行检查，生产经营单位可制定相应检查表，供从业人员检查使用，防止使用功能损坏的劳动防护用品。安全带使用前检查内容见表 5-3-3。

表 5-3-3　　　　　　　　　安全带使用前检查内容

序号	检查内容
1	组件完整，无短缺、无破损
2	绳索、编织带无脆裂、断胶或扭结
3	皮革配件完好、无伤残
4	金属配件无裂纹、焊接无缺陷、无严重锈蚀
5	挂钩的钩舌咬口平整、不错位，保险装置完整可靠
6	活梁卡子的活梁灵活，表面滚花良好，与边框间距符合要求
7	铆钉无明显偏位，表面平整
8	定期检查合格，有记录，未超期使用
9	按照国家标准制造的产品，标志、标识清晰，有明确的报废周期
10	配备的防坠器应制动可靠

3. 使用中检查

安全生产管理部门在组织开展安全检查时，应将劳动防护用品的检查列入检查表，进行经常性的检查。重点是必须在其性能范围内使用，不得超极限使用等。

4. 正确使用

从业人员应严格按照使用说明书正确使用劳动防护装备。生产经营单位的领导及安全生产管理人员应经常深入现场，检查指导从业人员正确使用劳动防护用品。

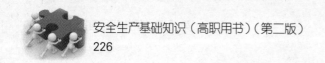
本 章 习 题

1. 什么是职业病？

2. 什么是职业禁忌证？

3. 哪些人需要接受职业病危害培训？培训学时是多少？

4. 为什么要进行职业健康监护？

5. 生产性粉尘危害治理措施有哪些？

6. 生产性噪声的控制措施有哪几种？

7. 振动的控制措施有哪些？

8. 个体劳动防护的"三会"指的是什么？

第六章
事故应急管理

学习目标

　　了解事故应急救援体系，了解事故应急预案编制方法和事故应急预案管理要求，了解事故报告的要求，掌握事故现场应急救援知识。

事故案例

某高速公路工程"9·26"一般生产安全事故调查报告

　　2017 年 9 月 26 日 13 时许，在某高速公路施工现场，某交通建设集团有限公司在组织工人进行作业过程中，发生一起车辆伤害事故，造成 1 名工人死亡。

　　根据《中华人民共和国安全生产法》《生产安全事故报告和调查处理条例》和《北京市生产安全事故报告和调查处理办法》等有关法律法规的规定，区政府成立了由区安监局、公安分局、人社局、总工会、交指办、镇政府组成的事故调查组，并依法邀请区监察委参加。事故调查组按照"科学严谨、依法依规、实事求是、注重实效"和"四不放过"的原则，开展了事故调查工作，认定了事故性质和责任，提出了对有关责任单位及责任人员的处理建议和事故防范及整改措施，现将有关情况报告如下：

一、事故简介

1. 工程基本情况

该高速公路工程道路全长 27.2 km，设计时速 100~120 km/h，为双向八车道高速公路。该工程为市重点工程项目，通过"一会三函"形式取得施工许可后，于 2016 年 12 月 25 日开工，计划工期为 24 个月。

事故发生在该工程第七标段。该标段为高架桥左右幅分离路段，其中左线长度约为 2 087.9 m，右线长度为 2 184.4 m。工程造价约 2.12 亿元。

2. 事故相关单位情况

建设单位：某交通发展有限公司（B 公司），主要经营范围：公路、城市道路管理、养护、建设、运营、维修；资产管理、投资管理；设计、制作、代理、发布广告；技术咨询、技术服务。

总承包单位：某交通建设集团有限公司（A 公司），主要经营范围：房地产开发；施工总承包、专业承包等。具有公路工程总承包一级资质。

劳务单位：某劳务服务有限公司。主要经营范围：劳务派遣；工程咨询；劳务分包等。具有施工劳务不分等级资质。

监理单位：某工程咨询有限公司，主要经营范围：工程咨询，建设工程造价咨询；公路工程、市政、公用工程、交通工程、工民建工程建设监理等。具有公路工程监理甲级资质。

3. 工程承发包情况

2016 年 12 月 20 日，B 公司与 A 公司签订了工程施工合同。2017 年 2 月 20 日，A 公司与 B 公司签订了劳务合作合同，将该工程中主线桥下部构造、全部现浇箱梁（及相应支座）、桥面系等劳务作业发包给了 B 公司。2017 年 8 月，B 公司开始组织工人入场作业。

2017 年 9 月下旬，旋挖钻机班组长刘某某组织人员开始进行 YK814 号桩基的钻孔作业。作业方式为：旋挖钻机进行钻孔作业时，由一台轮式装载机配合将钻孔形成的渣土清运至场地北侧空地位置，另外有一台吊车和 4 名工人负责配合钻孔作业。

4. 事发经过及救援情况

2017 年 9 月 26 日，旋挖钻机班组长刘某某组织工人继续进行钻孔作业。其中一名工人负责操作钻机，一名工人负责操作吊车配合作业，娄某某等 4 名工人负责配合钢筋施工，刘某某负责驾驶装载机配合进行渣土清运。因作业现场狭窄，不方便调头，刘某某便采取了向北前进、向南后退的方式驾驶装载机。

当日中午吃完饭后，刘某某回到作业区域，继续驾驶装载机运送渣土。作业至约13时许，在其向北侧送完一铲渣土后，倒退行驶过程中，不慎将工人娄某某碾轧。刘某某发现后立即下车查看并求救。现场人员立即拨打了120电话，医护人员到达现场后，确认娄某某已经死亡。

二、事故原因及性质

事故调查组依法调取了有关单位的资质文件和施工资料，对事故涉及的相关人员进行了调查询问，认定了事故原因及性质。

1. 直接原因

装载机司机违章作业。按照《北京市建筑工程施工安全操作规程》（DBJ01—62—2002）规定，装载机不得在倾斜度的场地上作业，作业区内不得有障碍物及无关人员。经查，装载机司机刘某某在没有确认装载机作业区域内是否有人的情况下，驾驶装载机倒车行进，不慎将娄某某轧伤致死，是事故发生的直接原因。

2. 间接原因

（1）装载机有缺陷。经查，事发时刘某某驾驶的装载机左右两侧反光镜均已缺失，在装载机后侧形成盲区，无法及时观察到车辆周边情况。

（2）安全教育培训不到位。施工总承包方未按照要求对工人开展有效的安全生产教育培训，致使工人安全意识淡薄，对自身工作中的安全要求不能有效掌握，作业中出现违章行为。

（3）施工现场安全管理和检查不到位。施工各方安全管理人员对施工现场安全管理和检查不严、不细，未能及时发现和消除施工现场工人作业及设备设施存在的隐患问题。

3. 事故性质

鉴于上述原因分析，根据国家有关法律法规的规定，事故调查组认定，该起事故是一起因工人违章作业、设备设施有缺陷、安全教育培训和检查不到位等原因引发的一般生产安全责任事故。

三、事故责任分析及处理建议

根据《中华人民共和国安全生产法》《中华人民共和国劳动法》《中华人民共和国

刑法》等有关法律法规的规定，调查组依据事故调查核实的情况和事故原因分析，认定下列单位和人员应当承担相应的责任，并提出如下处理建议：

经查，装载机司机刘某某在没有确认装载机作业区域内是否安全的情况下，驾驶装载机倒车行进，不慎将娄某某压伤致死，是事故发生的直接原因，负主要责任。区公安分局拟对刘某某立案侦查。

经区人社局调查，劳务方某公司于 2017 年 8 月存在超时用工的违法行为，已经责令该单位立即改正违法行为，并拟对该单位进行行政处罚。

A 公司作为该工程施工总承包单位，未按照法律法规要求对工人进行安全生产教育培训和考核，存在教育培训学时不足、流于形式的问题，造成工人自身安全意识淡薄。该单位的以上行为违反了《中华人民共和国安全生产法》第二十五条第二款的规定，对事故发生负有管理责任。区安监局依据《中华人民共和国安全生产法》第一百零九条第一项的规定，拟对该单位处 20 万元以上 50 万元以下罚款的行政处罚。

朱某、孟某某作为总承包方项目经理和常务副经理，未按照自身工作职责有效督促检查本项目部安全管理工作落实情况，造成施工现场安全检查和教育培训工作落实不到位等隐患问题不能及时发现和消除，上述二人的行为违反了《安全生产领域违法违纪行为政纪处分暂行规定》第十二条第七项的规定，对事故发生负有领导责任。区安监局依据《安全生产领域违法违纪行为政纪处分暂行规定》第十二条和第十七条第二款的规定，责成其所在公司给予二人行政记大过处分。

吴某作为总承包方项目安全质量分管负责人，未组织人员对施工现场进行有效安全检查，未及时发现和消除工人教育培训和考核不符合要求的问题，其上述行为违反了《安全生产领域违法违纪行为政纪处分暂行规定》第十二条第七项的规定，对事故发生负有管理责任。区安监局依据《安全生产领域违法违纪行为政纪处分暂行规定》第十二条和第十七条第二款的规定，责成其所在公司给予其行政记过处分。

薛某某作为总承包方安全质量部负责人，未按要求组织工人进行安全生产教育培训和考核工作，造成工人教育培训存在学时不足，针对性不强等问题，对事故发生负有管理责任。其行为违反了《中华人民共和国安全生产法》第二十二条第二项、第五项的规定，区安监局依据《中华人民共和国安全生产法》第九十三条的规定，责令其所在公司停止其负责安全管理工作。

高某某作为项目部安全员，未全面履行自身安全管理职责，在日常安全检查中不严、不细，未能及时发现和消除装载机自身隐患问题，对事故发生负有管理责任。其行为违反了《中华人民共和国安全生产法》第二十二条第五项的规定，区安监局依据《中华人民共和国安全生产法》第九十三条的规定，责令其所在公司暂停其负责安全管理工作。

吴某某作为劳务单位项目负责人，未组织和督促开展有效的安全生产检查和自查工作，未能及时发现和消除作业现场存在的装载机反光镜缺失、施工作业现场安全管理不到位等问题，对事故发生负有管理责任。区安监局责令中交建公司根据本单位相关规定，对其进行严肃处理，并将处理结果于完成后10日内报区安监局备案。

韩某某作为该高速公路工程安全监理工程师，未认真履行自身监理职责，在施工过程中未针对设备设施是否符合安全生产条件进行有效检查，对事故发生负有监理责任。区安监局责令其所在监理公司根据本单位相关规定，对其进行严肃处理，并将处理结果于完成后10日内报区安监局备案。

王某作为该高速公路工程7标段驻标专业监理工程师，未督促施工单位进行安全自查，未能发现施工现场存在的隐患问题，对事故发生负有监理责任。区安监局责令其所在监理公司根据本单位相关规定，对其进行严肃处理，并将处理结果于完成后10日内报区安监局备案。

四、事故防范和整改措施

事故调查组针对该起事故暴露出的问题，对相关单位提出如下整改建议措施：

A公司要全面落实本单位安全生产教育培训职责，按照相关要求做好入场职工的教育培训和考核工作，保证教育学时和针对性，切实提高作业人员自身安全意识。同时，加强对施工现场各类隐患的排查和检查力度，针对危险性较大施工和大型机械设备作业等重点环节，强化现场监督管理和对设备自身的检查排查，确保相关制度能够得到有效落实。

新机场高速公路总监办要进一步采取有效措施，深入加强对安全生产教育培训和考核的检查，督促施工各方落实安全生产教育培训、安全交底、班前教育及现场管理等措施；加强对施工现场重点位置和重点区域的巡查、检查力度，切实做好项目安全监理工作。

A公司要全面加强施工现场的安全管理工作，进一步明确安全监管人员职责，加强施工现场安全管理和巡查检查，及时消除各类隐患，避免出现管理盲区。同时，加

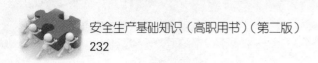
强工人班前教育和安全交底工作，确保工人在作业前了解作业过程中存在的危险因素和预防措施，督促作业人员做好安全防护和自身防护，确保各项施工作业安全进行。

B公司作为该工程建设单位，应进一步加强施工各方的协调管理，督促总包单位和监理单位落实自身安全管理责任，根据施工阶段和施工类型，采取有针对性的安全管理措施，细化安全管理责任，确保该高速公路工程能够顺利完成。

第一节　事故应急准备

按照《生产安全事故应急条例》规定，国务院统一领导全国的生产安全事故应急工作，县级以上地方人民政府统一领导本行政区域内的生产安全事故应急工作。生产安全事故应急工作涉及两个以上行政区域的，由有关行政区域共同的上一级人民政府负责，或者由各有关行政区域的上一级人民政府共同负责。县级以上人民政府应急管理部门和其他对有关行业、领域的安全生产工作实施监督管理的部门（以下统称负有安全生产监督管理职责的部门）在各自职责范围内，做好有关行业、领域的生产安全事故应急工作。县级以上人民政府应急管理部门指导、协调本级人民政府其他负有安全生产监督管理职责的部门和下级人民政府的生产安全事故应急工作。乡、镇人民政府以及街道办事处等地方人民政府派出机关应当协助上级人民政府有关部门依法履行生产安全事故应急工作职责。

生产经营单位应当加强生产安全事故应急工作，建立、健全生产安全事故应急工作责任制，其主要负责人对本单位的生产安全事故应急工作全面负责。

一、事故应急准备

1. 应急救援预案公布的要求

（1）县级以上人民政府及其负有安全生产监督管理职责的部门和乡、镇人民政府以及街道办事处等地方人民政府派出机关，应当针对可能发生的生产安全事故的特点和危害，进行风险辨识和评估，制定相应的生产安全事故应急救援预案，并依法向社会公布。

（2）生产经营单位应当针对本单位可能发生的生产安全事故的特点和危害，进行风险辨识和评估，制定相应的生产安全事故应急救援预案，并向本单位从业人员公布。

（3）县级以上人民政府负有安全生产监督管理职责的部门应当将其制定的生产安全事故应急救援预案报送本级人民政府备案；易燃易爆物品、危险化学品等危险物品的生产、经营、储存、运输单位，矿山、金属冶炼、城市轨道交通运营、建筑施工单位，以及宾馆、商场、娱乐场所、旅游景区等人员密集场所经营单位，应当将其制定的生产安全事故应急救援预案按照国家有关规定报送县级以上人民政府负有安全生产监督管理职责的部门备案，并依法向社会公布。

2. 事故应急救援预案演练的要求

（1）县级以上地方人民政府以及县级以上人民政府负有安全生产监督管理职责的部门，乡、镇人民政府以及街道办事处等地方人民政府派出机关，应当至少每2年组织1次生产安全事故应急救援预案演练。

（2）易燃易爆物品、危险化学品等危险物品的生产、经营、储存、运输单位，矿山、金属冶炼、城市轨道交通运营、建筑施工单位，以及宾馆、商场、娱乐场所、旅游景区等人员密集场所经营单位，应当至少每半年组织1次生产安全事故应急救援预案演练，并将演练情况报送所在地县级以上地方人民政府负有安全生产监督管理职责的部门。

（3）县级以上地方人民政府负有安全生产监督管理职责的部门应当对本行政区域内前款规定的重点生产经营单位的生产安全事故应急救援预案演练进行抽查；发现演练不符合要求的，应当责令限期改正。

3. 应急救援队伍的要求

（1）县级以上人民政府应当加强对生产安全事故应急救援队伍建设的统一规划、组织和指导。县级以上人民政府负有安全生产监督管理职责的部门根据生产安全事故应急工作的实际需要，在重点行业、领域单独建立或者依托有条件的生产经营单位、社会组织共同建立应急救援队伍。国家鼓励和支持生产经营单位和其他社会力量建立提供社会化应急救援服务的应急救援队伍。

（2）易燃易爆物品、危险化学品等危险物品的生产、经营、储存、运输单位，矿山、金属冶炼、城市轨道交通运营、建筑施工单位，以及宾馆、商场、娱乐场所、旅游景区等人员密集场所经营单位，应当建立应急救援队伍；其中，小型企业或者微型企业等规模较小的生产经营单位，可以不建立应急救援队伍，但应当指定兼职的应急救援人员，并且可以与邻近的应急救援队伍签订应急救援协议。工业园区、开发区等产业聚集区域内的生产经营单位，可以联合建立应急救援队伍。

（3）生产经营单位应当及时将本单位应急救援队伍建立情况按照国家有关规定报

送县级以上人民政府负有安全生产监督管理职责的部门，并依法向社会公布。县级以上人民政府负有安全生产监督管理职责的部门应当定期将本行业、本领域的应急救援队伍建立情况报送本级人民政府，并依法向社会公布。

4. 生产经营单位应急值班的要求

县级以上人民政府及其负有安全生产监督管理职责的部门；危险物品的生产、经营、储存、运输单位以及矿山、金属冶炼、城市轨道交通运营、建筑施工单位；规模较大、危险性较高的易燃易爆物品、危险化学品等危险物品的生产、经营、储存、运输单位应当成立应急处置技术组，实行 24 小时应急值班。

二、事故应急预案

应急救援预案指的是指针对可能发生的事故，为迅速、有序地开展应急行动而预先制定的行动方案。发生生产安全事故后，生产经营单位应当立即启动生产安全事故应急救援预案。

1. 事故应急预案的作用

制定事故应急预案是贯彻落实"安全第一、预防为主、综合治理"的方针，提高应对风险和防范事故的能力，保障职工安全健康和公众生命安全，最大限度减少财产损失、环境损害和社会影响的重要措施。

事故应急预案在应急系统中起着关键作用，它明确了在突发事故发生之前、发生过程中以及刚刚结束之后，谁负责做什么、何时做，以及相应的策略和资源准备等。事故应急预案是针对可能发生的重大事故及其影响和后果的严重程度，为应急准备和应急响应的各个方面所预先做出的详细安排，是开展及时、有序和有效事故应急救援工作的行动指南。事故应急预案的重要作用主要有：

（1）应急预案确定了应急救援的范围和体系，使应急管理不再无据可依、无章可循。尤其是通过培训和演习，可以使应急人员熟悉自己的任务，具备完成指定任务所需的相应能力，并检验预案和行动程序，评估应急人员的整体协调性。

（2）应急预案有利于做出及时的应急响应，降低事故后果危害。应急预案预先明确了应急各方的职责和响应程序，在应急资源等方面进行了先期准备，可以指导应急救援迅速、高效、有序地开展，将事故的人员伤亡、财产损失和环境破坏降到最低限度。

（3）应急预案是各类突发重大事故的应急基础。通过编制应急预案，可以对那些事先无法预料到的突发事故起到基本的应急指导作用，成为开展应急救援的"底线"。在此基础上，可以针对特定事故类别编制专项应急预案，并有针对性地开展专项应急准备活动。

（4）应急预案建立了与上级单位和部门应急救援体系的衔接。通过编制应急预案，可以确保当发生超过本级应急能力的重大事故时与有关应急机构的联系和协调。

（5）应急预案有利于提高风险防范意识。应急预案的编制、评审、发布、宣传、教育和培训，有利于各方了解可能面临的重大事故及其相应的应急措施，有利于促进各方提高风险防范意识和能力。

2. 事故应急预案编制

（1）事故应急预案编制的基本要求。编制应急预案应当成立编制工作小组，由本单位有关负责人任组长，吸收与应急预案有关的职能部门和单位的人员，以及有现场处置经验的人员参加，应当根据法律、法规、规章的规定或者实际需要，征求相关应急救援队伍、公民、法人或者其他组织的意见。

编制应急预案必须以客观的态度，在全面调查的基础上，以各相关方共同参与的方式，开展科学分析和论证，按照科学的编制程序，扎实开展应急预案编制工作，使应急预案中的内容符合客观情况，为应急预案的落实和有效应用奠定基础。

根据《生产安全事故应急预案管理办法》规定，应急预案的编制应当遵循以人为本、依法依规、符合实际、注重实效的原则，以应急处置为核心，明确应急职责、规范应急程序、细化保障措施。应急预案的编制应当符合下列基本要求：

1）有关法律、法规、规章和标准的规定；

2）本地区、本部门、本单位的安全生产实际情况；

3）本地区、本部门、本单位的危险性分析情况；

4）应急组织和人员的职责分工明确，并有具体的落实措施；

5）有明确、具体的应急程序和处置措施，并与其应急能力相适应；

6）有明确的应急保障措施，满足本地区、本部门、本单位的应急工作需要；

7）应急预案基本要素齐全、完整，应急预案附件提供的信息准确；

8）应急预案内容与相关应急预案相互衔接。

（2）事故应急预案编制程序。依据《生产经营单位生产安全事故应急预案编制导则》（GB/T 29639—2020）的规定，生产经营单位应急预案编制程序包括成立应急预案编制工作组、资料收集、风险评估、应急能力评估、编制应急预案和应急预案评审6个步骤。

1）成立应急预案编制工作组。生产经营单位应结合本单位部门职能和分工，成立以单位主要负责人（或分管负责人）为组长、单位相关部门人员参加的应急预案编制工作组，明确工作职责和任务分工，制订工作计划，组织开展应急预案编制工作。

2）资料收集。应急预案编制工作组应收集与预案编制工作相关的法律法规、技术标准、应急预案、国内外同行业企业事故资料，同时收集本单位安全生产相关技术资料，以及周边环境影响、应急资源等有关资料。

3）风险评估。主要内容包括：

①分析生产经营单位存在的危险因素，确定事故危险源。

②分析可能发生的事故类型及后果，并指出可能产生的次生、衍生事故。

③评估事故的危害程度和影响范围，提出风险防控措施。

4）应急能力评估。在全面调查和客观分析生产经营单位应急队伍、装备、物资等应急资源状况基础上开展应急能力评估，并依据评估结果，完善应急保障措施。

5）编制应急预案。依据生产经营单位风险评估及应急能力评估结果，组织编制应急预案。应急预案编制应注重系统性和可操作性，做到与相关部门和单位应急预案相衔接。

6）应急预案评审。应急预案编制完成后，生产经营单位应组织评审。评审分为内部评审和外部评审。内部评审由生产经营单位主要负责人组织有关部门和人员进行；外部评审由生产经营单位组织外部有关专家和人员进行评审。应急预案评审合格后，由生产经营单位主要负责人（或分管负责人）签发实施，并进行备案管理。

（3）事故应急预案的公布

1）生产经营单位。生产经营单位的应急预案经评审或者论证后，由本单位主要负责人签署，向本单位从业人员公布，并及时发放到本单位有关部门、岗位和相关应急救援队伍。事故风险可能影响周边其他单位、人员的，生产经营单位应当将有关事故风险的性质、影响范围和应急防范措施告知周边的其他单位和人员。

2）政府部门。地方各级人民政府应急管理部门的应急预案，应当报同级人民政府备案，同时抄送上一级人民政府应急管理部门，并依法向社会公布。地方各级人民政府其他负有安全生产监督管理职责的部门的应急预案，应当抄送同级人民政府应急管理部门。

3）高危单位。易燃易爆物品、危险化学品等危险物品的生产、经营、储存、运输单位，矿山、金属冶炼、城市轨道交通运营、建筑施工单位，以及宾馆、商场、娱乐场所、旅游景区等人员密集场所经营单位，应当在应急预案公布之日起20个工作日内，按照分级属地原则，向县级以上人民政府应急管理部门和其他负有安全生产监督管理职责的部门进行备案，并依法向社会公布。

三、事故应急预案体系

1. 各级主管部门的职责

应急管理部负责全国应急预案的综合协调管理工作。国务院其他负有安全生产监督管理职责的部门在各自职责范围内，负责相关行业、领域应急预案的管理工作。县级以上地方各级人民政府应急管理部门负责本行政区域内应急预案的综合协调管理工作。县级以上地方各级人民政府其他负有安全生产监督管理职责的部门按照各自的职责负责有关行业、领域应急预案的管理工作。

2. 生产经营单位的职责

生产经营单位主要负责人负责组织编制和实施本单位的应急预案，并对应急预案的真实性和实用性负责；各分管负责人应当按照职责分工落实应急预案规定的职责。生产经营单位应急预案分为综合应急预案、专项应急预案和现场处置方案。

（1）综合应急预案。综合应急预案是指生产经营单位为应对各种生产安全事故而制定的综合性工作方案，是本单位应对生产安全事故的总体工作程序、措施和应急预案体系的总纲。

（2）专项应急预案。专项应急预案是指生产经营单位为应对某一种或者多种类型生产安全事故，或者针对重要生产设施、重大危险源、重大活动防止生产安全事故而制定的专项性工作方案。

（3）现场处置方案。现场处置方案是指生产经营单位根据不同生产安全事故类型，针对具体场所、装置或者设施所制定的应急处置措施。

生产经营单位应根据本单位组织管理体系、生产规模、危险源的性质以及可能发生的事故类型确定应急预案体系，并可根据本单位的实际情况，确定是否编制专项应急预案。风险因素单一的小微型生产经营单位可只编写现场处置方案。

生产经营单位应急预案应当包括向上级应急管理机构报告的内容、应急组织机构和人员的联系方式、应急物资储备清单等附件信息。附件信息发生变化时，应当及时更新，确保准确有效。

四、事故应急预案实施

1. 事故应急预案演练

（1）生产经营单位。生产经营单位应当组织开展本单位的应急预案、应急知识、自救互救和避险逃生技能的培训活动，使有关人员了解应急预案内容，熟悉应急职责、应急处置程序和措施。应急培训的时间、地点、内容、师资、参加人员和考核结果等情况应当如实记入本单位的安全生产教育和培训档案。

生产经营单位应当制订本单位的应急预案演练计划，根据本单位的事故风险特点，每年至少组织一次综合应急预案演练或者专项应急预案演练，每半年至少组织一次现场处置方案演练。

（2）高危单位。易燃易爆物品、危险化学品等危险物品的生产、经营、储存、运输单位，矿山、金属冶炼、城市轨道交通运营、建筑施工单位，以及宾馆、商场、娱乐场所、旅游景区等人员密集场所经营单位，应当至少每半年组织一次生产安全事故应急预案演练，并将演练情况报送所在地县级以上地方人民政府负有安全生产监督管理职责的部门。

（3）政府部门。县级以上地方人民政府负有安全生产监督管理职责的部门应当对本行政区域内前款规定的重点生产经营单位的生产安全事故应急救援预案演练进行抽查；发现演练不符合要求的，应当责令限期改正。

2. 事故应急预案评估

生产安全应急预案演练、事故应急处置和应急救援结束后，事故发生单位应当对应急预案实施情况进行总结评估。应急预案演练组织单位应当对应急预案演练效果进行评估，撰写应急预案演练评估报告，分析存在的问题，并对应急预案提出修订意见。应急预案编制单位应当建立应急预案定期评估制度，对预案内容的针对性和实用性进

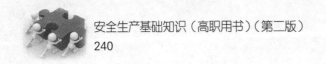

行分析，并对应急预案是否需要修订作出结论。

　　矿山、金属冶炼、建筑施工企业和易燃易爆物品、危险化学品等危险物品的生产、经营、储存、运输企业、使用危险化学品达到国家规定数量的化工企业、烟花爆竹生产、批发经营企业和中型规模以上的其他生产经营单位，应当每三年进行一次应急预案评估。应急预案评估可以邀请相关专业机构或者有关专家、有实际应急救援工作经验的人员参加，必要时可以委托安全生产技术服务机构实施。

　　生产经营单位应当按照应急预案的规定，落实应急指挥体系、应急救援队伍、应急物资及装备，建立应急物资、装备配备及其使用档案，并对应急物资、装备进行定期检测和维护，使其处于适用状态。

3. 事故应急预案的监督管理

　　各级人民政府应急管理部门和煤矿安全监察机构应当将生产经营单位应急预案工作纳入年度监督检查计划，明确检查的重点内容和标准，并严格按照计划开展执法检查。应当每年对应急预案的监督管理工作情况进行总结，并报上一级人民政府应急管理部门。对于在应急预案管理工作中做出显著成绩的单位和人员，各级人民政府应急管理部门、生产经营单位可以给予表彰和奖励。

第二节　事　故　报　告

国务院 2007 年 4 月 9 日颁布了《生产安全事故报告和调查处理条例》（以下简称《条例》），自 2007 年 6 月 1 日起施行。该《条例》出台的目的是规范生产安全事故的报告和调查处理，落实生产安全事故责任追究制度，防止和减少生产安全事故。该《条例》第四条规定，事故报告应当及时、准确、完整，任何单位和个人对事故不得迟报、漏报、谎报或者瞒报。事故调查处理应当坚持实事求是、尊重科学的原则，及时、准确地查清事故经过、事故原因和事故损失，查明事故性质，认定事故责任，总结事故教训，提出整改措施，并对事故责任者依法追究责任。

事故调查处理应遵循"四不放过"原则，即事故原因未查清不放过，事故责任者未受到处理不放过，整改措施未落实不放过，有关人员未受到教育不放过。

一、事故上报的时限和部门

生产安全事故发生后，事故现场有关人员应当立即向本单位负责人报告；单位负责人接到报告后，应当于 1 h 内向事故发生地县级以上人民政府安全生产监督管理部门和负有安全生产监督管理职责的有关部门报告。情况紧急时，事故现场有关人员可以直接向事故发生地县级以上人民政府安全生产监督管理部门和负有安全生产监督管理职责的有关部门报告。如果事故现场条件特别复杂，难以准确判定事故等级，情况十分危急，上一级部门没有足够能力开展应急救援工作，或者事故性质特殊、社会影响特别重大时，就应当允许越级上报事故。

发生事故后及时向单位负责人和有关主管部门报告，对于及时采取应急救援措施，防止事故扩大，减少人员伤亡和财产损失起着至关重要的作用。安全生产监督管理部门和负有安全生产监督管理职责的有关部门接到事故报告后，应当依照下列规定上报事故情况，并通知公安机关、劳动保障行政部门、工会和人民检察院。

特别重大事故、重大事故逐级上报至国务院安全生产监督管理部门和负有安全生

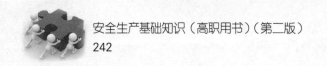

产监督管理职责的有关部门。

较大事故逐级上报至省、自治区、直辖市人民政府安全生产监督管理部门和负有安全生产监督管理职责的有关部门。

一般事故上报至设区的市级人民政府安全生产监督管理部门和负有安全生产监督管理职责的有关部门。

安全生产监督管理部门和负有安全生产监督管理职责的有关部门逐级上报事故情况，每级上报的时间不得超过 2 h。事故报告后出现新情况的，应当及时补报。自事故发生之日起 30 日内，事故造成的伤亡人数发生变化的，应当及时补报。道路交通事故、火灾事故自发生之日起 7 日内，事故造成的伤亡人数发生变化的，应当及时补报。

上报事故的首要原则是及时。"2 h"起点是指接到下级部门报告的时间，以特别重大事故的报告为例，按照报告时限要求的最大值计算，从单位负责人报告县级管理部门，再由县级管理部门报告市级管理部门、市级管理部门报告省级管理部门、省级管理部门报告国务院管理部门，直至最后报至国务院，总共所需时间为 9 h。之所以对上报事故作出这样限制性的时间规定，主要是基于：快速上报事故，有利于上级部门及时掌握情况，迅速开展应急救援工作；上级安全管理部门可以及时调集应急救援力量，发挥更多的人力、物力等资源优势，协调各方面的关系，尽快组织实施有效救援。

二、事故报告的内容

事故发生后，要按照《条例》要求进行事故报告，报告事故应当包括：事故发生单位概况；事故发生的时间、地点以及事故现场情况；事故的简要经过；事故已经造成或者可能造成的伤亡人数（包括下落不明的人数）和初步估计的直接经济损失；已经采取的措施和其他应当报告的情况。事故报告应当遵照完整性的原则，尽量能够全面反映事故情况。

1. 事故发生单位概况

事故发生单位概况应当包括单位的全称、所处地理位置、所有制形式和隶属关系、生产经营范围和规模、持有各类证照的情况、单位负责人的基本情况以及近期的生产经营状况等。

2. 事故发生的时间、地点以及事故现场情况

报告事故发生的时间应当具体，并尽量精确到分钟；报告事故发生的地点要准确，除事故发生的中心地点外，还应当报告事故所波及的区域；报告事故现场情况要详细，包括总体情况、现场的人员伤亡情况、设备设施的毁损情况以及事故发生前的现场情况。

3. 事故的简要经过

事故的简要经过是对事故全过程的简要叙述。描述要前后衔接、脉络清晰、因果相连。

4. 人员伤亡和经济损失情况

对于人员伤亡情况的报告，应当遵守实事求是的原则，不做无根据的猜测，更不能隐瞒实际伤亡人数。对直接经济损失的初步估算，主要指事故所导致的建筑物的毁损、生产设备设施和仪器仪表的损坏等。由于人员伤亡情况和经济损失情况直接影响事故等级的划分，并因此决定事故的调查处理等后续重大问题，在报告这方面情况时应当谨慎细致，力求准确。

5. 已经采取的措施

已经采取的措施主要是指事故现场有关人员、事故单位负责人、已经接到事故报告的安全生产管理部门为减少损失、防止事故扩大和便于事故调查所采取的应急救援和现场保护等具体措施。

三、事故的应急处置

事故发生单位负责人接到事故报告后，应当立即启动事故应急预案，或者采取有效措施，组织抢救，防止事故扩大，减少人员伤亡和财产损失。

事故发生地有关地方人民政府、安全生产监督管理部门和负有安全生产监督管理职责的有关部门接到事故报告后，其负责人应当立即赶赴事故现场，组织事故救援。

事故发生后，有关单位和人员应当妥善保护事故现场以及相关证据，任何单位和个人不得破坏事故现场、毁灭相关证据。因抢救人员、防止事故扩大以及疏通交通等原因，需要移动事故现场物件的，应当做出标志，绘制现场简图并做出书面记录，妥善保存现场重要痕迹、物证。

事故发生地公安机关根据事故的情况，对涉嫌犯罪的，应当依法立案侦查，采取

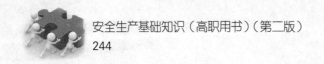
强制措施和侦查措施。犯罪嫌疑人逃匿的，公安机关应当迅速追捕归案。

事故调查组有权向有关单位和个人了解与事故有关的情况，并要求其提供相关文件、资料，有关单位和个人不得拒绝。事故发生单位的负责人和有关人员在事故调查期间不得擅离职守，并应当随时接受事故调查组的询问，如实提供有关情况。事故调查中发现涉嫌犯罪的，事故调查组应当及时将有关材料或者其复印件移交司法机关处理。

第三节　事故应急救援

随着现代工业的发展，生产过程中涉及的有害物质和能量不断增大，一旦发生重大事故，很容易导致严重的生命、财产损失和环境破坏。组织及时有效的应急救援行动，已成为抵御事故风险或控制灾害蔓延、降低危害后果的关键手段。

发生生产安全事故后，生产经营单位应当立即启动生产安全事故应急救援预案，采取下列一项或者多项应急救援措施，并按照国家有关规定报告事故情况：①迅速控制危险源，组织抢救遇险人员；②根据事故危害程度，组织现场人员撤离或者采取可能的应急措施后撤离；③及时通知可能受到事故影响的单位和人员；④采取必要措施，防止事故危害扩大和次生、衍生灾害发生；⑤根据需要请求邻近的应急救援队伍参加救援，并向参加救援的应急救援队伍提供相关技术资料、信息和处置方法；⑥维护事故现场秩序，保护事故现场和相关证据；⑦法律法规规定的其他应急救援措施。

有关人民政府及其部门根据生产安全事故应急救援需要依法调用和征用的财产，在使用完毕或者应急救援结束后，应当及时归还。财产被调用、征用或者调用、征用后毁损、灭失的，有关人民政府及其部门应当按照国家有关规定给予补偿。参加生产安全事故现场应急救援的单位和个人应当服从现场指挥部的统一指挥。

一、事故应急救援的基本任务

事故应急救援的总目标是通过有效的应急救援行动，尽可能降低事故的后果，包括人员伤亡、财产损失和环境破坏等。事故应急救援的基本任务包括下述几个方面：

一是立即组织营救受害人员，组织撤离或者采取其他措施保护危害区域内的其他人员。抢救受害人员是应急救援的首要任务，在应急救援行动中，快速、有序、有效地实施现场急救与安全转送伤员，是降低伤亡率、减少事故损失的关键。由于重大事

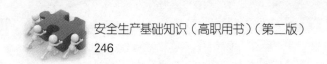

故发生突然、扩散迅速、涉及范围广、危害大，应及时指导和组织群众采取各种措施进行自身防护，必要时迅速撤离危险区或可能受到伤害的区域。在撤离过程中，应积极组织群众开展自救和互救工作。

二是迅速控制事态，并对事故造成的危害进行检测、监测，测定事故的危害区域、危害性质及危害程度。及时控制住造成事故的危险源是应急救援工作的重要任务。只有及时控制危险源，防止事故的继续扩展，才能及时有效地进行救援。特别对发生在城市或人口稠密地区的危险化学品泄漏与燃爆事故，应尽快组织工程抢险队与事故单位技术人员一起及时控制事故继续扩展。

三是消除危害后果，做好现场恢复。针对事故对人体、动植物、土壤、空气等造成的现实危害和可能的危害，迅速采取封闭、隔离、洗消、监测等措施，防止对人的继续危害和对环境的污染，及时清理废墟和恢复基本设施，将事故现场恢复至相对稳定的状态。

四是查清事故原因，评估危害程度。事故发生后应及时调查事故发生的原因和事故性质，评估出事故的危害范围和危险程度，查明人员伤亡情况，做好事故原因调查，并总结救援工作中的经验和教训。

二、事故现场急救知识

现场急救，是在事故现场对遭受意外伤害的人员所进行的应急救治。其目的是控制伤害程度，减轻人员痛苦；防止伤情迅速恶化，抢救伤员生命；将其安全地护送到医院进行检查和治疗。

1. 人工心肺复苏

心肺复苏，就是当人员呼吸及心搏骤停时，合并使用人工呼吸及心外按压来进行急救的一种技术。

当人突然发生心跳、呼吸停止时（如触电、溺水、矿难、自然灾害等意外或心脏病突发时），必须在 4 min 内建立基础生命维持，保证人体重要脏器的基本血氧供应，直到建立高级生命支持或自身心跳、呼吸恢复为止，其具体操作即心肺复苏。

（1）心肺复苏准备。在发现有人发生意外时，首先要检查周围环境是否安全，然后根据情况决定在现场对伤员施救还是先将伤员移到安全地点进行施救。确认环境安全或将伤员转移到安全地点后，应立即确认伤员心跳、呼吸是否已经停止，方法如下：

1）意识的判断。用双手轻拍伤员双肩，问："喂！你怎么了？"以便确认有无反应。

2）检查呼吸。观察伤员胸部起伏，确认有无呼吸。

3）判断是否有颈动脉搏动。用右手的中指和食指从气管正中环状软骨划向近侧颈动脉搏动处，确认有无搏动。

当不能确认伤员有心跳和呼吸时，需要立即开始实施心肺复苏。

（2）心肺复苏操作

1）将伤员置仰卧位，松解伤员衣领及裤带。翻身时要整体转动，保护颈部，如图 6-3-1 所示，将伤员摆放在平整的地面或硬板床上，救护人跪于伤员右侧（左右脚分别置于颈部和腰部）。

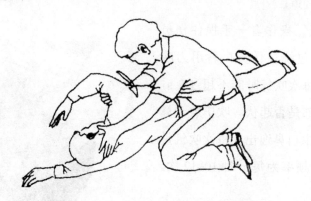

图 6-3-1　翻身时要整体转动，保护颈部

2）胸外心脏按压（体外循环）

①按压部位。胸骨中、下 1/3 交界处，也是胸骨中线与两乳头连线的相交处。

②按压手法。一手掌根部置于按压部位，另一手掌根部叠放其上，双手指紧扣，手指翘起不接触胸壁，手掌与胸骨水平垂直，如图 6-3-2 所示。

③按压方法。按压时上半身前倾，腕、肘、肩关节伸直，以髋关节为轴，垂直向下用力，借助上半身的体重和肩臂部肌肉的力量进行按压，如图 6-3-3 所示。

④按压幅度。利用上身重量垂直下压，成人按压深度为 4~5 cm。

⑤按压频率。按压频率为每分钟 100~120 次，按压与放松时间比为 1∶1。

⑥按压的基本要求。按压部位准确，用力适当，节奏均匀，持续进行，迅速放松使胸廓复原，放松时手掌根部不离开胸壁。

图 6-3-2　按压手法

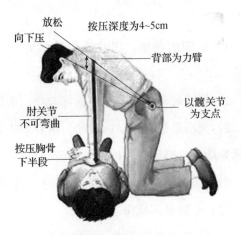

放松

按压深度为4~5cm

向下压

背部为力臂

肘关节
不可弯曲

以髋关节
为支点

按压胸骨
下半段

图 6-3-3　按压方法

3）开放气道。将伤员头偏向一侧，清理口腔，然后使伤员下颌经耳垂连线与地面成 90°角，开放气道。

4）人工呼吸。操作者一手捏住伤员鼻孔，双唇紧紧包绕住伤员口唇用力吹气，连续 2 次，每次吹气时间不超过 2 s，同时检查伤员胸部是否起伏。吹毕放开鼻孔，让气体自然由口鼻逸出。每次吹气量为 500~600 mL，频率为每分钟 10~12 次，如图 6-3-4 所示。

5）检查效果。按压与呼吸按照单人操作 30∶2，双人操作 30∶2 的比例进行。每

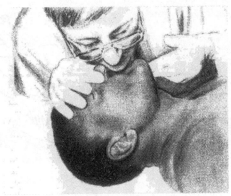

图 6-3-4　人工呼吸

5 个循环检查有无搏动，观察心肺复苏是否有效，确认成功后停止。

（3）注意事项

1）判断心跳、呼吸停止要迅速准确，尽早进行心肺复苏。

2）胸外按压要确保足够的频率和幅度，尽可能不中断胸外按压，每次胸外按压后要让胸廓充分地回弹，以保证心脏得到充分的血液回流。

3）人工呼吸每次吹气量为 500~600 mL，吹气量过大可引起胃胀气，吹气量过小达不到吹气目的。

4）检查颈动脉，手法要快而准确，触摸时间不能超过 10 s。

5）心脏按压部位准确，按压过程中手不能离开按压部位。胸外按压时肩、肘、腕在一条直线上，并与伤员身体长轴垂直。按压时，手掌掌根不能离开胸壁。

6）心肺复苏过程中应密切观察伤员心肺复苏的有效指征，包括：触及大动脉搏动；面部、口唇、甲床、皮肤等色泽转为红润；散大的瞳孔缩小；有自主呼吸；意识逐渐恢复，昏迷变浅，出现反射或挣扎；有小便出现；心电图检查有波形改变，室颤波由细小变为粗大，甚至恢复窦性心律。

2. 创伤现场急救

创伤现场急救包括止血、包扎、固定、搬运。创伤现场急救的原则是：先重后轻，先止血后包扎，先固定后搬运。

（1）伤员伤情判断与分类

1）判断的主要内容有：气道是否通畅，有无呼吸道堵塞；呼吸是否正常，有无大动脉搏动，有无循环障碍；有无大出血；意识状态如何，有无意识障碍，瞳孔是否对称或有异常。

2）分类就是用明显的标志来记录传递信息，避免在救治、运送的各项工作中出现重复和遗漏。标志物一般是黑、红、黄、绿色的卡片，分别代表死亡、重伤、中伤、轻伤的伤员（见表 6-3-1）。

表 6-3-1　　　　　　　　　伤员伤情分类表

类别	程度	标志	伤情
0	致命伤	黑色	按有关规定对死者进行处理
I	危重伤	红色	严重头部伤、大出血、昏迷、各类休克、严重挤压伤、内脏伤、张力性气胸、颌面部伤、颈部伤、呼吸道烧烫伤、大面积烧烫伤（30%以上）
II	中重伤	黄色	胸部伤、开放性骨折、小面积烧烫伤（30%以下）、长骨闭合性骨折
III	轻伤	绿色	无昏迷、休克的头颅损伤和软组织伤

（2）止血

1）出血的分类

①动脉出血。伤口呈喷射状搏动性向外涌出鲜红色的血液，与脉搏节律相同，危

险性大。

②静脉出血。伤口持续向外溢出暗红色血液，血流较缓慢，呈持续状，危险性小于动脉出血。

③毛细血管出血。伤口向外渗出鲜红色的血液，危险性小。

2）止血方法

①一般止血法。局部用生理盐水冲洗，周围用75%的酒精涂擦消毒，然后盖上无菌纱布，用绷带包紧即可。本方法适用于创口小的出血。

②指压止血法。用手指（拇指）或手掌压住出血血管（动脉）的近心端，压迫10~15 min，保持伤处肢体抬高，使血管被压在附近的骨块上，从而中断血流，能有效达到快速止血的目的。本方法适用于中等以上的动脉出血，只能在短时间内达到控制出血的目的，不宜久。

③填塞止血法。对软组织内的血管损伤出血，用无菌绑带、纱布填入伤口内压紧，外加大块无菌敷料加压包裹。

④压迫包扎止血法。用无菌敷料覆盖伤口，然后用纱布、绵垫放在无菌敷料上，再用绷带或三角巾加压包扎。本法适用于静脉、小动脉及毛细血管出血。包扎时松紧要适宜，以既能止血，又不阻断肢体的血流为准。

⑤止血带法。该方法用于其他止血方法暂时不能控制的四肢动脉出血。常用的止血带有橡皮止血带、布条止血带两种，如图6-3-5所示。

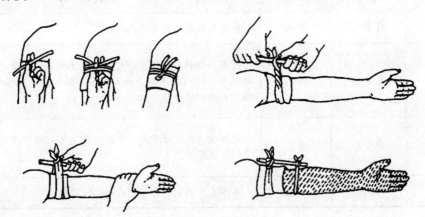

图6-3-5　止血带法

止血带法注意事项：

a）结扎止血带的时间应越短越好，一般不应超过1 h，最长不宜超过3 h；若必须延长，则应每隔 1 h 左右放松 1~2 min，放松期间在伤口近心端局部加压止血。

b）使用止血带必须在伤员的体表做出明显的标记，注明伤情和使用止血带的原因和时间，并严格交接班。

c）为避免损伤皮肤，止血带不能直接与皮肤接触，必须用纱布等物做衬垫，并需平整，避免有皱褶。

d）上止血带的松紧要合适，以出血停止、远端摸不到动脉搏动为原则。既要达到止血的目的，又要避免造成软组织的损伤。

e）部位。扎止血带应在伤口的近心端，并尽可能靠近伤口。上肢为上臂上 1/3，下肢为股中、下 1/3 交界。

f）解除止血带。要在输液、输血和准备好有效的止血手段后缓慢松开止血带，切忌突然完全松开，并应观察是否还有出血。

⑥加垫屈肢法。在肘窝、腘窝处加垫（如一卷绷带），然后强力屈曲肘关节、膝关节，再用三角巾或绷带等缚紧固定，如图 6-3-6 所示。该方法对已有或怀疑有骨折或关节损伤者禁用。

图 6-3-6　加垫屈肢法

（3）包扎

包扎的目的：帮助止血、保护伤口、固定敷料、防止污染、减轻疼痛、利于转运。

常用的包扎用品有创可贴、尼龙网套、绷带、三角巾及多头带等，也可就地取材，如利用衣服、毛巾等。

1）绷带包扎法

环形包扎法用于肢体粗细相等的部位，如图 6-3-7 所示；螺旋包扎法用于肢体粗细相差不多的部位，如图 6-3-8 所示；螺旋反折包扎法用于肢体粗细不等的部位，如图 6-3-9 所示；8 字形包扎法用于肩、肘、膝、踝等关节部位，如图 6-3-10 所示；回返包扎法用于头和断肢残端，肢体离断伤的处理，如图 6-3-11 所示。

图 6-3-7 环形包扎法

图 6-3-8 螺旋包扎法

图 6-3-9 螺旋反折包扎法

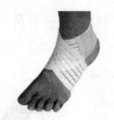
图 6-3-10 8 字形包扎法

图 6-3-11 回返包扎法

绷带包扎法注意事项：

①先清创，再包扎。

②不水洗（化学伤除外）。

③不轻易取异物。

④不送回脱出体腔的内脏。

⑤动作轻柔、松紧适当、指（趾）端外露。

⑥包扎后的肢体保持功能位置。

2）三角巾包扎法。适合于较大创面和一般包扎难以固定的创面：头顶、面、眼、胸、肩、手脚，或悬吊肢体以减轻肌肉负担。

3）特殊部位的包扎法。如眼部的包扎、手掌的包扎、足部的包扎等。

（4）固定

良好的固定可以有效地减轻伤员的痛苦，防止骨折移，防止再损伤，并且便于搬运。

常用的外固定器材包括棉垫、纱布、绷带、夹板、石膏（不适合现场使用）、敷料、外展架等。

1）颈托固定法。用于颈椎骨折固定，如图 6-3-12 所示。

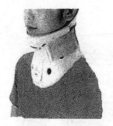

图 6-3-12　颈托固定法

2）脊柱板固定法。用于脊柱损伤固定，如图 6-3-13 所示。

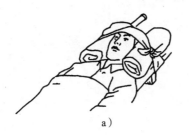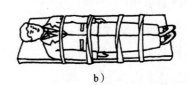

a）　　　　　　　　　　　　　b）

图 6-3-13　脊柱板固定法

a）颈椎骨折固定法　b）胸椎、腰椎骨折固定法

3）锁骨骨折三角巾固定法，如图 6-3-14 所示。

4）前臂骨折固定方法，如图 6-3-15 所示。

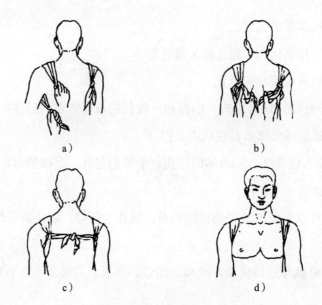

图 6-3-14　锁骨骨折三角巾固定法

5）压舌板固定法。用于手指骨闭合性骨折，如图 6-3-16 所示。

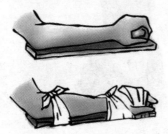

图 6-3-15　前臂骨折固定法

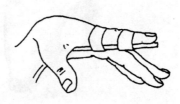

图 6-3-16　压舌板固定法

6）自身肢体固定法。用于肋骨骨折、股骨骨折（见图 6-3-17）、胫骨骨折（见图 6-3-18）。

固定的注意事项：

①先止血包扎、稳定病情。

②开放性骨折不能直接复位。

③夹板固定宜超过上下二关节。

④夹板内衬棉垫，防固定不稳。

⑤松紧适度。

⑥指（趾）端露出。

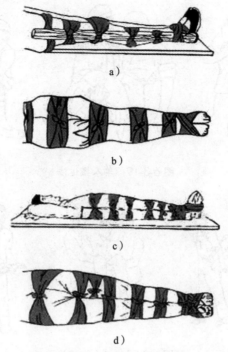

图 6-3-17　自身肢体固定法

a）小腿骨折夹板固定板法　b）小腿骨折健肢固定法　c）大腿骨折夹板固定法　d）股骨骨折健肢固定法

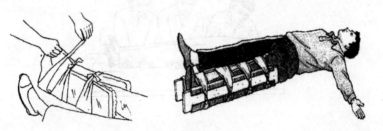

图 6-3-18　胫骨骨折自身肢体固定法

（5）搬运

伤员经过现场初步急救处理后，要尽快用合适的方法和震动小的交通工具将伤员送到医院去做进一步的诊治。搬运过程中要随时注意观察伤员的伤情变化。常用搬运方法有徒手搬运和担架搬运两种搬运法。

1）徒手搬运法。适用于伤员病情较轻且搬运距离短的情况。

①单人搬运法。扶持、抱持、背负，如图 6-3-19 所示。

②双人搬运法。是用双人椅式、平托式、拉车式等方法，如图 6-3-20 所示。

③三人搬运法和多人搬运法，如图 6-3-21 所示。

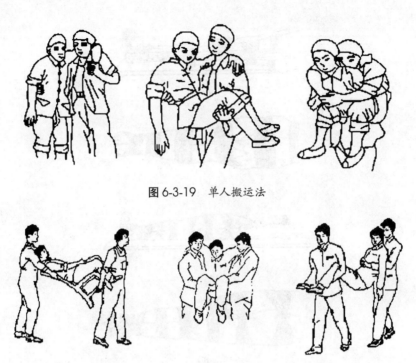

图 6-3-19　单人搬运法

图 6-3-20　双人搬运法

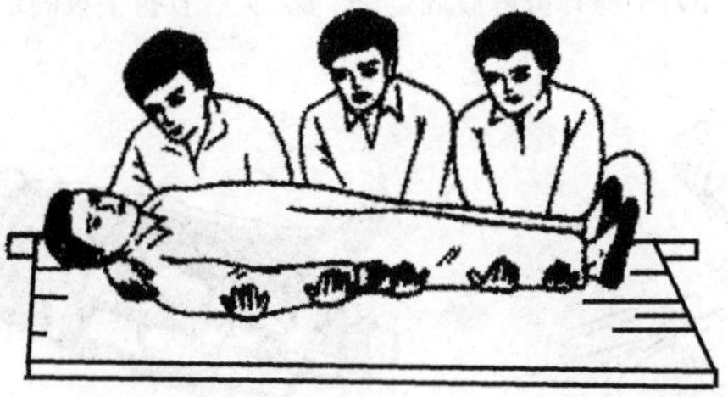

a）

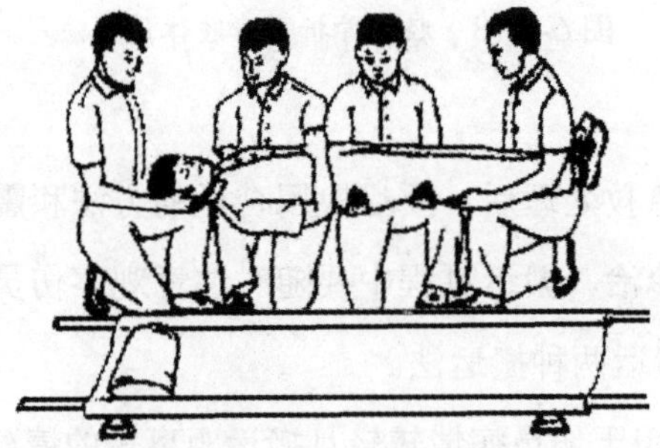

b）

图 6-3-21　三人搬运法和多人搬运法

2）担架搬运法。适用于病情较重、路途较远又不适合徒手搬运的伤员。常用搬运工具有帆布担架、绳索担架、被服担架、门板、床板以及铲式、包裹式、充气式担架。

伤员上担架时，要由 3~4 人分别用手托伤员的头、胸、骨盆和腿，动作一致地将伤员平放到担架上，并加以固定。

脊柱、脊髓损伤的伤员固定及搬运需要 4 人，具体方法如下：

①1 人在伤员的头部，双手掌抱于头部两侧轴向牵引颈部。

②另外 3 人在伤员右侧，分别于伤员的肩背部、腰臀部、膝踝部，双手掌平伸到伤员的对侧。

③4 人均单膝跪地。

④人同时用力，保持脊柱为一轴线，平稳将伤员抬起，放在硬质担架上。

⑤上颈托。

⑥用 2 个沙袋放在伤员头部两侧，或用绷带将伤员头部固定在担架上。

⑦用 6~8 条固定带将伤员固定于担架上，转运至医院。

搬运时应注意动作要轻稳、协调一致；不同伤情使用不同搬运方法，尤其注意脊椎损伤的特殊搬运；严密观察伤情，及时处理危及生命的情况；先固定、止血，再搬运。

3. 其他日常意外伤害急救与预防

在日常生活中也可能发生一些意外伤害，如扭伤、烧烫伤、触电、溺水、晕倒、酒精中毒等。掌握这些意外伤害的急救与预防知识是必不可少的。

（1）跌扭伤。在日常生活中因参加体育运动或突然踩空、登高、路滑、碰撞等原因引起摔倒、滑倒，导致皮肤擦伤、软组织挫伤、关节及腰部扭伤等统称为跌扭伤。

1）急救处理

①轻度皮肤擦伤，立即用肥皂和清水洗净污物，擦干后用 3% 过氧化氢、生理盐水清洁创口，最后用酒精或碘伏消毒处理，不必包扎，切忌乱贴创可贴。

②出现昏迷、休克、肢体变形、功能障碍、剧烈疼痛、骨折等重症现象时，首先呼叫 120 急救中心。急救人员未到达之前，让伤员平卧在板上，若呼吸、心跳停止立即进行心肺复苏。遇伤口较大、出血较多或骨折等情况，应按前述相关内容处理。

③内脏膨出采用碗盆扣住，不能随意送回，然后送医院。

④小面积皮下组织损伤及关节扭伤，开始采用冷敷可起到止痛止血作用。24~48 h 后方可改为热敷或药敷，切忌受伤后马上乱涂乱贴药膏、药水。大面积皮下软组织损

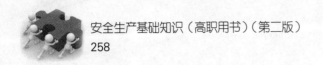

伤必须住院治疗。

2）预防

①平时的日常生活、工作、学习、旅游、娱乐活动及体育锻炼应保持头脑冷静，坚持安全第一，健康第一，不做各种冒险举动。

②不宜在高低不平及光线昏暗、照明不良的场地进行体育锻炼，严格遵守运动规则和技术规范，并加强防护措施。

（2）烧烫伤。烧烫伤是日常生活、生产劳动、战争环境中常见的损伤。烧烫伤是由热力（如火焰、沸水、日晒、蒸汽等）、电流、辐射、腐蚀性化学物质等作用于人体所造成的损伤。校园生活中大多是热水烫伤、化学物品的腐蚀伤。

1）急救处理

①查明引起烧烫伤的原因、脱离险境。忌带火奔跑呼救，以免吸入烟火造成呼吸道烫伤。迅速脱去着火的衣物或就地打滚灭火。不要用手扑火，以免双手烧烫伤。

②大面积烧烫伤要用干净布单或消毒的敷料覆盖创面，转送医院治疗。

③小面积的Ⅰ度、Ⅱ度烫伤，立即将患处放入冷水处浸泡 0.5 h 以上，然后擦干涂上湿润烧烫伤膏。忌在伤处自行乱涂药膏或带色药水、药粉。

④化学物质烧烫伤要根据化学剂的性质使用中和剂。例如，强酸烧烫伤，用清水反复冲洗后用弱碱性的小苏打水、碱性肥皂水湿敷；强碱烧烫伤，清水冲洗后用弱醋酸浸泡，如食醋、硼酸水等湿敷；生石灰烧烫伤，先擦去粉末，再用流动清水冲洗，忌用水泡，因生石灰见水会产生大量的热可加重烧烫伤；磷烧烫伤，先清除磷颗粒，尽快用水冲净，然后浸泡在清水中，使创面与空气隔绝，以免磷在空气中氧化燃烧加重创面损伤；碳酸烧烫伤用酒精冲洗。

2）预防

①水房灌开水时先检查一下热水瓶底座是否松动，如有松动要拧紧。水龙头不要开得太大，防止溅到皮肤上。水不要灌得太满，行走时防碰撞、滑倒。热水瓶要平稳固定放在高处、明处。冬季使用热水袋取暖时，要外包布袋，使用时间久了要更换新的。

②使用强酸、强碱等有腐蚀性的化学试剂时要十分小心，不要错拿错用，操作中要全神贯注，严格操作规程，并做好个人防护措施。

③工作中使用电炉、电棒等加热器材时，避免用手或皮肤直接接触，操作台上不

能有杂物。他人使用时要问清是冷是热，使用完待彻底冷却后再收藏。

④不要在宿舍及室内玩烟花爆竹，不用明火照明。夏季使用蚊香应远离床铺，放到明处。

⑤不要在非工作场所使用电炉、电热水壶等加热器。

（3）昏厥。昏厥又称晕倒，是最常见的急症之一。疼痛、发烧、恐惧、药物过敏及副反应、紧张、闷热、脱水、饥饿、站立过久、长跑骤停、起床站立排尿等都可以引起昏厥。

1）急救处理。当发现病人前额出汗，脸色苍白或已晕倒，应立即扶病人躺到床上，不要用枕头，如果无条件躺下，可以让他坐下或单腿跪下，俯伏上身，像系鞋带的姿势。千万不要把昏倒在地的病人扶坐起来，而要让他躺在地下，身子放平。同时注意保温，用指甲掐病人的人中，喝些热水或热糖水，使他很快清醒。尽快转送到医疗机构进行检查救治。

2）预防

①有经常晕倒病史的人应到医院做一次全面检查，排除低血压、颈椎病、低血糖、中枢神经系统肿瘤及脑血管疾病。

②严重呕吐、腹泻病人应及时到医疗机构诊治，防止脱水，循环衰竭。

③遇有高烧病人，及时采取物理及药物降温。

④夏季要做好防暑降温工作，尤其是大量出汗后要及时补充水、盐。

⑤既往有低血压、低血糖病史者，切忌疲劳过度、站立过久、饥饿作业。

⑥服用镇静、催眠、利尿、降压等药品时，要了解是否有晕倒的副反应，严格遵照医嘱。

⑦睡觉后起床或夜间上厕所时，起床动作不要过快，宜缓慢。

⑧当出现头晕眼花、胸闷等晕倒预兆时立即蹲下或躺下。

⑨参加剧烈运动或体育比赛前应接受健康检查，患急性重病期间暂停锻炼，饥饿时不要参加剧烈运动。

（4）触电。电流可直接导致呼吸心跳停止，也可致肌肉猛烈收缩把人体弹离电源而自高处跌落摔伤，还可能使人体贴住电源造成电流出入处的皮肤烧烫伤。

1）急救处理。发现有人触电应立即切断电源，若一时不能做到，可改用一切可以利用的绝缘物去断开电线或电器，切忌用手去拉，以免祸延自己。触电后若心跳呼吸

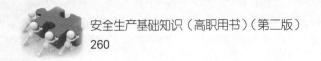

停止，立即就地进行心肺复苏。

2）预防。掌握用电知识，不要带电操作，发现电灯、电器故障或增设电源设施必须请专业人员修理和操作，不要耍小聪明。

（5）溺水

1）急救处理。溺水者被救上岸后应将患者腹部横放在救护者屈起的膝上（一腿跪地，一腿向前屈膝），溺水者面部朝下，头部悬垂，按压溺水者的腰背部，使进入其肺内和胃内水迅速排出。能排多少就排多少，时间越短越好，然后立即对呼吸心跳停止者施行心肺复苏术。抢救成功后也要送往医院做进一步治疗。

2）预防

①游泳下水前要做好充分准备活动，勿在饥饿或疲劳时下水。

②不要在不知深浅和明令禁止游泳的河流中游泳。

③在天然的公共游泳场所游泳应有组织地进行，至少有数人结伴同往，并备好救生设备。

（6）中暑。夏季长期在通风不良的高温环境中工作、学习，或在强烈的日光下劳动、体育训练、暴晒过久易引起中暑。

1）急救处理。抢救中暑患者，首先立即把病人抬到阴凉通风处或空调房，平卧不用枕头，松解衣扣，迅速用冷水或冰水擦拭和湿敷头部，用扇子或电扇扇风，饮用凉的淡盐水，同时服用人丹、十滴水、藿香正气水等解暑药。

2）预防

①夏季合理安排劳动或体育训练，避开日晒高温期。

②高温作业要多喝淡盐水，清凉饮料。出现头晕、胸闷、心悸、口渴、恶心预兆时，立即移到阴凉通风处休息。

③不宜在饥饿、疲劳、睡眠不足的状态下长期在高温的室内外作业训练。

本 章 习 题

● 1. 事故报告的时限及部门是什么？

● 2. 事故报告的内容有哪些？

● 3. 事故现场保护的要求有哪些?

● 4. 事故应急救援的基本任务有哪些?

● 5. 事故应急预案的主要内容有哪些?

● 6. 事故应急预案体系的组成是什么?

● 7. 生产经营单位事故应急预案演练的要求是什么?

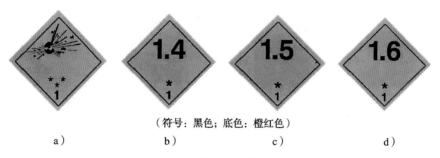

（符号：黑色；底色：橙红色）

a) b) c) d)

图 4-1-1 爆炸品危险性标志

a）1.1 项、1.2 项和 1.3 项 b）1.4 项 c）1.5 项 d）1.6 项

（符号：黑色；底色：正红色） （符号：黑色；底色：绿色） （符号：黑色；底色：白色）

a) b) c)

图 4-1-2 气体危险性标志

a）2.1 项 易燃气体 b）2.2 项 非易燃无毒气体 c）2.3 项 有毒气体

（符号：黑色；底色：正红色）

图 4-1-3 易燃液体危险性标志

（符号：黑色；底色：白色红条）（符号：黑色；底色：上白下红）（符号：黑色；底色：蓝色）

a) b) c)

图 4-1-4 易燃固体、易于自燃的物质、遇水放出易燃气体的物质危险性标志

a）4.1 项 易燃固体 b）4.2 项 易于自燃的物质 c）4.3 项 遇水放出易燃气体的物质

（符号：黑色；底色：柠檬黄色）　（符号：黑色；底色：红色和柠檬黄色）

a）　　　　　　　　　　　b）

图 4-1-5　氧化性物质和有机过氧化物危险性标志

a）5.1 项　氧化性物质　b）5.2 项　有机过氧化物

（符号：黑色；底色：白色）　　　（符号：黑色；底色：白色）

a）　　　　　　　　　　　b）

图 4-1-6　毒性物质和感染性物质危险性标志

a）6.1 项　有毒物质　b）6.2 项　感染性物质

（符号：黑色；底色：白色，附一条红竖条）（符号：黑色；底色：上黄下白，附两条红竖条）

a）　　　　　　　　　　　b）

（符号：黑色；底色：上黄下白，附三条红竖条）　　（符号：黑色；底色：白色）

c）　　　　　　　　　　　d）

图 4-1-7　放射性物质危险性标志

a）Ⅰ级　b）Ⅱ级　c）Ⅲ级　d）裂变性物质

（符号：黑色；底色：上白下黑）

图 4-1-8　腐蚀性物质危险性标志

（符号：黑色；底色：白色）

图 4-1-9　杂项危险物质和物品危险性标志

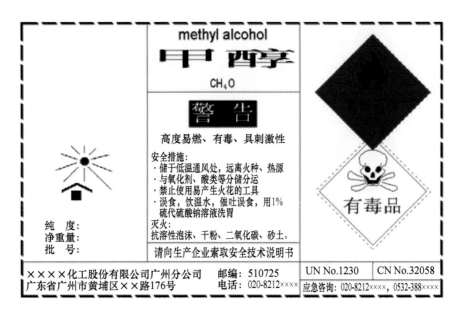

图 4-1-10　危险化学品安全标签样例

当心爆炸

 当心火灾
——易燃物质

 禁止烟火

 禁止带火种

 禁止使用手机

 禁止吸烟

 禁止穿化纤衣服

 禁止拍照

 必须戴安全帽

 灭火器

图 4-3-1　燃气企业常用安全标志

图 5-1-1　职业病危害警示标志